T0253847

Springer-Lehrbuch

Matthias Beck · Sinai Robins

Das Kontinuum
diskret berechnen

Aus dem Englischen von Kord Eickmeyer

 Springer

Prof. Matthias Beck
Department of Mathematics
San Francisco State University
1600 Holloway Ave
San Francisco, CA 94132
USA
beck@math.sfsu.edu

Prof. Sinai Robins
Department of Mathematics
Temple University
1805 North Broad Street
Philadelphia, PA 19122
USA
rsinai@ntu.edu.sg

Übersetzer:

Kord Eickmeyer
Institut für Informatik
Humboldt-Universität zu Berlin
Unter den Linden 6
10099 Berlin

Übersetzung der englischen Ausgabe *Computing the Continuous Discretely* von Matthias Beck und Sinai Robins. Copyright © Springer Science+Business Media 2007. Alle Rechte vorbehalten.

ISBN 978-3-540-79595-7   e-ISBN 978-3-540-79596-4

DOI 10.1007/978-3-540-79596-4

Springer-Lehrbuch ISSN 0937-7433

Bibliografische Information der Deutschen Nationalbibliothek
Die Deutsche Nationalbibliothek verzeichnet diese Publikation in der Deutschen Nationalbibliografie; detaillierte bibliografische Daten sind im Internet über http://dnb.d-nb.de abrufbar.

Mathematics Subject Classification (2000): 05A, 11D, 11P, 11H, 52B, 52C, 68R

© 2008 Springer-Verlag Berlin Heidelberg

Satz: Datenerstellung durch den Übersetzer unter Verwendung eines TeX-Makropakets
Herstellung: le-tex publishing services oHG, Leipzig
Umschlaggestaltung: WMXDesign GmbH, Heidelberg

Gedruckt auf säurefreiem Papier

9 8 7 6 5 4 3 2 1

springer.de

Für Tendai
Für meine Mutter, Michal Robins

mit all unserer Liebe.

Vorwort

The world is continuous, but the mind is discrete.

David Mumford

Unser Ziel ist es, einige kritische Lücken zwischen diversen Gebieten der Mathematik zu schließen, indem wir das Zusammenspiel zwischen dem stetigen und dem diskreten Volumen von Polytopen untersuchen. Beispiele für Polytope in drei Dimensionen sind unter anderem Kristalle, Quader, Tetraeder und beliebige konvexe Objekte, deren Oberflächen alle flach sind. Es ist unterhaltsam zu sehen, wie viele Probleme aus der Kombinatorik, Zahlentheorie und vielen weiteren mathematischen Gebieten in die Sprache von Polytopen, die in einem euklidischen Raum existieren, übersetzt werden können. Umgekehrt liefert uns die flexible Struktur von Polytopen zahlentheoretische und kombinatorische Informationen, die auf natürliche Weise aus ihrer Geometrie hervorquellen.

Das *diskrete Volumen* eines Körpers $\mathcal{P}$ kann intuitiv als die Anzahl der Rasterpunkte, die in $\mathcal{P}$ liegen, beschrieben werden, wenn ein festes Raster im euklidischen Raum gegeben ist. Das *stetige Volumen* von $\mathcal{P}$ hat die übliche intuitive Bedeutung des Volumens, das wir alltäglichen Gegenständen in der wirklichen Welt zuordnen.

Abb. 0.1. Stetiges und diskretes Volumen.

Den Unterschied zwischen den beiden Volumenbegriffen kann man sich physikalisch wie folgt denken. Auf der einen Seite liefert uns das Raster auf Quantenebene, das von der molekularen Struktur der Wirklichkeit vorgegeben wird, einen diskreten Begriff des Raums und damit ein diskretes Volumen. Auf der anderen Seite liefert uns der Newton'sche Begriff des stetigen Raums das stetige Volumen. Wir betrachten die Dinge stetig auf der Newton'schen Ebene, aber in der Praxis berechnen wir oft Dinge diskret auf der Quantenebene. Mathematisch gesehen hilft uns das Raster, das wir in den Raum legen – entsprechend dem durch die Atome, aus denen ein Gegenstand besteht, gebildeten Raster – auf überraschende Weise dabei, das übliche stetige Volumen zu berechnen, wie wir noch sehen werden.

Um das stetig-diskrete-Zusammenspiel der drei Felder Kombinatorik, Zahlentheorie und Geometrie in Aktion zu sehen, konzentrieren wir uns zunächst auf das leicht zu stellende *Münzenproblem* von Frobenius. Die Schönheit dieses konkreten Problems besteht darin, dass es leicht zu verstehen ist, ein nützliches Berechnungstool liefert und trotzdem die meisten Zutaten der tiefergehenden Theorien, die hier entwickelt werden, enthält.

Im ersten Kapitel geben wir detaillierte Formeln, die sich auf natürliche Weise aus dem Frobenius'schen Münzwechselproblem ergeben, an, um die Verbindungen zwischen den drei oben genannten Gebieten aufzuzeigen. Das Münzenproblem gibt uns ein Gerüst, um die Verbindungen zwischen diesen Gebieten zu identifizieren. In den nachfolgenden Kapiteln entfernen wir dieses Gerüst und konzentrieren uns auf die Verbindungen selbst:

(1) Aufzählung ganzzahliger Punkte in Polyedern – Kombinatorik,
(2) Dedekind-Summen und endliche Fourier-Reihen – Zahlentheorie und
(3) Polygone und Polytope – Geometrie.

Wir legen besonderen Wert auf Berechnungstechniken und auf die Berechnung von Volumina durch Zählen ganzzahliger Punkte unter Benutzung diverser alter und neuer Ideen. Daher sollen die Formeln, die wir erhalten, nicht nur schön sein (was sie wahrlich sind!), sondern sie sollen es uns auch erlauben, Volumina effizient zu berechnen, indem wir einige schöne Funktionen verwenden. In den wirklich seltenen Fällen mathematischer Darstellungen, in denen wir eine Formulierung haben, die sowohl „leicht zu schreiben" als auch „schnell berechenbar" ist, haben wir ein mathematisches Juwel gefunden. Wir haben uns bemüht, dieses Buch mit solchen mathematischen Juwelen zu füllen.

Vieles vom Material in diesem Buch wird vom Leser in den mehr als 200 Aufgaben entwickelt. Die meisten Kapitel enthalten Aufwärmübungen, die nicht auf dem Material in dem Kapitel aufbauen und gestellt werden können, bevor das Kapitel gelesen wird. Einige Aufgaben sind von zentraler Bedeutung, in dem Sinn, dass das aktuelle oder spätere Material von ihnen abhängt. Diese Aufgaben sind mit ♣ markiert, und wir geben detaillierte Lösungshinweise dazu am Ende des Buches. Die meisten Kapitel enthalten auch eine Liste offener Forschungsprobleme.

Es stellt sich heraus, dass sogar ein Fünftklässler eine interessante Arbeit über Gitterpunktaufzählung schreiben kann [144], während das Thema sich zur tiefergehenden Untersuchung anbietet, die die aktuellen Anstrengungen führender Forscher anzieht. Es handelt sich also um ein Gebiet der Mathematik, das sowohl unsere unschuldigen Kindheitsfragen als auch unsere verfeinerte Einsicht und tiefere Neugierde anzieht. Das Niveau der Untersuchung ist sehr angemessen für eine vertiefende Grundstudiumsvorlesung in Mathematik. Da die drei oben skizzierten Themen sich zur weiteren Untersuchung anbieten, wurde unser Buch auch mit Erfolg für einen einführenden Hauptstudiumskurs verwendet.

Um dem Leser dabei zu helfen, die Tragweite der Verbindungen zwischen dem stetigen und dem diskreten Volumen voll zu erfassen, beginnen wir unsere Abhandlung in zwei Dimensionen, wo wir leicht Skizzen machen und schnell experimentieren können. Wir führen behutsam die Funktionen, die wir in höheren Dimensionen brauchen (Dedekind-Summen) ein, indem wir das Münzenproblem geometrisch als das diskrete Volumen eines verallgemeinerten Dreiecks, auch Simplex genannt, betrachten.

Die Techniken sind am Anfang recht einfach, im Wesentlichen nichts weiter als Partialbruchzerlegung rationaler Funktionen. Daher ist das Buch für einen Studenten, der die üblichen Vorlesungen über Analysis und lineare Algebra gehört hat, leicht verständlich. Hilfreich wären ein grundlegendes Verständnis der Partialbruchzerlegung, unendlicher Reihen, offener und abgeschlossener Mengen im $\mathbb{R}^d$, komplexer Zahlen (insbesondere Einheitswurzeln) und modularer Arithmetik.

Ein wichtiges Berechnungstool, das wir uns das ganze Buch hindurch zu Nutze machen werden, ist die *Erzeugendenfunktion* $f(x) = \sum_{m=0}^{\infty} a(m)\, x^m$, wobei die $a(m)$ eine beliebige Folge von Zahlen bilden, die wir untersuchen möchten. Wenn die unendliche Folge von Zahlen $a(m), m = 0, 1, 2, \ldots$, in einer einzigen Funktion $f(x)$ zusammengefasst wird, stellt sich oft heraus, dass wir aus bis dahin unvorhergesehenen Gründen die ganze Reihe $f(x)$ in überraschend kompakter Form aufschreiben können. Es ist diese Umformulierung der Erzeugendenfunktionen, die es uns erlaubt, die Kombinatorik der zugrundeliegenden Folge $a(m)$ zu verstehen. Für uns könnte die Folge zum Beispiel die Anzahl der möglichen Zerlegungen einer ganzen Zahl mit gegebenen Münzwerten oder die Anzahl der Punkte in einem immer größer werdenden Körper sein, und so weiter. Hier finden wir noch ein weiteres Beispiel für das Zusammenspiel zwischen dem Diskreten und dem Stetigen: Wir bekommen eine *diskrete* Menge von Zahlen $a(m)$ und führen dann die Untersuchung auf der Erzeugendenfunktion $f(x)$ in der *stetigen* Variable x durch.

Was ist das diskrete Volumen?

Die oben gegene physikalisch intuitive Beschreibung des diskreten Volumens steht auf einem soliden mathematischen Fundament, sobald wir den Begriff des Gitters einführen. Das Raster wird mathematisch durch die Sammlung aller ganzzahligen Punkte im euklidischen Raum beschrieben, nämlich $\mathbb{Z}^d = \{(x_1, \ldots, x_d) : \text{alle } x_k \in \mathbb{Z}\}$. Diese diskrete Sammlung gleichmäßig verteilter Punkte wird *Gitter* gennant. Zu einem gegebenen geometrischen Körper $\mathcal{P}$ ist sein diskretes Volumen einfach als die Anzahl der Gitterpunkte in $\mathcal{P}$ definiert, also als Anzahl der Elemente der Menge $\mathbb{Z}^d \cap \mathcal{P}$.

Intuitiv erhalten wir, wenn wir das Gitter um einen Faktor k verkleinern und die Anzahl der so geschrumpften Gitterpunkte in $\mathcal{P}$ zählen, eine bessere Annäherung an das Volumen von $\mathcal{P}$, relativ zum Volumen einer einzelnen Zelle des geschrumpften Gitters. Es stellt sich heraus, dass, nachdem dass Gitter um einen ganzzahligen Faktor k geschrumpft wurde, die Anzahl $\# \left(\mathcal{P} \cap \frac{1}{k} \mathbb{Z}^d \right)$ geschrumpfter Gitterpunkte in einem *ganzzahligen Polytop* $\mathcal{P}$ wie von Geisterhand ein Polynom in k ist. Diese Zählfunktion $\# \left(\mathcal{P} \cap \frac{1}{k} \mathbb{Z}^d \right)$ ist als *Ehrhart-Polynom* von $\mathcal{P}$ bekannt. Wenn wir das Gitter durch Grenzwertbildung immer weiter schrumpfen, dann kommen wir natürlich beim durch das Riemann-Integral aus der Anaylsis definierten stetigen Volumen heraus:

$$\operatorname{vol} \mathcal{P} = \lim_{k \to \infty} \# \left(\mathcal{P} \cap \frac{1}{k} \mathbb{Z}^d \right) \frac{1}{k^d}.$$

Wenn wir aber bei festgelegten Streckungen des Gitters stehenbleiben, erhalten wir überraschende Flexibilität für die Berechnung des Volumens von $\mathcal{P}$ und für die Anzahl der Gitterpunkte, die in $\mathcal{P}$ enthalten sind.

Wenn also der Körper $\mathcal{P}$ ein ganzzahliges Polytop ist, verhalten sich die Fehlerterme, die die Diskrepanz zwischen dem diskreten und dem stetigen Volumen messen, recht erfreulich; sie sind durch Ehrhart-Polynome gegeben, und diese Aufzählungspolynome bilden den Inhalt von Kapitel 3

Die Fourier-Dedekind-Summen sind die Bausteine: Zahlentheorie

Jedes Polytop hat ein diskretes Volumen, das durch gewisse endliche Summen, die als *Dedekind-Summen* bekannt sind, ausgedrückt werden kann. Bevor wir deren Definition geben, motivieren wir diese Summen zunächst mit einigen Beispielen, die ihr Verhalten als Bausteine der Gitterpunkt-Aufzählung illustrieren. Konkret betrachten wir als Beispiel ein 1-dimensionales Polytop, gegeben durch das Intervall $\mathcal{P} = [0, a]$, wobei a eine beliebige positive reelle Zahl ist. Es ist klar, dass wir die Gauß-Klammer $\lfloor x \rfloor$ benötigen, um die Gitterpunkte in $\mathcal{P}$ zu zählen, und tatsächlich ist die Antwort $\lfloor a \rfloor + 1$.

Als nächstes betrachten wir einen 1-dimensionalen Geradenabschnitt in der 2-dimensionalen Ebene. Wir wählen unseren Geradenabschnitt $\mathcal{P}$ so, dass er im Koordinatenursprung beginnt und im Gitterpunkt (c, d) endet. Wie nach kurzem Nachdenken klar wird, enthält die Anzahl der Gitterpunkt auf diesem endlichen Geradenabschnitt einen alten Bekannten, nämlich den größten gemeinsamen Teiler von c und d. Die genaue Anzahl der Gitterpunkte auf dem Geradenabschnitt ist $\operatorname{ggT}(c, d) + 1$.

Um diese beiden Beispiele zu vereinheitlichen, betrachten wir ein Dreieck $\mathcal{P}$ in der Ebene, dessen Ecken rationale Koordinaten haben. Es stellt sich heraus, dass eine bestimmte endliche Summe völlig natürlich ist, da sie gleichzeitig die Gauß-Klammer und den größten gemeinsamen Teiler verallgemeinert, obwohl letzteres weniger offensichtlich ist. Ein Beispiel für eine Dedekind-Summe in zwei Dimensionen, die auf natürliche Weise in der Formel für das diskrete Volumen eines rationalen Dreiecks $\mathcal{P}$ auftaucht, ist das Folgende:

$$s(a,b) = \sum_{m=1}^{b-1} \left(\frac{m}{b} - \frac{1}{2} \right) \left(\frac{ma}{b} - \left\lfloor \frac{ma}{b} \right\rfloor - \frac{1}{2} \right).$$

Die Definition benutzt die Gauß-Klammer. Warum ähneln diese Summen auch dem größten gemeinsamen Teiler? Glücklicherweise genügen die Dedekind-Summen einem bemerkenswerten Reziprozitätsgesetz, ganz ähnlich dem euklidischen Algorithmus, der den ggT berechnet. Dieses Reziprozitätsgesetz erlaubt es, Dedekind-Summen in etwa $\log(b)$ Schritten zu berechnen, anstatt der b Schritte, die die obige Definition nahelegt. Das Reziprozitätsgesetz für $s(a,b)$ bildet das Herzstück einiger erstaunlicher Zahlentheorie, die wir elementar behandeln, die aber auch aus dem tiefergehenden Gebiet der Modulformen und anderer moderner Hilfsmittel kommt.

Wir befinden uns in der glücklichen Position, eine wichtige Spitze eines enormen Ideenbergs zu sehen, der in die Wasser der Geometrie getaucht ist. Während wir immer tiefer in diese Gewässer eintauchen, zeigt sich uns immer mehr versteckte Schönheit, und die Dedekind-Summen sind ein unverzichtbares Hilfsmittel, das es uns erlaubt, je weiter zu sehen, desto tiefer wir dringen.

Die relevanten Körper sind Polytope: Geometrie

Die Beispiele, die wir benutzt haben, nämlich Geradenabschnitte und Polygone in der Ebene, sind Spezialfälle von Polytopen in beliebigen Dimensionen. Ein Weg, Polytope zu definieren, ist es, die *konvexe Hülle* einer endlichen Menge von Punkten im euklidischen Raum $\mathbb{R}^d$ zu betrachten. Das heißt, angenommen, jemand gibt uns eine Menge von Punkten $\mathbf{v}_1, \ldots, \mathbf{v}_n$ im $\mathbb{R}^d$. Das durch die gegebenen Punkte $\mathbf{v}_j$ bestimmte Polytop ist definiert als die Menge aller Linearkombinationen $c_1\mathbf{v}_1 + c_2\mathbf{v}_2 + \cdots + c_n\mathbf{v}_n$, wobei die Koeffizienten c_j nichtnegative reelle Zahlen sind, die der Bedingung $c_1 + c_2 + \cdots + c_n = 1$ genügen. Diese Konstruktion wird $\mathcal{V}$-*Beschreibung* des Polytops genannt.

Es gibt eine weitere äquivalente Definition, die $\mathcal{H}$-*Beschreibung* des Polytops. Wenn uns nämlich jemand die linearen Ungleichungen gibt, die eine Sammlung von Halbräumen im $\mathbb{R}^d$ definieren, dann können wir das dazugehörige Polytop als Durchschnitt aller durch die gegebenen Ungleichungen definierten Halbräume definieren.

Es gibt einige „offensichtliche" Tatsachen über Polytope, die den meisten Studenten intuitiv klar sind, die aber in Wirklichkeit vertrackt sind und deren Beweis aus elementaren Axiomen nicht trivial ist. Zwei dieser Tatsachen, nämlich dass jedes Polytop sowohl eine $\mathcal{V}$- als auch eine $\mathcal{H}$-Beschreibung hat, und dass jedes Polytop trianguliert werden kann, bilden eine unabdingbare

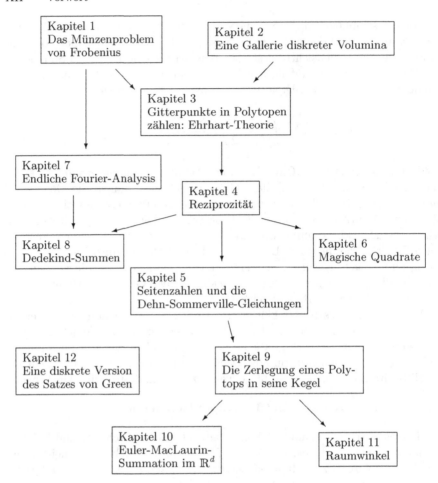

Abb. 0.2. Die partiell geordnete Menge der Kapitelabhängigkeiten.

Basis für das Material, das wir in diesem Buch erarbeiten werden. Wir beweisen beide Tatsachen sorgfältig in den Anhängen. Die beiden Hauptaussagen der Anhänge sind intuitiv klar, so dass Neulinge die Beweise überspringen können, ohne dass ihre Fähigkeit zur Berechnung stetiger und diskreter Volumina Schaden nimmt. Alle Sätze im Text (auch die in den Anhängen) werden aus grundlegenden Axiomen hergeleitet, mit Ausnahme des letzten Kapitels, in dem wir einige Grundbegriffe der Funktionentheorie voraussetzen.

Der Text ist in zwei Teile gegliedert, wie wir jetzt erläutern.

Teil I

Wir haben uns sehr bemüht, den Inhalt der ersten sechs Kapitel nahtlos zu einem Text zusammenfließen zu lassen.

- Die Kapitel 1 und 2 führen einige Grundkonzepte von Erzeugendenfunktionen ein, im visuell ansprechenden Kontext diskreter Geometrie, mit einer Fülle detaillierter motivierender Beispiele.
- Die Kapitel 3, 4 und 5 entwickeln die gesamte Ehrhart-Theorie diskreter Volumina rationaler Polytope.
- Kapitel 6 ist ein „Nachtischkapitel" in dem Sinn, dass es uns Gelegenheit gibt, die entwickelte Theorie auf die Aufzählung *magischer Quadrate* anzuwenden, einem antiken Thema, das sich aktiver gegenwärtiger Forschung erfreut.

Teil II

Wir fangen jetzt noch einmal von Vorne an.

- Nachdem wir Erfahrung mit einer Vielzahl von Beispielen und Ergebnissen über ganzzahlige Polytope gesammelt haben, sind wir bereit, mehr über die *Dedekind-Summen* aus Kapitel 8 zu lernen, die die atomaren Einheiten der diskreten Volumenpolynome bilden. Auf der anderen Seite müssen wir uns, um Dedekind-Summen vollständig zu verstehen, mit *endlicher Fourier-Analysis* vertraut machen, die wir daher aus elementaren Grundlagen in Kapitel 7 entwickeln, wobei wir lediglich Partialbruchzerlegungen verwenden.
- Kapitel 9 beantwortet eine einfache aber vertrackte Frage: Wie lässt sich die endliche geometrische Reihe in einer Dimension auf höherdimensionale Polytope erweitern? Der *Satz von Brion* gibt die elegante und endgültige Antwort auf diese Frage.
- Kapitel 10 erweitert das Zusammenspiel zwischen dem stetigen und dem diskreten Volumen eines Polytops (das wir bereits im ersten Teil im Detail untersucht haben) durch Einführung von *Euler-Maclaurin-Summationsformeln* in allen Dimensionen. Diese Formeln vergleichen die stetige Fourier-Transformation eines Polytops mit dessen diskreter Fourier-Transformation, dabei ist das Material völlig in sich abgeschlossen.
- Kapitel 11 entwickelt eine spannende Erweiterung der Ehrhart-Theorie, die *Raumwinkel* eines Polytops definiert und untersucht; diese sind natürliche Erweiterungen 2-dimensionaler Winkel auf höhere Dimensionen.
- Schließlich enden wir mit einem weiteren „Nachtischkapitel", das funktionentheoretische Methoden verwendet, um eine Integralformel für die Diskrepanz zwischen diskreten und stetigen Flächen, die von einer geschlossenen Kurve in der Ebene umschlossen sind, zu finden.

Da Polytope sowohl von theoretischem Nutzen (in triangulierten Mannigfaltigkeiten zum Beispiel) als auch in der Praxis unverzichtbar (in Computergrafik zum Beispiel) sind, werden wir sie benutzen, um Ergebnisse aus der Zahlentheorie und der Kombinatorik zu verbinden. Viele Forschungsarbeiten werden über diese Zusammenhänge geschrieben, noch während wir dies schreiben, und es ist unmöglich, diese alle hier abzudecken; wir hoffen allerdings, dass diese bescheidenen Anfänge dem Leser, der nicht mit diesen Gebieten vertraut ist, ein gewisses Gefühl für ihre Schönheit, grenzenlose Verbundenheit und Nützlichkeit geben. Wir laden den allgemeinen mathematischen Leser herzlich ein in das, was wir für eine atemberaubende Welt des Zählens und der Verbindungen zwischen Gebieten der Kombinatorik, Zahlentheorie und Geometrie halten.

Es gibt eine Reihe hervorragender Bücher, die sich nichttrivial mit unserem überschneiden und Material enthalten, das die hier behandelten Themen ergänzt. Wir empfehlen herzlich die Monografien von Barvinok [12] (über Konvexität allgemein), Ehrhart [80] (die historische Einführung in Ehrhart-Theorie), Ewald [81] (über Verbindungen zur algebraischen Geometrie), Hibi [95] (über das Zusammenspiel algebraischer Geometrie mit Polytopen), Miller-Sturmfels [131] (über algorithmische kommutative Algebra) und Stanley [171] (über allgemeine Aufzählungsprobleme in der Kombinatorik).

Danksagungen

Wir hatten das große Glück, während des Schreibens an diesem Buch Hilfe von vielen freundlichen Menschen zu erhalten. Zu allererst bedanken wir uns bei den Studenten der Kurse, in denen wir dieses Material ausprobieren konnten, an der Binghamton University (SUNY), der San Francisco State University und der Temple University. Unser Dank gilt unseren Studenten bei der MSRI/Banff 2005 Graduate Summer School. Insbesondere danken wir Kristin Camenga und Kevin Woods, die die Tutorien zu diesem Sommerkurs abgehalten, zahlreiche Tippfehler entdeckt und uns viele interessante Anregungen für dieses Buch gegeben haben. Wir sind dankbar für die großzügige Unterstützung des Sommerkurses durch das Mathematical Sciences Research Institute, das Pacific Institute of Mathematics und die Banff International Research Station.

Viele Kollegen haben dieses Unterfangen unterstützt, und wir sind besonders all denen dankbar, die uns über (Tipp-)Fehler informiert und uns gute Vorschläge gemacht haben: Daniel Antonetti, Alexander Barvinok, Nathanael Berglund, Andrew Beyer, Tristram Bogart, Garry Bowlin, Benjamin Braun, Robin Chapman, Yitwah Cheung, Jessica Cuomo, Dimitros Dais Aaron Dall, Jesus De Loera, David Desario, Mike Develin, Ricardo Diaz, Michael Dobbins, Jeff Doker, Han Minh Duong, Richard Ehrenborg, David Einstein, Joseph Gubeladze, Christian Haase, Mary Halloran, Friedrich Hirzebruch, Brian Hopkins, Serkan Hoşten, Benjamin Howard, Piotr Maciak, Evgeny Materov, Asia Matthews, Peter McMullen, Martín Mereb, Ezra Miller, Mel Nathanson,

Julian Pfeifle, Peter Pleasants, Jorge Ramírez Alfonsín, Bruce Reznick, Adrian Riskin, Steven Sam, Junro Sato, Kim Seashore, Melissa Simmons, Richard Stanley, Bernd Sturmfels, Thorsten Theobald, Read Vanderbilt, Andrew Van Herick, Sven Verdoolaege, Michèle Vergne, Julie Von Bergen, Neil Weickel, Carl Woll, Zhiqiang Xu, Jon Yaggie, Ruriko Yoshida, Thomas Zaslavsky, Günter Ziegler und zwei anynomen Referees. Wir werden Errata, Aktualisierungen usw. auf der Internetseite

`math.sfsu.edu/beck/ccd.html`

sammeln.

Wir sind der Redaktion des Springer-Verlags dankbar, allen voran Mark Spencer, der uns den Prozess der Veröffentlichung stets auf freundliche und unterstützende Art vereinfacht hat. Wir danken David Kramer für das makellose Redigieren, Frank Ganz dafür, dass er uns an seinem LATEX-Wissen teilhaben ließ, und Felix Pertnoy für den nahtlosen Produktionsprozess.

Matthias Beck möchte seine tiefste Dankbarkeit gegenüber Tendai Chitewere ausdrücken, für ihre Geduld, Unterstützung und bedingungslose Liebe. Er dankt seiner Familie dafür, dass sie immer für ihn da ist. Sinai Robins möchte Michal Robins, Shani Robins und Gabriel Robins für ihre unermüdliche Unterstützung und ihr Verständnis während der Fertigstellung dieses Projekts danken. Wir beide danken allen Cafés, die wir in den letzten fünf Jahren besucht haben, dafür, dass sie uns ihren Kaffee in Theoreme umwandeln ließen.

San Francisco   *Matthias Beck*
Philadelphia   *Sinai Robins*
June 2007

Inhaltsverzeichnis

Teil I

Die Grundlagen der Berechnung diskreter Volumina

1

Das Münzenproblem von Frobenius

The full beauty of the subject of generating functions emerges only from tuning in on both channels: the discrete and the continuous.

Herb Wilf [186]

Angenommen, wir untersuchen eine unendliche Folge von Zahlen $(a_k)_{k=0}^{\infty}$, die geometrisch oder rekursiv definiert ist. Gibt es eine „gute Formel" für a_k in Abhängigkeit von k? Erfüllt die Folge Gleichungen in mehreren a_ks? Indem wir die Folge in ihre **Erzeugendenfunktion**

$$F(z) = \sum_{k \geq 0} a_k\, z^k$$

einbetten, erhalten wir auf erstaunlich einfache und elegante Art Antworten auf die obigen Fragen. In gewisser Weise hebt $F(z)$ dabei unsere Folge a_k aus ihrem diskreten Kontext in die stetige Welt der Funktionen.

1.1 Warum Erzeugendenfunktionen?

Um diese Konzepte zu veranschaulichen, wärmen wir uns mit der klassischen Folge der **Fibonacci-Zahlen** f_k auf, die nach Leonardo Pisano Fibonacci (1170–1250?)[1] benannt und durch die Rekursion

$$f_0 = 0, \ f_1 = 1 \ \text{ und } \ f_{k+2} = f_{k+1} + f_k \ \text{ für } \ k \geq 0$$

definiert sind. Dadurch erhalten wir eine Folge $(f_k)_{k=0}^{\infty} = (0, 1, 1, 2, 3, 5, 8, 13, 21, 34, \dots)$ (siehe auch [164, Sequence A000045]). Jetzt wollen wir schauen, was Erzeugendenfunktionen für uns leisten können. Wir setzen

---

[1] Für mehr Informationen über Fibonacci siehe
http://www-groups.dcs.st-and.ac.uk/~history/Mathematicians/Fibonacci.html.

$$F(z) = \sum_{k \geq 0} f_k \, z^k$$

und übersetzen beide Seiten der Rekursionsgleichung in Aussagen über ihre Erzeugendenfunktionen:

$$\sum_{k \geq 0} f_{k+2} \, z^k = \sum_{k \geq 0} (f_{k+1} + f_k) \, z^k = \sum_{k \geq 0} f_{k+1} \, z^k + \sum_{k \geq 0} f_k \, z^k. \qquad (1.1)$$

Die linke Seite von (1.1) lautet

$$\sum_{k \geq 0} f_{k+2} \, z^k = \frac{1}{z^2} \sum_{k \geq 0} f_{k+2} \, z^{k+2} = \frac{1}{z^2} \sum_{k \geq 2} f_k \, z^k = \frac{1}{z^2} \left(F(z) - z \right),$$

während die rechte Seite von (1.1) gleich

$$\sum_{k \geq 0} f_{k+1} \, z^k + \sum_{k \geq 0} f_k \, z^k = \frac{1}{z} F(z) + F(z)$$

ist. Also kann (1.1) als

$$\frac{1}{z^2} \left(F(z) - z \right) = \frac{1}{z} F(z) + F(z)$$

umformuliert werden, bzw.

$$F(z) = \frac{z}{1 - z - z^2}.$$

Es ist eine nette Übung, (z.B. mit dem Computer) nachzurechnen, dass wir, wenn wir F als Potenzreihe entwickeln, tatsächlich die Fibonacci-Zahlen als Koeffizienten bekommen:

$$\frac{z}{1 - z - z^2} = z + z^2 + 2\,z^3 + 3\,z^4 + 5\,z^5 + 8\,z^6 + 13\,z^7 + 21\,z^8 + 34\,z^9 + \cdots .$$

Wir wenden nun unser Lieblingswerkzeug im Umgang mit rationalen Funktionen an: Die Partialbruchzerlegung. In unserem Fall zerfällt der Nenner in die Faktoren $1 - z - z^2 = \left(1 - \frac{1+\sqrt{5}}{2} z\right) \left(1 - \frac{1-\sqrt{5}}{2} z\right)$, und die Partialbruchzerlegung lautet (s. Aufgabe 1.1)

$$F(z) = \frac{z}{1 - z - z^2} = \frac{1/\sqrt{5}}{1 - \frac{1+\sqrt{5}}{2} z} - \frac{1/\sqrt{5}}{1 - \frac{1-\sqrt{5}}{2} z}. \qquad (1.2)$$

Die beiden Terme legen es nahe, die **geometrische Reihe**

$$\sum_{k \geq 0} x^k = \frac{1}{1 - x} \qquad (1.3)$$

(siehe Aufgabe 1.2) mit $x = \frac{1+\sqrt{5}}{2}z$ bzw. $x = \frac{1-\sqrt{5}}{2}z$ zu verwenden:

$$F(z) = \frac{z}{1-z-z^2} = \frac{1}{\sqrt{5}} \sum_{k \geq 0} \left(\frac{1+\sqrt{5}}{2}z \right)^k - \frac{1}{\sqrt{5}} \sum_{k \geq 0} \left(\frac{1-\sqrt{5}}{2}z \right)^k$$

$$= \sum_{k \geq 0} \frac{1}{\sqrt{5}} \left(\left(\frac{1+\sqrt{5}}{2} \right)^k - \left(\frac{1-\sqrt{5}}{2} \right)^k \right) z^k.$$

Indem wir die Koeffizienten der z^k in der Definition von $F(z) = \sum_{k \geq 0} f_k z^k$ und dem neuen Ausdruck oben vergleichen, erhalten wir eine geschlossene Form für die Fibonacci-Zahlen:

$$f_k = \frac{1}{\sqrt{5}} \left(\frac{1+\sqrt{5}}{2} \right)^k - \frac{1}{\sqrt{5}} \left(\frac{1-\sqrt{5}}{2} \right)^k.$$

Diese Methode, von einer rationalen Erzeugendenfunktion zu ihrer Partialbruchzerlegung überzugehen, ist eines unserer wichtigsten Werkzeuge. Da wir Partialbruchzerlegungen das ganze Buch hindurch immer wieder verwenden werden, halten wir das Ergebnis, auf dem diese Methode beruht, fest.

Satz 1.1 (Partialbruchzerlegung). *Zu jeder rationalen Funktion*

$$F(z) := \frac{p(z)}{\prod_{k=1}^{m} (z - a_k)^{e_k}},$$

wobei p ein Polynom vom Grad kleiner als $e_1 + e_2 + \cdots + e_m$ ist und die a_ks paarweise verschieden sind, gibt es eine Zerlegung

$$F(z) = \sum_{k=1}^{m} \left(\frac{c_{k,1}}{z - a_k} + \frac{c_{k,2}}{(z - a_k)^2} + \cdots + \frac{c_{k,e_k}}{(z - a_k)^{e_k}} \right),$$

wobei die $c_{k,j} \in \mathbb{C}$ eindeutig bestimmt sind.

Ein möglicher Beweis dieses Satzes basiert auf der Tatsache, dass die Polynome einen euklidischen Ring bilden. Für Leser, die mit diesem Konzept vertraut sind, skizzieren wir den Beweis in Aufgabe 1.35.

1.2 Zwei Münzen

Angenommen, wir führen ein neues Münzsystem ein: Anstatt 1, 2 und 5 Cent sowie Zehnerpotenzvielfache davon zu verwenden, einigen wir uns auf Münzen zu 4, 7, 9 und 34 Cent. Der aufmerksame Leser wird eine Schwachstelle in diesem System bemerken: Bestimmte Beträge lassen sich damit nicht herausgeben, z.B. 2 oder 5 Cent. Gerade diese Unzulänglichkeit macht unser neues

System aber auch interessant, denn sie wirft folgende Frage auf: „Welche Beträge können wir mit diesem Münzsystem darstellen?". In Aufgabe 1.20 werden wir zeigen, dass es nur endlich viele ganzzahlige Beträge gibt, die *nicht* herausgegeben werden können. Eine naheliegende Frage, die als erstes von Georg Frobenius (1849–1917)[2] und Joseph Sylvester (1814–1897)[3] bearbeitet wurde, lautet: „Welches ist der *größte* Betrag, der in unserem neuen Münzsystem nicht dargestellt werden kann?". Als Mathematiker möchten wir unsere Fragestellungen so allgemein wie möglich halten und suchen für Münzen mit Werten $a_1, a_2, \ldots, a_d$, die positive ganze Zahlen ohne einen gemeinsamen Teiler sind, nach einer Formel für den größten Betrag, der mit diesem Münzsystem nicht herausgegeben werden kann. Dieses Problem ist als *Münzenproblem von Frobenius* bekannt.

Genauer nehmen wir an, dass eine Menge

$$A = \{a_1, a_2, \ldots, a_d\}$$

mit $\mathrm{ggT}(a_1, a_2, \ldots, a_d) = 1$ gegeben sei. Wir nennen eine ganze Zahl n **darstellbar**, falls es nichtnegative ganze Zahlen $m_1, m_2, \ldots, m_d$ gibt, so dass

$$n = m_1 a_1 + \cdots + m_d a_d$$

gilt. Für unser Münzsystem bedeutet das, dass wir den Betrag n mit Münzen mit den Werten $a_1, a_2, \ldots, a_d$ herausgeben können. Das Frobenius-Problem (oft auch *lineares diophantisches Problem von Frobenius* genannt) besteht nun darin, die größte nicht darstellbare ganze Zahl zu finden. Wir nennen diese Zahl die **Frobenius-Zahl** und bezeichnen sie mit $g(a_1, \ldots, a_d)$. Der folgende Satz gibt uns eine elegante Formel für den Fall $d = 2$.

Satz 1.2. *Für teilerfremde natürliche Zahlen a_1 und a_2 gilt*

$$g(a_1, a_2) = a_1 a_2 - a_1 - a_2.$$

Inspiriert durch diese einfach aussehende Formel für g wurde mit beträchtlichem Aufwand nach Formeln für $g(a_1, a_2, \ldots, a_d)$ geforscht, allerdings nur mit begrenztem Erfolg; siehe die Anmerkungen am Ende dieses Kapitels. Für $d = 2$ fand Sylvester folgendes Resultat:

Satz 1.3 (Satz von Sylvester). *Seien a_1 und a_2 teilerfremde natürliche Zahlen. Dann ist genau die Hälfte der ganzen Zahlen zwischen 1 und $(a_1 - 1)(a_2 - 1)$ darstellbar.*

Unser Ziel in diesem Kapitel ist der Beweis dieser beiden Sätze (und etwas mehr), indem wir die Maschinerie der Partialbruchzerlegung anwenden. Wir

---

[2] Für mehr Informationen über Frobenius siehe
http://www-groups.dcs.st-and.ac.uk/~history/Mathematicians/Frobenius.html.
[3] Für mehr Informationen über Sylvester siehe
http://www-groups.dcs.st-and.ac.uk/~history/Mathematicians/Sylvester.html.

nähern uns dem Frobenius-Problem, indem wir die **eingeschränkte Partitionsfunktion**

$$p_A(n) := \# \left\{ (m_1, \ldots, m_d) \in \mathbb{Z}^d : \text{ alle } m_j \geq 0 \text{ und } m_1 a_1 + \cdots + m_d a_d = n \right\},$$

also die Anzahl der additiven Partitionen von n mit Teilen aus A, untersuchen.[4] Im Hinblick auf diese Partitionsfunktion ist $g(a_1, \ldots, a_d)$ die größte ganze Zahl n, für die $p_A(n) = 0$ gilt.

Es gibt eine schöne geometrische Interpretation der eingeschränkten Partitionsfunktion. Dazu definieren wir zunächst die Menge

$$\mathcal{P} = \left\{ (x_1, \ldots, x_d) \in \mathbb{R}^d : \text{ alle } x_j \geq 0 \text{ und } x_1 a_1 + \cdots + x_d a_d = 1 \right\}. \quad (1.4)$$

Die n-te Streckung einer beliebigen Menge $S \subseteq \mathbb{R}^d$ ist

$$\left\{ (n x_1, n x_2, \ldots, n x_d) : (x_1, \ldots, x_d) \in S \right\}.$$

Die Funktion $p_A(n)$ zählt genau diejenigen Gitterpunkte, die in der n-ten Streckung von $\mathcal{P}$ liegen. Der Streckungsprozess ist in diesem Zusammenhang gleichbedeutend damit, $x_1 a_1 + \cdots + x_d a_d = 1$ in der Definition von $\mathcal{P}$ durch $x_1 a_1 + \cdots + x_d a_d = n$ zu ersetzen. Die Menge $\mathcal{P}$ stellt sich als ein *Polytop* heraus. Man kann es für Dimensionen $d \leq 3$ leicht graphisch darstellen; Abbildung 1.1 zeigt den dreidimensionalen Fall.

1.3 Partialbrüche und eine überraschende Formel

Wir konzentrieren und zunächst auf den Fall $d = 2$ und betrachten

$$p_{\{a,b\}}(n) = \# \left\{ (k, l) \in \mathbb{Z}^2 : k, l \geq 0, \ ak + bl = n \right\},$$

wobei a und b wie bisher teilerfremd sind. Zunächst experimentieren wir ein wenig mit Erzeugendenfunktionen. Wir betrachten das folgende Produkt zweier geometrischer Reihen:

$$\left(\frac{1}{1 - z^a} \right) \left(\frac{1}{1 - z^b} \right) = \left(1 + z^a + z^{2a} + \cdots \right) \left(1 + z^b + z^{2b} + \cdots \right)$$

(siehe Aufgabe 1.2). Wenn wir alle Terme ausmultiplizieren, erhalten wir eine Potenzreihe, in der alle Exponenten Linarkombinationen von a und b sind. Der Koeffizient von z^n in dieser Potenzreihe zählt nämlich gerade, auf wieviele Arten n als nichtnegative Linearkombination von a und b geschrieben werden

---

[4] Eine **(additive) Partition** einer natürlichen Zahl n ist eine Multimenge (d.h. eine Menge, in der Wiederholungen erlaubt sind) $\{n_1, n_2, \ldots, n_k\}$ natürlicher Zahlen, so dass $n = n_1 + n_2 + \cdots + n_k$. Die Zahlen $n_1, n_2, \ldots, n_k$ heißen die **Teile** der Partition.

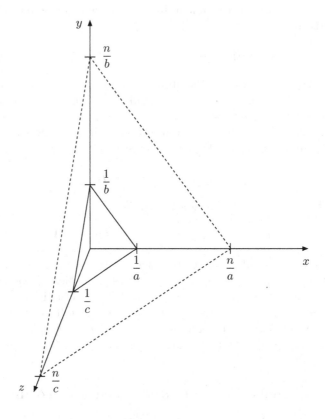

Abb. 1.1. $d = 3$.

kann. Mit anderen Worten heißt das, dass diese Koeffizienten exakt die Werte unserer Zählfunktion $p_{\{a,b\}}$ sind:

$$\left(\frac{1}{1 - z^a} \right) \left(\frac{1}{1 - z^b} \right) = \sum_{k \geq 0} \sum_{l \geq 0} z^{ak} z^{bl} = \sum_{n \geq 0} p_{\{a,b\}}(n) \, z^n .$$

Also ist diese Funktion die Erzeugendenfunktion der Folge $\left(p_{\{a,b\}}(n) \right)_{n=0}^{\infty}$ von ganzen Zahlen. Die Idee besteht nun darin, die kompakte Funktion auf der linken Seite zu untersuchen.

Wir werden nun eine interessante Formel für $p_{\{a,b\}}(n)$ aufdecken, indem wir uns die Erzeugendenfunktion auf der linken Seite genauer ansehen. Um unsere Berechnungen zu vereinfachen, untersuchen wir den *konstanten Term* einer verwandten Reihe; es ist nämlich $p_{\{a,b\}}(n)$ der konstante Term von

$$f(z) := \frac{1}{(1 - z^a)(1 - z^b) z^n} = \sum_{k \geq 0} p_{\{a,b\}}(k) \, z^{k-n} .$$

Die letzte Reihe in dieser Gleichungskette ist nicht mehr ganz eine Potenzreihe, da sie auch Terme mit negativen Exponenten enthält. Solche Reihen nennt man *Laurent-Reihen*, nach Pierre Alphonse Laurent (1813–1854). Für eine (um 0 zentrierte) Potenzreihe könnten wir die dazugehörige Funktion einfach bei $z = 0$ auswerten, um den konstanten Term zu erhalten; sobald wir aber auch negative Exponenten haben ist dies nicht mehr möglich. Wenn wir jedoch zunächst alle Terme mit negativen Exponenten abziehen, bekommen wir eine Potenzreihe, deren (unveränderter) konstanter Term nun durch Auswerten der restlichen Funktion bei $z = 0$ errechnet werden kann.

Um diesen konstanten Term berechnen zu können, werden wir f in Partialbrüche zerlegen. Als Aufwärmübung im Umgang mit Partialbruchzerlegungen betrachten wir zunächst ein eindimensionales Beispiel. Wir bezeichnen die erste a-te Einheitswurzel mit

$$\xi_a := e^{2\pi i/a} = \cos\frac{2\pi}{a} + i\sin\frac{2\pi}{a}.$$

Die a-ten Einheitswurzeln sind dann $1, \xi_a, \xi_a^2, \xi_a^3, \ldots, \xi_a^{a-1}$.

Beispiel 1.4. Wir wollen die Partialbruchzerlegung von $\frac{1}{1-z^a}$ bestimmen. Die Pole dieser Funktion liegen bei den a-ten Einheitswurzeln ξ_a^k für $k = 0, 1, \ldots, a-1$. Also erweitern wir zu

$$\frac{1}{1-z^a} = \sum_{k=0}^{a-1} \frac{C_k}{z - \xi_a^k}.$$

Wie können wir nun die Koeffizienten C_k bestimmen? Es gilt:

$$C_k = \lim_{z\to\xi_a^k}\left(z - \xi_a^k\right)\left(\frac{1}{1-z^a}\right) = \lim_{z\to\xi_a^k}\frac{1}{-a\,z^{a-1}} = -\frac{\xi_a^k}{a},$$

wobei wir die Regel von de l'Hospital in der vorletzten Gleichung verwendet haben. Also gelangen wir zu der Zerlegung

$$\frac{1}{1-z^a} = -\frac{1}{a}\sum_{k=0}^{a-1}\frac{\xi_a^k}{z - \xi_a^k}. \qquad \square$$

Wir kommen zurück zu den eingeschränkten Partitionsfunktionen. Die Pole von f liegen bei $z = 0$ mit Vielfachheit n, bei $z = 1$ mit Vielfachheit 2, und bei allen anderen a-ten und b-ten Einheitswurzeln mit Vielfachheit 1, da a und b teilerfremd sind. Also sieht unsere Partialbruchzerlegung wie folgt aus:

$$f(z) = \frac{A_1}{z} + \frac{A_2}{z^2} + \cdots + \frac{A_n}{z^n} + \frac{B_1}{z-1} + \frac{B_2}{(z-1)^2} + \sum_{k=1}^{a-1}\frac{C_k}{z - \xi_a^k} + \sum_{j=1}^{b-1}\frac{D_j}{z - \xi_b^j}. \quad (1.5)$$

Dem Leser sei die Berechnung der Koeffizienten zur Übung empfohlen (Aufgabe 1.21):

$$C_k = -\frac{1}{a\left(1 - \xi_a^{kb}\right)\xi_a^{k(n-1)}},\tag{1.6}$$

$$D_j = -\frac{1}{b\left(1 - \xi_b^{ja}\right)\xi_b^{j(n-1)}}.$$

Um B_2 zu berechnen, multiplizieren wir beide Seiten von (1.5) mit $(z-1)^2$ und bestimmen den Grenzwert für $z \to 1$. Wir erhalten

$$B_2 = \lim_{z \to 1} \frac{(z-1)^2}{(1-z^a)(1-z^b)z^n} = \frac{1}{ab},$$

indem wir beispielsweise die Regel von de l'Hospital zweimal anwenden. Um die interessantere Konstante B_1 zu bestimmen, rechnen wir

$$B_1 = \lim_{z \to 1} (z-1)\left(\frac{1}{(1-z^a)(1-z^b)z^n} - \frac{\frac{1}{ab}}{(z-1)^2}\right) = \frac{1}{ab} - \frac{1}{2a} - \frac{1}{2b} - \frac{n}{ab},$$

wieder mit der Regel von de l'Hospital.

Wir brauchen die Koeffizienten $A_1, \ldots, A_n$ gar nicht auszurechnen, da sie nur zu den Termen mit negativen Koeffizienten beitragen, und die können wir einfach vernachlässigen, da sie sich nicht auf den konstanten Term von f auswirken. Sobald wir die anderen Koeffizienten haben, ergibt sich der konstante Term der Laurent-Reihe von f – wie oben erläutert – durch Auswerten der folgenden Funktion bei 0:

$$p_{\{a,b\}}(n) = \left(\frac{B_1}{z-1} + \frac{B_2}{(z-1)^2} + \sum_{k=1}^{a-1}\frac{C_k}{z-\xi_a^k} + \sum_{j=1}^{b-1}\frac{D_j}{z-\xi_b^j}\right)\Bigg|_{z=0}$$

$$= -B_1 + B_2 - \sum_{k=1}^{a-1}\frac{C_k}{\xi_a^k} - \sum_{j=1}^{b-1}\frac{D_j}{\xi_b^j}.$$

Mit Hilfe von (1.6) vereinfachen wir dies zu

$$p_{\{a,b\}}(n) = \frac{1}{2a} + \frac{1}{2b} + \frac{n}{ab} + \frac{1}{a}\sum_{k=1}^{a-1}\frac{1}{(1-\xi_a^{kb})\xi_a^{kn}} + \frac{1}{b}\sum_{j=1}^{b-1}\frac{1}{(1-\xi_b^{ja})\xi_b^{jn}}.\tag{1.7}$$

Ermuntert von diesem anfänglichen Erfolg machen wir uns nun daran, die einzelnen Summen in (1.7) zu untersuchen, in der Hoffnung, sie als bekannte Objekte zu erkennen.

Für den nächsten Schritt müssen wir zunächst die **Gauß-Klammer** $\lfloor x \rfloor$ definieren, die die größte ganze Zahl kleiner als oder gleich x bezeichnet. Eng mit ihr verwandt ist die **Nachkommaanteilsfunktion** $\{x\} = x - \lfloor x \rfloor$. Lesern, die mit den Funktionen $\lfloor x \rfloor$ und $\{x\}$ nicht vertraut sind, seien die Aufgaben 1.3 bis 1.5 zur Bearbeitung empfohlen.

Als nächstes betrachten wir einen Spezialfall, nämlich $b = 1$. Er ist deswegen interessant, weil $p_{\{a,1\}}(n)$ gerade die Gitterpunkte in einem Intervall zählt:

$$
\begin{aligned}
p_{\{a,1\}}(n) &= \#\left\{(k,l) \in \mathbb{Z}^2 : k, l \geq 0,\ ak + l = n\right\} \\
&= \#\left\{k \in \mathbb{Z} : k \geq 0,\ ak \leq n\right\} \\
&= \#\left\{k \in \mathbb{Z} : 0 \leq k \leq \frac{n}{a}\right\} \\
&= \left\lfloor \frac{n}{a} \right\rfloor + 1.
\end{aligned}
$$

(siehe Aufgabe 1.3). Auf der anderen Seite haben wir in (1.7) nur einen anderen Ausdruck für diese Funktion berechnet, so dass

$$
\frac{1}{2a} + \frac{1}{2} + \frac{n}{a} + \frac{1}{a}\sum_{k=1}^{a-1} \frac{1}{(1 - \xi_a^k)\,\xi_a^{kn}} \;=\; p_{\{a,1\}}(n) \;=\; \left\lfloor \frac{n}{a} \right\rfloor + 1.
$$

Mit Hilfe der Nachkommaanteilsfunktion $\{x\} = x - \lfloor x \rfloor$ haben wir eine Formel für die folgende Summe über a-te Einheitswurzeln hergeleitet:

$$
\frac{1}{a}\sum_{k=1}^{a-1} \frac{1}{(1 - \xi_a^k)\,\xi_a^{kn}} = -\left\{\frac{n}{a}\right\} + \frac{1}{2} - \frac{1}{2a}. \tag{1.8}
$$

Damit sind wir fast fertig: Wir laden den Leser in Aufgabe 1.22 ein, zu zeigen, dass

$$
\frac{1}{a}\sum_{k=1}^{a-1} \frac{1}{(1 - \xi_a^{bk})\,\xi_a^{kn}} = \frac{1}{a}\sum_{k=1}^{a-1} \frac{1}{(1 - \xi_a^k)\,\xi_a^{b^{-1}kn}}, \tag{1.9}
$$

wobei b^{-1} eine ganze Zahl ist, für die $b^{-1}b \equiv 1 \bmod a$ gilt, und folgern, dass

$$
\frac{1}{a}\sum_{k=1}^{a-1} \frac{1}{(1 - \xi_a^{bk})\,\xi_a^{kn}} = -\left\{\frac{b^{-1}n}{a}\right\} + \frac{1}{2} - \frac{1}{2a}. \tag{1.10}
$$

Jetzt müssen wir nur noch diesen Ausdruck zurück in (1.7) einsetzen und wir erhalten die folgende schöne Formel, die auf Tiberiu Popoviciu (1906–1975) zurückgeht.

Satz 1.5 (Satz von Popoviciu). *Für teilerfremde a und b gilt*

$$
p_{\{a,b\}}(n) = \frac{n}{ab} - \left\{\frac{b^{-1}n}{a}\right\} - \left\{\frac{a^{-1}n}{b}\right\} + 1,
$$

wobei $b^{-1}b \equiv 1 \bmod a$ und $a^{-1}a \equiv 1 \bmod b$. □

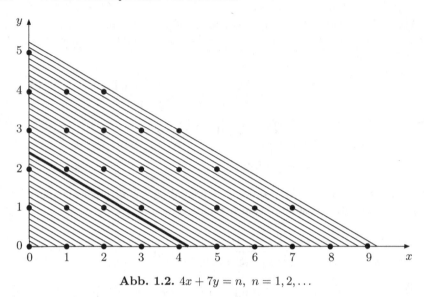

Abb. 1.2. $4x + 7y = n$, $n = 1, 2, \ldots$

1.4 Der Satz von Sylvester

Bevor wir Satz 1.5 anwenden, um die klassischen Sätze 1.2 und 1.3 zu beweisen, kehren wir für einen Moment zur Geometrie hinter der eingeschränkten Partitionsfunktion $p_{\{a,b\}}(n)$ zurück. Im zweidimensionalen Fall (über den Satz 1.5 eine Aussage macht) zählen wir Gitterpunkte $(x, y) \in \mathbb{Z}^2$ auf Geradenabschnitten, die durch die Bedingungen

$$ax + by = n, \qquad x, y \geq 0$$

bestimmt sind. Wenn n größer wird, werden diese Geradenabschnitte gestreckt. Es ist nicht zu abwegig (obwohl Aufgabe 1.13 uns lehrt, mit solchen Aussagen vorsichtig zu sein) zu erwarten, dass die Wahrscheinlichkeit, mit der ein Gitterpunkt auf dem Geradenabschnitt liegt, mit wachsendem n größer wird. Tatsächlich könnte man sogar annehmen, dass die Anzahle der Punkte auf dem Geradenabschnitt linear mit n ansteigt, da der Geradenabschnitt ein eindimensionales Objekt ist. Satz 1.5 quantifiziert diese Aussage sehr präzise: $p_{\{a,b\}}(n)$ hat den „Leitterm" n/ab, und die weiteren Terme sind als Funktionen von n beschränkt. Abbildung 1.2 zeigt die Geometrie hinter der Zählfunktion $p_{\{4,7\}}(n)$ für die ersten paar Werte von n. Man beachte, dass die dickgedruckte Strecke für $n = 17 = 4 \cdot 7 - 4 - 7$ die letzte ist, die überhaupt keinen Gitterpunkt enthält.

Lemma 1.6. *Falls a und b teilerfremde positive ganze Zahlen sind und $n \in [1, ab - 1]$ kein Vielfaches von a oder b ist, gilt*

$$p_{\{a,b\}}(n) + p_{\{a,b\}}(ab - n) = 1 \,.$$

Mit anderen Worten, für n zwischen a und ab − 1, das weder durch a noch durch b teilbar ist, ist genau eine der beiden Zahlen n und ab − n als Kombination von a und b darstellbar.

Beweis. Diese Gleichung folgt direkt aus Satz 1.5:

$$p_{\{a,b\}}(ab-n) = \frac{ab-n}{ab} - \left\{ \frac{b^{-1}(ab-n)}{a} \right\} - \left\{ \frac{a^{-1}(ab-n)}{b} \right\} + 1$$

$$= 2 - \frac{n}{ab} - \left\{ \frac{-b^{-1}n}{a} \right\} - \left\{ \frac{-a^{-1}n}{b} \right\}$$

$$\overset{(\star)}{=} -\frac{n}{ab} + \left\{ \frac{b^{-1}n}{a} \right\} + \left\{ \frac{a^{-1}n}{b} \right\}$$

$$= 1 - p_{\{a,b\}}(n).$$

Dabei folgt $(\star)$ aus der Tatsache, dass $\{-x\} = 1 - \{x\}$ falls $x \notin \mathbb{Z}$ (siehe Aufgabe 1.5). □

Beweis von Satz 1.2. Wir müssen zeigen, dass $p_{\{a,b\}}(ab-a-b) = 0$ und dass $p_{\{a,b\}}(n) > 0$, falls $n > ab - a - b$. Die erste Behauptung folgt aus Aufgabe 1.24, die besagt, dass $p_{\{a,b\}}(a+b) = 1$, und Lemma 1.6. Um die zweite Behauptung zu zeigen, benutzen wir, dass für jede ganze Zahl m die Ungleichung $\left\{ \frac{m}{a} \right\} \leq 1 - \frac{1}{a}$ gilt. Daher gilt für jede positive ganze Zahl n, dass

$$p_{\{a,b\}}(ab-a-b+n) \geq \frac{ab-a-b+n}{ab} - \left(1 - \frac{1}{a}\right) - \left(1 - \frac{1}{b}\right) + 1 = \frac{n}{ab} > 0.$$

□

Beweis von Satz 1.3. Wir erinnern uns zunächst an Lemma 1.6, das besagt, dass für n zwischen 1 und $ab - 1$, das weder a noch b als Teiler hat, genau eine der beide Zahlen n und $ab - n$ darstellbar ist. Es gibt

$$ab - a - b + 1 = (a-1)(b-1)$$

Zahlen zwischen 1 und $ab - 1$, die weder durch a noch durch b teilbar sind. Schließlich beachten wir, dass $p_{\{a,b\}}(n) > 0$ falls n ein Vielfaches von a oder b ist, was aus der Definition von $p_{\{a,b\}}(n)$ folgt. Daher ist die Anzahl der nicht darstellbaren ganzen Zahlen genau $\frac{1}{2}(a-1)(b-1)$. □

Damit haben wir sogar mehr gezeigt. Im wesentlichen wegen Lemma 1.6 gilt, dass jede positive ganze Zahl kleiner als ab höchstens eine Darstellung hat. Daher sind die darstellbaren Zahlen, die kleiner als ab sind, *eindeutig* darstellbar (siehe auch Aufgabe 1.25).

1.5 Drei und mehr Münzen

Was passiert mit der Komplexität des Frobenius-Problems, wenn wir mehr als zwei Münzen haben? Wir kommen auf die eingeschränkte Partitionsfunktion

$$p_A(n) = \# \left\{ (m_1, \ldots, m_d) \in \mathbb{Z}^d : \text{ alle } m_j \geq 0, \; m_1 a_1 + \cdots + m_d a_d = n \right\}$$

zurück, wobei $A = \{a_1, \ldots, a_d\}$. Mit genau der gleichen Argumentation wie in Abschnitt 1.3 können wir ganz leicht die Erzeugendenfunktion von $p_A(n)$ aufschreiben:

$$\sum_{n \geq 0} p_A(n) \, z^n = \left(\frac{1}{1 - z^{a_1}} \right) \left(\frac{1}{1 - z^{a_2}} \right) \cdots \left(\frac{1}{1 - z^{a_d}} \right).$$

Wir wenden die gleichen Methoden an, die wir in Abschnitt 1.3 benutzt haben, um unsere Funktion $p_A(n)$ als konstanten Term einer nützlichen Erzeugendenfunktion zu erhalten, nämlich

$$p_A(n) = \text{const} \left(\frac{1}{(1 - z^{a_1})(1 - z^{a_2}) \cdots (1 - z^{a_d}) \, z^n} \right).$$

Jetzt zerlegen wir die Funktion auf der rechten Seite in Partialbrüche. Der Einfachheit halber nehmen wir im Folgenden an, dass $a_1, \ldots, a_d$ *paarweise teilerfremd* sind; d.h. keine zwei der ganzen Zahlen $a_1, \ldots, a_d$ haben einen gemeinsamen Teiler. Dann sieht unsere Partialbruchzerlegung wie folgt aus:

$$
\begin{aligned}
f(z) &= \frac{1}{(1 - z^{a_1}) \cdots (1 - z^{a_d}) \, z^n} \\
&= \frac{A_1}{z} + \frac{A_2}{z^2} + \cdots + \frac{A_n}{z^n} + \frac{B_1}{z - 1} + \frac{B_2}{(z - 1)^2} + \cdots + \frac{B_d}{(z - 1)^d} \qquad (1.11) \\
&\quad + \sum_{k=1}^{a_1 - 1} \frac{C_{1k}}{z - \xi_{a_1}^k} + \sum_{k=1}^{a_2 - 1} \frac{C_{2k}}{z - \xi_{a_2}^k} + \cdots + \sum_{k=1}^{a_d - 1} \frac{C_{dk}}{z - \xi_{a_d}^k}.
\end{aligned}
$$

Inzwischen sind wir geübt im Umgang mit Partialbruchkoeffizienten, so dass der Leser leicht nachprüfen kann, dass (Aufgabe 1.29)

$$C_{1k} = - \frac{1}{a_1 \left(1 - \xi_{a_1}^{k a_2} \right) \left(1 - \xi_{a_1}^{k a_3} \right) \cdots \left(1 - \xi_{a_1}^{k a_d} \right) \xi_{a_1}^{k(n-1)}}. \qquad (1.12)$$

Wie vorher müssen wir auch hier die Koeffizienten $A_1, \ldots, A_n$ nicht berechnen, da sie nicht zum konstanten Term von f beitragen. Für die Berechnung von $B_1, \ldots, B_d$ können wir ein Computeralgebraprogramm wie `Maple` oder `Mathematica` benutzen. Wieder gilt, dass wir, sobald wir diese Koeffizienten berechnet haben, den konstanten Term von f berechnen können, indem wir alle negativen Exponenten weglassen und die übrig bleibende Funktion bei 0 auswerten:

$$
\begin{aligned}
p_A(n) &= \left(\frac{B_1}{z - 1} + \cdots + \frac{B_d}{(z - 1)^d} + \sum_{k=1}^{a_1 - 1} \frac{C_{1k}}{z - \xi_{a_1}^k} + \cdots + \sum_{k=1}^{a_d - 1} \frac{C_{dk}}{z - \xi_{a_d}^k} \right) \Bigg|_{z=0} \\
&= -B_1 + B_2 - \cdots + (-1)^d B_d - \sum_{k=1}^{a_1 - 1} \frac{C_{1k}}{\xi_{a_1}^k} - \sum_{k=1}^{a_2 - 1} \frac{C_{2k}}{\xi_{a_2}^k} - \cdots - \sum_{k=1}^{a_d - 1} \frac{C_{dk}}{\xi_{a_d}^k}.
\end{aligned}
$$

Wenn wir zum Beispiel die Ausdrücke, die wir für C_{lk} gefunden haben, in die letzte Summe über die nichttrivialen a_l-ten Einheitswurzeln einsetzen, ergibt sich

$$\frac{1}{a_1} \sum_{k=1}^{a_1-1} \frac{1}{\left(1 - \xi_{a_1}^{ka_2}\right) \left(1 - \xi_{a_1}^{ka_3}\right) \cdots \left(1 - \xi_{a_1}^{ka_d}\right) \xi_{a_1}^{kn}}.$$

Dies motiviert die Definition der **Fourier-Dedekind-Summe**

$$s_n\left(a_1, a_2, \ldots, a_m; b\right) := \frac{1}{b} \sum_{k=1}^{b-1} \frac{\xi_b^{kn}}{\left(1 - \xi_b^{ka_1}\right) \left(1 - \xi_b^{ka_2}\right) \cdots \left(1 - \xi_b^{ka_m}\right)}. \quad (1.13)$$

Wir werden diese Summen im Detail in Kapitel 8 untersuchen. Mit dieser Definition sind wir bei folgendem Resultat angelangt.

Satz 1.7. *Die eingeschränkte Partitionsfunktion für* $A = \{a_1, a_2, \ldots, a_d\}$*, wobei die* $a_k s$ *paarweise teilerfremd sind, kann durch*

$$p_A(n) = -B_1 + B_2 - \cdots + (-1)^d B_d + s_{-n}\left(a_2, a_3, \ldots, a_d; a_1\right)$$
$$+ s_{-n}\left(a_1, a_3, a_4, \ldots, a_d; a_2\right) + \cdots + s_{-n}\left(a_1, a_2, \ldots, a_{d-1}; a_d\right)$$

berechnet werden. Dabei sind $B_1, B_2, \ldots, B_d$ *die Partialbruchkoeffizienten in der Zerlegung von* (1.11). $\square$

Beispiel 1.8. Wir geben die eingeschränkte Partitionsfunktion für $d = 3$ und 4 an. Diese geschlossenen Formeln haben sich in der verfeinerten Analyse der Periodizität, die der Partitionsfunktion $p_A(n)$ inhärent ist, als nützlich erwiesen. Zum Beispiel kann man den Graph von $p_{\{a,b,c\}}(n)$ als eine „gewellte Parabel" visualisieren, wie aus der Formel offensichtlich wird.

$$p_{\{a,b,c\}}(n) = \frac{n^2}{2abc} + \frac{n}{2}\left(\frac{1}{ab} + \frac{1}{ac} + \frac{1}{bc}\right) + \frac{1}{12}\left(\frac{3}{a} + \frac{3}{b} + \frac{3}{c} + \frac{a}{bc} + \frac{b}{ac} + \frac{c}{ab}\right)$$
$$+ \frac{1}{a} \sum_{k=1}^{a-1} \frac{1}{\left(1 - \xi_a^{kb}\right)\left(1 - \xi_a^{kc}\right)\xi_a^{kn}} + \frac{1}{b} \sum_{k=1}^{b-1} \frac{1}{\left(1 - \xi_b^{kc}\right)\left(1 - \xi_b^{ka}\right)\xi_b^{kn}}$$
$$+ \frac{1}{c} \sum_{k=1}^{c-1} \frac{1}{\left(1 - \xi_c^{ka}\right)\left(1 - \xi_c^{kb}\right)\xi_c^{kn}},$$

$$p_{\{a,b,c,d\}}(n) = \frac{n^3}{6abcd} + \frac{n^2}{4}\left(\frac{1}{abc} + \frac{1}{abd} + \frac{1}{acd} + \frac{1}{bcd}\right)$$
$$+ \frac{n}{12}\left(\frac{3}{ab} + \frac{3}{ac} + \frac{3}{ad} + \frac{3}{bc} + \frac{3}{bd} + \frac{3}{cd} + \frac{a}{bcd} + \frac{b}{acd} + \frac{c}{abd} + \frac{d}{abc}\right)$$

$$+ \frac{1}{24} \left(\frac{a}{bc} + \frac{a}{bd} + \frac{a}{cd} + \frac{b}{ad} + \frac{b}{ac} + \frac{b}{cd} + \frac{c}{ab} + \frac{c}{ad} + \frac{c}{bd} \right.$$

$$\left. + \frac{d}{ab} + \frac{d}{ac} + \frac{d}{bc} \right) - \frac{1}{8} \left(\frac{1}{a} + \frac{1}{b} + \frac{1}{c} + \frac{1}{d} \right)$$

$$+ \frac{1}{a} \sum_{k=1}^{a-1} \frac{1}{\left(1 - \xi_a^{kb}\right)\left(1 - \xi_a^{kc}\right)\left(1 - \xi_a^{kd}\right) \xi_a^{kn}}$$

$$+ \frac{1}{b} \sum_{k=1}^{b-1} \frac{1}{\left(1 - \xi_b^{kc}\right)\left(1 - \xi_b^{kd}\right)\left(1 - \xi_b^{ka}\right) \xi_b^{kn}}$$

$$+ \frac{1}{c} \sum_{k=1}^{c-1} \frac{1}{\left(1 - \xi_c^{kd}\right)\left(1 - \xi_c^{ka}\right)\left(1 - \xi_c^{kb}\right) \xi_c^{kn}}$$

$$+ \frac{1}{d} \sum_{k=1}^{d-1} \frac{1}{\left(1 - \xi_d^{ka}\right)\left(1 - \xi_d^{kb}\right)\left(1 - \xi_d^{kc}\right) \xi_d^{kn}} . \qquad \square$$

Anmerkungen

1. Die Theorie der Erzeugendenfunktionen hat eine lange und mächtige Tradition. Ihre Nützlichkeit streifen wir hier nur. Den Lesern, die ein wenig tiefer im weitläufigen Garten der Erzeugendenfunktionen graben möchten, seien Herb Wilfs *Generatingfunctionology* [186] und László Lovászs *Combinatorial Problems and Exercises* [121] sehr empfohlen. Der Leser mag sich vielleicht wundern, dass wir Konvergenzaspekte der Erzeugendenfunktionen, mit denen wir hantieren, nicht betonen. Die sind jedoch ausnahmslos geometrische Reihen, die triviale Konvergenzeigenschaften haben. Um eine klare mathematische Darstellung nicht zu trüben, lassen wir solche Konvergenzdetails weg.

2. Das Frobenius-Problem ist nach Georg Frobenius benannt, der es anscheinend gerne in Vorlesungen stellte [40]. Satz 1.2 ist ein berühmtes Resultat in der mathematischen Folklore und vielleicht eines der am häufigsten falsch zitierten mathematischen Ergebnisse überhaupt. Viele Autoren zitieren James J. Sylvesters Problem in [176], aber sein Aufsatz enthält Satz 1.3, nicht Satz 1.2. Tatsächlich war Sylvesters Problem bereits als ein Satz in [175] aufgetaucht. Es ist nicht bekannt, wer Satz 1.2 als erstes entdeckt oder bewiesen hat. Es ist durchaus denkbar, dass Sylvester diesen Satz kannte, als er Satz 1.3 aufstellte.

3. Das lineare diophantische Problem von Frobenius sollte nicht mit dem *Briefmarkenproblem* verwechselt werden. Letzteres fragt nach der Bestimmung einer ähnlichen Größe, beschränkt allerdings unabhängig die Größe der ganzzahligen Lösungen der linearen Gleichung.

4. Satz 1.5 hat eine interessante Geschichte. Das früheste uns bekannte Auftauchen dieses Ergebnisses ist in einem Aufsatz von Tiberiu Popoviciu [147]. Popovicius Formel ist seitdem mindestens zweimal wiederbelebt worden [160, 182].

5. Fourier-Dedekind-Summen sind das erste Mal implizit in Sylvesters Arbeit aufgetreten (siehe z.B. [174]), und das erste Mal explizit im Zusammenhang mit eingeschränkten Partitionsfunktionen in [103]. Sie wurden in [24] erneut entdeckt, in Verbindung mit dem Frobenius-Problem. Die Aufsätze [82, 156] enthalten interessante Verbindungen mit Bernoulli- und Euler-Polynomen. Wir werden die Untersuchung von Fourier-Dedekind-Summen in Kaptitel 8 wieder aufnehmen.

6. Wie wir oben bereits erwähnt haben, ist das Frobenius-Problem für $d \geq 3$ wesentlich schwieriger als im Fall $d = 2$, den wir behandelt haben. Jenseits von $d = 3$ ist das Problem zweifelsohne noch völlig offen, obwohl bereits erhebliche Anstrengungen zu seiner Untersuchung unternommen wurden. Die Literatur zu diesem Problem ist weitläufig, und es gibt immer noch viel Raum für Verbesserungen. Der interessierte Leser sei auf die umfassende Monographie [152] verwiesen, die Referenzen auf fast alle Aufsätze, die das Frobenius-Problem behandeln, sichtet und etwa 40 offene Probleme und Vermutungen im Zusammenhang mit dem Frobenius-Problem angibt. Als Kostprobe erwähnen wir zwei Meilensteine, die über $d = 2$ hinaus gehen:

Der erste behandelt die Erzeugendenfunktion $r(z) := \sum_{k \in R} z^k$, wobei R die Menge aller ganzen Zahlen, die durch eine gegebene Menge teilerfremder positiver ganzer Zahlen $a_1, a_2, \ldots, a_d$ darstellbar sind, angibt. Es ist nicht schwer einzusehen (Aufgabe 1.34), dass $r(z) = p(z) / (1 - z^{a_1})(1 - z^{a_2}) \cdots (1 - z^{a_d})$ für ein Polynom p. Diese rationale Erzeugendenfunktion enthält sämtliche Informationen über das Frobenius-Problem, z.B. ist die Frobenius-Zahl gerade der Totalgrad der Funktion $\frac{1}{1-z} - r(z)$. Daher wird das Frobenius-Problem darauf reduziert, das Polynom p, das im Zähler von r steht, zu finden. Marcel Morales [133, 134] und Graham Denham [72] haben die bemerkenswerte Tatsache entdeckt, dass für $d = 3$ das Polynom p entweder 4 oder 6 Terme hat. Darüberhinaus gaben sie halbexplizite Formeln für p. Der Satz von Morales-Denham impliziert, dass die Frobenius-Zahl im Fall $d = 3$ schnell berechnet werden kann; ein Ergebnis, das ursprünglich, in unterschiedlichen Gestalten, auf Jürgen Herzog [94], Harold Greenberg [88] und J. Leslie Davison [64] zurückgeht. Genauso wie es scheinbar eine klare Grenze zwischen den Fällen $d = 2$ und $d = 3$ gibt, scheint es auch zwischen den Fällen $d = 3$ und $d = 4$ eine Grenze zu geben: Henrik Bresinsky [42] hat bewiesen, dass für $d \geq 4$ keine absolute Schranke für die Anzahl der Terme im Zähler p existiert, im starken Kontrast zum Satz von Morales-Denham.

Auf der anderen Seite haben Alexander Barvinok und Kevin Woods [14] bewiesen, dass für feste d die rationale Erzeugendenfunktion $r(z)$ als „kurze" Summe rationaler Funktionen geschrieben werden kann; insbesondere kann r

effizient berechnet werden, wenn d fest ist. Ein Korollar dazu ist, dass die Frobenius-Zahl für feste d effizient berechnet werden kann; dieser Satz geht auf Ravi Kannan zurück [104]. Andererseits hat Jorge Ramírez-Alfonsín [151] gezeigt, dass es aussichtslos ist, die Frobenius-Zahl effizient berechnen zu wollen, solange d variabel gelassen wird.

Während die obigen Ergebnisse die theoretische Komplexität der Berechnung der Frobenius-Zahl klären, sind praktische Algorithmen ein völlig anderes Thema. Sowohl Kannans als auch Barvinok-Woods Ideen scheinen komplex genug zu sein, dass bisher niemand versucht hat, sie zu implementieren. Der derzeit schnellste Algorithmus wird in [31] vorgestellt.

Aufgaben

1.1. ♣ Überprüfen Sie die folgende Partialbruchzerlegung (1.2):

$$\frac{z}{1-z-z^2} = \frac{1/\sqrt{5}}{1-\frac{1+\sqrt{5}}{2}z} - \frac{1/\sqrt{5}}{1-\frac{1-\sqrt{5}}{2}z}.$$

1.2. ♣ Es sei z eine komplexe Zahl und n eine positive ganze Zahl. Zeigen Sie, dass

$$(1-z)\left(1+z+z^2+\cdots+z^n\right) = 1 - z^{n+1},$$

und benutzen Sie dies, um zu zeigen, dass für $|z| < 1$ gilt:

$$\sum_{k\geq 0} z^k = \frac{1}{1-z}$$

1.3. ♣ Finden Sie eine Formel für die Anzahl der Gitterpunkte in $[a, b]$ für beliebige reelle Zahlen a und b.

1.4. Zeigen Sie das Folgende. Soweit nicht anders angegeben, sei $n \in \mathbb{Z}$ und $x, y \in \mathbb{R}$.

(a) $\lfloor x + n \rfloor = \lfloor x \rfloor + n$.
(b) $\lfloor x \rfloor + \lfloor y \rfloor \leq \lfloor x + y \rfloor \leq \lfloor x \rfloor + \lfloor y \rfloor + 1$.
(c) $\lfloor x \rfloor + \lfloor -x \rfloor = \begin{cases} 0 & \text{falls } x \in \mathbb{Z}, \\ -1 & \text{sonst.} \end{cases}$
(d) Für $n \in \mathbb{Z}_{>0}$, $\left\lfloor \frac{\lfloor x \rfloor}{n} \right\rfloor = \left\lfloor \frac{x}{n} \right\rfloor$.
(e) $-\lfloor -x \rfloor$ ist die kleinste ganze Zahl größer als oder gleich x, geschrieben $\lceil x \rceil$.
(f) $\lfloor x + 1/2 \rfloor$ ist die nächste ganze Zahl zu x (und falls es zwei solche Zahlen gibt, die größere der beiden).
(g) $\lfloor x \rfloor + \lfloor x + 1/2 \rfloor = \lfloor 2x \rfloor$.
(h) Falls m und n positive ganze Zahlen sind, ist $\lfloor \frac{m}{n} \rfloor$ die Anzahl der ganzen Zahlen im Bereich $1, \ldots, m$, die durch n teilbar sind.

(i) ♣ Falls $m \in \mathbb{Z}_{>0}, n \in \mathbb{Z}$, dann $\left\lfloor \frac{n-1}{m} \right\rfloor = -\left\lfloor \frac{-n}{m} \right\rfloor - 1$.

(j) ♣ Falls $m \in \mathbb{Z}_{>0}, n \in \mathbb{Z}$, dann ist $\left\lfloor \frac{n-1}{m} \right\rfloor + 1$ die kleinste ganze Zahl größer als oder gleich n/m.

1.5. Schreiben Sie so viele der obigen Gleichungen in Erzeugendenfunktionsgleichungen um, wie Ihnen sinnvoll erscheinen.

1.6. Es seien m und n teilerfremde positive ganze Zahle. Zeigen Sie, dass

$$\sum_{k=0}^{m-1} \left\lfloor \frac{kn}{m} \right\rfloor = \sum_{j=0}^{n-1} \left\lfloor \frac{jm}{n} \right\rfloor = \frac{1}{2}(m-1)(n-1).$$

1.7. Zeigen Sie die folgenden Gleichungen. Wir werden sie mindestens zweimal gebrauchen: Wenn wir Partialbrüche untersuchen, und wenn wir endliche Fourierreihen behandeln. Für $\phi, \psi \in \mathbb{R}, n \in \mathbb{Z}_{>0}, m \in \mathbb{Z}$ gilt:

(a) $e^{i0} = 1$,

(b) $e^{i\phi} e^{i\psi} = e^{i(\phi+\psi)}$,

(c) $1/e^{i\phi} = e^{-i\phi}$,

(d) $e^{i(\phi+2\pi)} = e^{i\phi}$,

(e) $e^{2\pi i} = 1$,

(f) $\left| e^{i\phi} \right| = 1$,

(g) $\frac{d}{d\phi} e^{i\phi} = i\, e^{i\phi}$,

(h) $\sum_{k=0}^{n-1} e^{2\pi i k m/n} = \begin{cases} n & \text{falls } n|m, \\ 0 & \text{sonst,} \end{cases}$

(i) $\sum_{k=1}^{n-1} k\, e^{2\pi i k/n} = \frac{n}{e^{2\pi i/n}-1}$.

1.8. Es seien $m, n \in \mathbb{Z}$ und $n > 0$. Finden Sie eine geschlossene Formel für $\sum_{k=0}^{n-1} \left\{ \frac{k}{n} \right\} e^{2\pi i k m/n}$ (als Funktion von m und n).

1.9. ♣ Es seien m und n teilerfremde ganze Zahlen, und n positiv. Zeigen Sie, dass

$$\left\{ e^{2\pi i m k/n} : 0 \le k < n \right\} = \left\{ e^{2\pi i j/n} : 0 \le j < n \right\}$$

und

$$\left\{ e^{2\pi i m k/n} : 0 < k < n \right\} = \left\{ e^{2\pi i j/n} : 0 < j < n \right\}.$$

Folgern Sie daraus, dass für eine beliebige komplexwertige Funktion f gilt

$$\sum_{k=0}^{n-1} f\left(e^{2\pi i m k/n} \right) = \sum_{j=0}^{n-1} f\left(e^{2\pi i j/n} \right)$$

und

$$\sum_{k=1}^{n-1} f\left(e^{2\pi i m k/n} \right) = \sum_{j=1}^{n-1} f\left(e^{2\pi i j/n} \right).$$

1.10. Es sei n eine positive ganze Zahl. Falls Sie wissen, was eine *Gruppe* ist, zeigen Sie, dass die Menge $\left\{ e^{2\pi ik/n} : 0 \leq k < n \right\}$ eine zyklische Gruppe der Ordnung n bildet (unter Multiplikation in $\mathbb{C}$).

1.11. Wir halten ein $n \in \mathbb{Z}_{>0}$ fest. Für eine ganze Zahle m sei $(m \bmod n)$ die kleinste nichtnegative ganze Zahl in $G_1 := \mathbb{Z}_n$, zu der m kongruent ist. Wir bezeichnen mit $\star$ die Addition modulo n, und mit $\circ$ folgende Verknüpfung:

$$\left\{ \frac{m_1}{n} \right\} \circ \left\{ \frac{m_2}{n} \right\} = \left\{ \frac{m_1 + m_2}{n} \right\},$$

die auf der Menge $G_2 := \left\{ \left\{ \frac{m}{n} \right\} : m \in \mathbb{Z} \right\}$ definiert ist. Wir definieren die folgenden Funktionen:

$$\phi\left((m \bmod n) \right) = e^{2\pi im/n},$$

$$\psi\left(e^{2\pi im/n} \right) = \left\{ \frac{m}{n} \right\},$$

$$\chi\left(\left\{ \frac{m}{n} \right\} \right) = (m \bmod n).$$

Zeigen Sie das Folgende:

$$\phi\left((m_1 \bmod n) \star (m_2 \bmod n) \right) = \phi\left((m_1 \bmod n) \right) \phi\left((m_2 \bmod n) \right),$$

$$\psi\left(e^{2\pi im_1/n} e^{2\pi im_2/n} \right) = \psi\left(e^{2\pi im_1/n} \right) \circ \psi\left(e^{2\pi im_2/n} \right),$$

$$\chi\left(\left\{ \frac{m_1}{n} \right\} \circ \left\{ \frac{m_2}{n} \right\} \right) = \chi\left(\left\{ \frac{m_1}{n} \right\} \right) \star \chi\left(\left\{ \frac{m_2}{n} \right\} \right).$$

Zeigen Sie, dass die drei oben definierten Abbildungen, nämlich ϕ, ψ und χ, injektiv sind. Wieder für Leser, die mit dem Begriff einer *Gruppe* vertraut sind, sei G_3 die Gruppe der n-ten Einheitswurzeln. Was wir gezeigt haben ist, dass die drei Gruppen G_1, G_2 und G_3 isomorph zueinander sind. Es ist sehr hilfreich, zwischen diesen drei isomorphen Gruppen herumzuwechseln.

1.12. ♣ Zu gegebenen ganzen Zahlen a, b, c und d bilden Sie den Geradenabschnitt in $\mathbb{R}^2$, der den Punkt (a, b) mit (c, d) verbindet. Zeigen Sie, dass die Anzahl der Gitterpunkte auf diesem Geradenabschnitt $\mathrm{ggT}(a - c, b - d) + 1$ ist.

1.13. Geben Sie ein Beispiel für eine Gerade mit

(a) keinem Gitterpunkt;
(b) einem Gitterpunkt;
(c) unendlich vielen Gitterpunkten.

Geben Sie in jedem der Fälle, sofern es angemessen ist, notwendige Bedingungen an die (Ir)Rationalität der Steigung an.

1.14. Angenommen, eine Gerade $y = mx + b$ geht durch die Gitterpunkte (p_1, q_1) und (p_2, q_2). Zeigen Sie, dass sie auch durch die Gitterpunkte

$$\left(p_1 + k(p_2 - p_1), q_1 + k(q_2 - q_1)\right), \ k \in \mathbb{Z}$$

geht.

1.15. Zeigen Sie für gegebene irrationale Zahlen p und q mit $\frac{1}{p} + \frac{1}{q} = 1$, dass $\mathbb{Z}_{>0}$ die disjunkte Vereinigung der beiden Ganzzahlfolgen $\{\lfloor pn \rfloor : n \in \mathbb{Z}_{>0}\}$ und $\{\lfloor qn \rfloor : n \in \mathbb{Z}_{>0}\}$ ist. Dieser Satz von 1894 geht auf Lord Rayleigh zurück und wurde im Jahr 1926 von Sam Beatty erneut entdeckt. Folgen der Form $\{\lfloor pn \rfloor : n \in \mathbb{Z}_{>0}\}$ werden oft *Beatty-Folgen* genannt.

1.16. Seien $a, b, c, d \in \mathbb{Z}$. Wir nennen $\{(a, b), (c, d)\}$ eine *Gitterbasis* von $\mathbb{Z}^2$, falls jeder Gitterpunkt $(m, n) \in \mathbb{Z}^2$ als

$$(m, n) = p(a, b) + q(c, d)$$

für bestimmte $p, q \in \mathbb{Z}$ geschrieben werde kann. Zeigen Sie, dass, wenn $\{(a, b), (c, d)\}$ und $\{(e, f), (g, h)\}$ Gitterbasen von $\mathbb{Z}^2$ sind, es eine Matrix M mit ganzzahligen Einträgen und Determinante ± 1 gibt, so dass

$$\begin{pmatrix} a \ b \\ c \ d \end{pmatrix} = M \begin{pmatrix} e \ f \\ g \ h \end{pmatrix}.$$

Folgern Sie daraus, dass die Determinante von $\begin{pmatrix} a \ b \\ c \ d \end{pmatrix}$ gleich ± 1 ist.

1.17. ♣ Zeigen Sie, dass ein Dreieck mit Eckpunkten auf dem Gitter der ganzen Zahlen genau dann keine weiteren Gitterpunkte im Inneren bzw. auf dem Rand hat, wenn seine Fläche $\frac{1}{2}$ misst. (*Hinweis:* Beginnen Sie damit, das Dreieck zu einem Parallelogramm zu „verdoppeln".)

1.18. Wir definieren einen *Nordost-Gitterpfad* als einen Pfad durch Gitterpunkte, der nur die Schritte $(1, 0)$ und $(0, 1)$ benutzt. Sei L_n die Gerade, die durch $x + 2y = n$ definiert ist. Zeigen Sie, dass die Anzahl der Nordost-Gitterpfade vom Ursprung zu einem Gitterpunkte auf L_n gerade die $(n+1)$-te Fibonacci-Zahl f_{n+1} ist.

1.19. Berechnen Sie die Koeffizienten der Taylorreihe von $1/(1-z)^2$ um $z = 0$
...

(a) ...durch ein Abzählargument,
(b) ...durch Ableiten der geometrischen Reihe.

Verallgemeinern Sie.

1.20. ♣ Zeigen Sie, dass für $a_1, a_2, \ldots, a_d \in \mathbb{Z}_{>0}$, die keinen gemeinsamen Teiler haben, die Frobenius-Zahl $g(a_1, \ldots, a_d)$ wohldefiniert ist.

1.21. ♣ Berechnen Sie die Partialbruchkoeffizienten (1.6).

1.22. ♣ Zeigen Sie (1.9): Für teilerfremde positive ganze Zahlen a und b gilt

$$\frac{1}{a} \sum_{k=1}^{a-1} \frac{1}{(1 - \xi_a^{bk})\, \xi_a^{kn}} = \frac{1}{a} \sum_{k=1}^{a-1} \frac{1}{(1 - \xi_a^{k})\, \xi_a^{b^{-1}kn}} \, ,$$

wobei $b^{-1}b \equiv 1 \bmod a$, und folgern Sie daraus (1.10), nämlich

$$\frac{1}{a} \sum_{k=1}^{a-1} \frac{1}{(1 - \xi_a^{bk})\, \xi_a^{kn}} = -\left\{ \frac{b^{-1}n}{a} \right\} + \frac{1}{2} - \frac{1}{2a} \, .$$

(*Hinweis:* Benutzen Sie Aufgabe 1.9.)

1.23. Beweisen Sie, dass für teilerfremde positive ganze Zahlen a und b die Aussage

$$p_{\{a,b\}}(n + ab) = p_{\{a,b\}}(n) + 1$$

gilt.

1.24. ♣ Zeigen Sie, dass, wenn a und b teilerfremde positive ganze Zahlen sind,

$$p_{\{a,b\}}(a + b) = 1$$

gilt.

1.25. Um das Frobenius-Problem zu erweitern, bezeichnen wir eine ganze Zahl n als *k-darstellbar*, falls $p_A(n) = k$; d.h. falls n auf genau k Arten unter Benutzung der Zahlen aus A dargestellt werden kann. Wir definieren $g_k = g_k(a_1, \ldots, a_d)$ als die größte k-darstellbare ganze Zahl. Zeigen Sie:

(a) Sei $d = 2$. Zu jedem $k \in \mathbb{Z}_{\geq 0}$ gibt es ein N, so dass alle ganzen Zahlen größer als N mindestens k Darstellungen haben (und daher $g_k(a, b)$ wohldefiniert ist).

(b) $g_k(a, b) = (k + 1)ab - a - b$.

(c) Zu gegebenem $k \geq 2$ ist die kleinste k-darstellbare ganze Zahl $ab(k - 1)$.

(d) Das kleinste Intervall, das alle eindeutig darstellbaren ganzen Zahlen enthält, ist $[\min(a, b), g_1(a, b)]$.

(e) Zu gegebenem $k \geq 2$ ist das kleinste Intervall, das alle k-darstellbaren ganzen Zahlen enthält, das Intervall $[g_{k-2}(a, b) + a + b, g_k(a, b)]$.

(f) Es gibt genau $ab - 1$ ganze Zahlen, die eindeutig darstellbar sind. Zu gegebenem $k \geq 2$ gibt es genau ab k-darstellbare ganze Zahlen.

(g) Erweitern Sie all dies auf $d \geq 3$ (see auch die offenen Probleme).

1.26. Finden Sie eine Formel für $p_{\{a\}}(n)$.

1.27. Beweisen Sie die folgende Rekursionsformel:

$$p_{\{a_1,\ldots,a_d\}}(n) = \sum_{m \geq 0} p_{\{a_1,\ldots,a_{d-1}\}}(n - ma_d)$$

(Dabei benutzen wir die Vereinbarung, dass $p_A(n) = 0$ falls $n < 0$). Benutzen Sie dies im Fall $d = 2$, um einen alternativen Beweis von Satz 1.2 zu geben.

1.28. Zeigen Sie die folgende Erweiterung von Satz 1.5: Sei $\gcd(a,b) = d$. Dann gilt

$$p_{\{a,b\}}(n) = \begin{cases} \frac{nd}{ab} - \left\{\frac{\beta n}{a}\right\} - \left\{\frac{\alpha n}{b}\right\} + 1 & \text{falls } d|n, \\ 0 & \text{sonst,} \end{cases}$$

wobei $\beta \frac{b}{d} \equiv 1 \bmod \frac{a}{d}$, und $\alpha \frac{a}{d} \equiv 1 \bmod \frac{b}{d}$.

1.29. ♣ Berechnen Sie den Partialbruchkoeffizienten (1.12).

1.30. Finden Sie eine Formel für $p_{\{a,b,c\}}(n)$ für den Fall $\gcd(a,b,c) \neq 1$.

1.31. ♣ Für $A = \{a_1, a_2, \ldots, a_d\} \subset \mathbb{Z}_{>0}$ sei

$$p_A^\circ(n) := \#\left\{(m_1,\ldots,m_d) \in \mathbb{Z}^d : \text{alle } m_j > 0, \; m_1 a_1 + \cdots + m_d a_d = n\right\};$$

d.h. $p_A^\circ(n)$ zählt die Anzahl der Partitionen von n mit Elementen von A als Teilen, *wobei jedes Element mindestens einmal verwendet wird.* Finden Sie Formeln für p_A° für $A = \{a\}$, $A = \{a,b\}$, $A = \{a,b,c\}$ und $A = \{a,b,c,d\}$, wobei a, b, c und d paarweise teilerfremde positive ganze Zahlen sind. Beachten Sie, dass in allen Beispielen die Zählfunktionen p_A und p_A° die algebraische Gleichung

$$p_A^\circ(-n) = (-1)^{d-1} p_A(n)$$

erfüllen.

1.32. Zeigen Sie, dass $p_A^\circ(n) = p_A(n - a_1 - a_2 - \cdots - a_d)$ (hier sei, wie üblich, $A = \{a_1, a_2, \ldots, a_d\}$). Folgern Sie, dass in den Beispielen von Aufgabe 1.31 die algebraische Gleichung

$$p_A(-t) = (-1)^{d-1} p_A(t - a_1 - a_2 - \cdots - a_d)$$

erfüllt ist.

1.33. Für teilerfremde positive ganze Zahlen a und b sei

$$R := \{am + bn : m, n \in \mathbb{Z}_{\geq 0}\}$$

die Menge aller durch a und b darstellbaren ganzen Zahlen. Zeigen Sie, dass

$$\sum_{k \in R} z^k = \frac{1 - z^{ab}}{(1 - z^a)(1 - z^b)}.$$

Benutzen Sie diese Erzeugendenfunktion, um alternative Beweise der Sätz 1.2 und 1.3 zu geben.

1.34. Für teilerfremde positive ganze Zahlen $a_1, a_2, \ldots, a_d$ sei

$$R := \{m_1 a_1 + m_2 a_2 + \cdots + m_d a_d : m_1, m_2, \ldots, m_d \in \mathbb{Z}_{\geq 0}\}$$

die Menge aller durch $a_1, a_2, \ldots, a_d$ darstellbaren ganzen Zahlen. Zeigen Sie, dass

$$r(z) := \sum_{k \in R} z^k = \frac{p(z)}{(1 - z^{a_1})(1 - z^{a_2}) \cdots (1 - z^{a_d})}$$

für ein Polynom p.

1.35. Beweisen Sie Satz 1.1: Zu jeder rationalen Funktion $\frac{p(z)}{\prod_{k=1}^{m}(z - a_k)^{e_k}}$, wobei p ein Polynom von kleinerem Grad als $e_1 + e_2 + \cdots + e_m$ ist und die a_ks verschieden sind, gibt es eine Zerlegung

$$\sum_{k=1}^{m} \left(\frac{c_{k,1}}{z - a_k} + \frac{c_{k,2}}{(z - a_k)^2} + \cdots + \frac{c_{k,e_k}}{(z - a_k)^{e_k}} \right),$$

wobei die $c_{k,j} \in \mathbb{C}$ eindeutig bestimmt sind.

   Wir skizzieren einen möglichen Beweis: Zunächst erinnern wir uns daran, dass die Menge aller Polynome (über $\mathbb{R}$ oder $\mathbb{C}$) einen *euklidischen Ring* bildet, d.h. zu beliebigen Polynomen $a(z)$ und $b(z) \neq 0$ gibt es Polynome $q(z)$ und $r(z)$ mit $\deg(r) < \deg(b)$, so dass

$$a(z) = b(z)q(z) + r(z).$$

Wenn wir diese Prozedur wiederholt anwenden (also den *euklidischen Algorithmus* durchführen), erhalten wir den größten gemeinsamen Teiler von $a(z)$ und $b(z)$ als Linearkombination der beiden. Das bedeutet, dass es Polynome $c(z)$ und $d(z)$ gibt, für die $a(z)c(z) + b(z)d(z) = \text{ggT}(a(z), b(z))$.

Schritt 1: Wenden Sie den euklidischen Algorithmus an, um zu zeigen, dass es Polynome u_1 und u_2 gibt, für die

$$u_1(z)(z - a_1)^{e_1} + u_2(z)(z - a_2)^{e_2} = 1.$$

Schritt 2: Folgern Sie daraus, dass es Polynome v_1 und v_2 mit $\deg(v_k) < e_k$ gibt, so dass

$$\frac{p(z)}{(z - a_1)^{e_1}(z - a_2)^{e_2}} = \frac{v_1(z)}{(z - a_1)^{e_1}} + \frac{v_2(z)}{(z - a_2)^{e_2}}.$$

(*Hinweis:* schriftliche Division.)

Schritt 3: Wiederholen Sie diese Prozedur, um zu einer Partialbruchzerlegung für

$$\frac{p(z)}{(z - a_1)^{e_1}(z - a_2)^{e_2}(z - a_3)^{e_3}}$$

zu gelangen.

Offene Probleme

1.36. Entwerfen Sie einen neuen Ansatz oder einen neuen Algorithmus für das Frobenius-Problem im Fall $d = 4$.

1.37. Es gibt eine sehr gute untere [64] und mehrere obere Schranken [152, Chapter 3] für die Frobenius-Zahl. Finden Sie eine bessere obere Schranke.

1.38. Lösen Sie Vladimir I. Arnolds Probleme 1999-8 bis 1999-11 [7]. Um einen Geschmack davon zu geben, erwähnen wir zwei davon explizit:

(a) Untersuchen Sie das statistische Verhalten von $g(a_1, a_2, \ldots, a_d)$ für typische große $a_1, a_2, \ldots, a_d$. Es wird vermutet, dass $g(a_1, a_2, \ldots, a_d)$ asymptotisch wie eine Konstante mal $\sqrt[d-1]{a_1 a_2 \cdots a_d}$ wächst.
(b) Bestimmen Sie für typische große $a_1, a_2, \ldots, a_d$, welcher Bruchteil der ganzen Zahlen im Intervall $[0, g(a_1, a_2, \ldots, a_d)]$ darstellbar ist. Es wird vermutet, dass dieser Bruchteil asymptotisch gleich $\frac{1}{d}$ ist. (Satz 1.3 impliziert, dass diese Vermutung im Fall $d = 2$ wahr ist.)

1.39. Untersuchen Sie vektorielle Verallgemeinerungen des Frobenius-Problems [154, 163].

1.40. Es gibt einige Spezialfälle für $A = \{a_1, a_2, \ldots, a_d\}$, in denen das Frobenius-Problem gelöst ist, z.B. arithmetische Folgen [152, Kapitel 3]. Betrachten Sie diese Spezialfälle im Lichte der Erzeugendenfunktion $r(x)$, die in den Anmerkungen und in Aufgabe 1.34 definiert wurde.

1.41. Untersuchen Sie die verallgemeinerte Frobenius-Zahl g_k (definiert in Aufgabe 1.25), z.B. im Zusammenhang mit dem in den Anmerkungen erwähnten Satz von Morales-Dunham. Leiten Sie Formeln für Spezialfälle, z.B. arithmetische Folgen, her.

1.42. Für welche $0 \leq n \leq b - 1$ ist $s_n(a_1, a_2, \ldots, a_d; b) = 0$?

2

Eine Gallerie diskreter Volumina

Few things are harder to put up with than a good example.

Mark Twain (1835–1910)

Ein roter Faden dieses Buchs ist die Untersuchung der Anzahl von Gitterpunkten in Polytopen, wobei die Polytope in einem reellen euklidischen Raum $\mathbb{R}^d$ leben. Die Punkte aus $\mathbb{Z}^d$ bilden ein Gitter in $\mathbb{R}^d$, und wir nennen diese Punkte mit ganzzahligen Koordinaten oft *Gitterpunkte*. Dieses Kapitel führt uns durch konkrete Beispiele für Gitterpunktaufzählungen in verschiedenen Polytopen mit ganzzahligen oder rationalen Eckpunkten. In diesem Bereich wird auch jetzt, während der Leser diese Seiten liest, in erheblichem Maße Forschung betrieben.

2.1 Die Sprache der Polytope

Ein Polytop in Dimension 1 ist ein abgeschlossenes Intervall; die Anzahl der Gitterpunkte in $\left[\frac{a}{b}, \frac{c}{d}\right]$ ist, wie sich leicht nachprüfen lässt, gleich $\left\lfloor \frac{c}{d} \right\rfloor - \left\lfloor \frac{a-1}{b} \right\rfloor$ (Aufgabe 2.1). Ein zweidimensionales konvexes Polytop ist ein **konvexes Polygon**: Eine kompakte konvexe Teilmenge von $\mathbb{R}^2$, die von einer einfachen, geschlossenen Kurve begrenzt ist, welche aus endlich vielen Geradenabschnitten besteht.

In allgemeiner Dimension d ist ein **konvexes Polytop** die konvexe Hülle endlich vieler Punkte in $\mathbb{R}^d$. Genauer gesagt ist für jede endliche Menge von Punkten $\{\mathbf{v}_1, \mathbf{v}_2, \ldots, \mathbf{v}_n\} \subset \mathbb{R}^d$ das Polytop $\mathcal{P}$ die kleinste konvexe Menge, die diese Punkte enthält; d.h.

$$\mathcal{P} = \{\lambda_1 \mathbf{v}_1 + \lambda_2 \mathbf{v}_2 + \cdots + \lambda_n \mathbf{v}_n : \text{alle } \lambda_k \geq 0 \text{ und } \lambda_1 + \lambda_2 + \cdots + \lambda_n = 1\}.$$

Diese Definition heißt $\mathcal{V}$-**Beschreibung** (vom Englischen *vertex* für Eckpunkt) von $\mathcal{P}$, und wir benutzen die Schreibweise

$$\mathcal{P} = \text{conv}\,\{\mathbf{v}_1, \mathbf{v}_2, \ldots, \mathbf{v}_n\}\,,$$

die konvexe Hülle von $\mathbf{v}_1, \mathbf{v}_2, \ldots, \mathbf{v}_n$. Insbesondere ist ein Polytop eine *abgeschlossene* Teilmenge von $\mathbb{R}^d$. Viele der Polytope, die wir untersuchen werden, sind allerdings nicht auf diese Art definiert, sondern vielmehr als (beschränkter) Durchschnitt endlich vieler Halbräume und Hyperebenen. Ein Beispiel ist das Polytop $\mathcal{P}$, das durch (1.4) in Kapitel 1 definiert wird. Diese $\mathcal{H}$-Beschreibung (für *Hyperebene*) eines Polytops ist in der Tat äquivalent zur $\mathcal{V}$-Beschreibung. Die Tatsache, dass jedes Polytop sowohl eine $\mathcal{V}$- als auch eine $\mathcal{H}$-Beschreibung hat, ist hochgradig nichttrivial. Wir erarbeiten sorgfältig einen Beweis in Anhang A.

Die **Dimension** eines Polytops $\mathcal{P}$ ist die Dimension des affinen Raums

$$\text{span}\,\mathcal{P} := \{\mathbf{x} + \lambda(\mathbf{y} - \mathbf{x}) : \mathbf{x}, \mathbf{y} \in \mathcal{P}, \lambda \in \mathbb{R}\}\,,$$

der von $\mathcal{P}$ aufgespannt wird. Wenn $\mathcal{P}$ die Dimension d hat verwenden wir die Notation $\dim \mathcal{P} = d$ und nennen $\mathcal{P}$ ein d-Polytop. Man beachte, dass $\mathcal{P} \subset \mathbb{R}^d$ nicht notwendigerweise die Dimension d hat. Zum Beispiel hat das Polytop $\mathcal{P}$, das von (1.4) definiert wird, die Dimension $d - 1$.

Zu einem gegebenen Polytop $\mathcal{P} \subset \mathbb{R}^d$ sagen wir, die Hyperebene $H = \{\mathbf{x} \in \mathbb{R}^d : \mathbf{a} \cdot \mathbf{x} = b\}$ sei eine **unterstützende Hyperebene** von $\mathcal{P}$, wenn $\mathcal{P}$ vollständig auf einer Seite von H liegt, d.h. $\mathcal{P} \subset \{\mathbf{x} \in \mathbb{R}^d : \mathbf{a} \cdot \mathbf{x} \leq b\}$ oder $\mathcal{P} \subset \{\mathbf{x} \in \mathbb{R}^d : \mathbf{a} \cdot \mathbf{x} \geq b\}$. Eine **Seite** von $\mathcal{P}$ ist eine Menge der Form $\mathcal{P} \cap H$, wobei H eine unterstützende Hyperebene von $\mathcal{P}$ ist. Man beachte, dass $\mathcal{P}$ selbst eine Seite von $\mathcal{P}$ ist, die zur *entarteten Hyperebene* $\mathbb{R}^d$ gehört;[1] ebenso ist die leere Menge $\varnothing$ eine Seite von $\mathcal{P}$, die zu jeder Hyperebene gehört, die $\mathcal{P}$ nicht schneidet. Die $(d - 1)$-dimensionalen Seiten werden **Facetten**, die 1-dimensionalen Seiten **Kanten** und die 0-dimensionalen Seiten **Ecken** genannt. Ecken sind die „Extremalpunkte" eines Polytops.

Ein konvexes d-Polytop hat mindestens $d + 1$ Ecken. Ein konvexes d-Polytop mit genau $d+1$ Ecken wird d-**Simplex** genannt. Jedes 1-dimensionale konvexe Polytop ist ein 1-Simplex, nämlich ein Geradenabschnitt. Die 2-dimensionalen Simplizes sind die Dreiecke, die 3-dimensionalen Simplizes die Tetraeder.

Ein konvexes Polytop $\mathcal{P}$ heißt **ganzzahlig**, wenn alles seine Ecken ganzzahlige Koordinaten haben, und $\mathcal{P}$ heißt **rational**, wenn alle seine Ecken rationale Koordinaten haben.

2.2 Der Einheitswürfel

Als Aufwärmübung fangen wir mit dem d-**Einheitswürfel** $\square := [0, 1]^d$ an, der gleichzeitig eine einfache Geometrie und eine unerschöpfliche Quelle an For-

---

[1] Im Rest des Buchs werden wir den Begriff *Hyperebene* für nicht-entartete Hyperebenen reservieren, d.h. Mengen der Form $\{\mathbf{x} \in \mathbb{R}^d : \mathbf{a} \cdot \mathbf{x} = b\}$, wobei nicht alle Einträge von $\mathbf{a}$ gleich null sind.

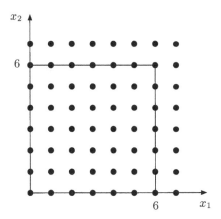

Abb. 2.1. Die sechste Streckung von □ in Dimension 2.

schungsproblemen bietet. Die $\mathcal{V}$-Beschreibung von □ ist durch die Menge der 2^d Ecken $\{(x_1, x_2, \ldots, x_d) :$ alle $x_k = 0$ oder $1\}$ gegeben. Die $\mathcal{H}$-Beschreibung ist

$$\Box = \left\{(x_1, x_2, \ldots, x_d) \in \mathbb{R}^d : 0 \le x_k \le 1 \text{ für alle } k = 1, 2, \ldots, d\right\}.$$

Also gibt es die $2d$ begrenzenden Hyperebenen $x_1 = 0$, $x_1 = 1$, $x_2 = 0$, $x_2 = 1$, …, $x_d = 0$, $x_d = 1$.

Wir berechnen nun das diskrete Volumen einer beliebigen ganzzahligen Streckung von □. Das bedeutet, wir suchen die Anzahl der ganzzahligen Punkte $t \Box \cap \mathbb{Z}^d$ für alle $t \in \mathbb{Z}_{>0}$. Hier bezeichnet $t\mathcal{P}$ das gestreckte Polytop

$$\{(tx_1, tx_2, \ldots, tx_d) : (x_1, x_2, \ldots, x_d) \in \mathcal{P}\}$$

für ein beliebiges Polytop $\mathcal{P}$. Was ist das diskrete Volumen von □? Wir strecken mit der positiven ganzen Zahl t, wie in Abb. 2.1 dargestellt, und zählen:

$$\#\left(t \Box \cap \mathbb{Z}^d\right) = \#\left([0, t]^d \cap \mathbb{Z}^d\right) = (t + 1)^d.$$

Im Allgemeinen bezeichnen wir den **Gitterpunktzähler** für die t-te Streckung von $\mathcal{P} \subset \mathbb{R}^d$ als

$$L_{\mathcal{P}}(t) := \#\left(t\mathcal{P} \cap \mathbb{Z}^d\right),$$

ein nützliches Objekt, das wir auch das **diskrete Volumen** von $\mathcal{P}$ nennen werden. Wir können uns auch vorstellen, dass wir $\mathcal{P}$ fest lassen und das Gitter schrumpfen:

$$L_{\mathcal{P}}(t) = \#\left(\mathcal{P} \cap \frac{1}{t} \mathbb{Z}^d\right).$$

Mit dieser Konvention ist $L_\Box(t) = (t + 1)^d$, ein Polynom in der ganzzahligen Variablen t. Man beachte, dass die Koeffizienten dieses Polynoms die **Binomialkoeffizienten** $\binom{d}{k}$ sind, welche durch

$$\binom{m}{n} := \frac{m(m-1)(m-2)\cdots(m-n+1)}{n!} \tag{2.1}$$

für $m \in \mathbb{C}$ und $n \in \mathbb{Z}_{\geq 0}$ definiert sind.

Was ist mit dem *Inneren* $\square^{\circ}$ des Würfels? Die Anzahl der inneren Gitterpunkte in $t\,\square^{\circ}$ ist

$$L_{\square^{\circ}}(t) = \#\left(t\,\square^{\circ} \cap \mathbb{Z}^d\right) = \#\left((0,t)^d \cap \mathbb{Z}^d\right) = (t-1)^d.$$

Bemerkenswert ist, dass dieses Polynom gleich $(-1)^d\, L_{\square}(-t)$ ist, also bis auf das Vorzeichen der Auswertung des Polynoms $L_{\square}(t)$ bei negativen ganzen Zahlen entspricht.

Wir führen nun ein weiteres wichtiges Hilfsmittel zur Untersuchung eines beliebigen Polytops $\mathcal{P}$ ein, nämlich die Erzeugendenfunktion von $L_{\mathcal{P}}$:

$$\mathrm{Ehr}_{\mathcal{P}}(z) := 1 + \sum_{t \geq 1} L_{\mathcal{P}}(t)\, z^t.$$

Diese Erzeugendenfunktion wird auch die **Ehrhart-Reihe** von $\mathcal{P}$ genannt.

In unserem Fall nimmt die Ehrhart-Reihe von $\mathcal{P} = \square$ eine besondere Form an. Um das zu illustrieren, definieren wir die **Euler-Zahl** $A(d,k)$ durch

$$\sum_{j \geq 0} j^d\, z^j = \frac{\sum_{k=0}^{d} A(d,k)\, z^k}{(1-z)^{d+1}}. \tag{2.2}$$

Es ist nicht schwer zu zeigen, dass das Polynom $\sum_{k=1}^{d} A(d,k)\, z^k$ der Zähler der rationalen Funktion

$$\left(z\frac{d}{dz}\right)^d \left(\frac{1}{1-z}\right) = \underbrace{z\frac{d}{dz}\cdots z\frac{d}{dz}}_{d\text{-mal}}\left(\frac{1}{1-z}\right)$$

ist. Die Euler-Zahlen haben viele faszinierende Eigenschaften, darunter

$$A(d,k) = A(d, d+1-k),$$
$$A(d,k) = (d-k+1)\, A(d-1, k-1) + k\, A(d-1, k),$$
$$\sum_{k=0}^{d} A(d,k) = d!, \tag{2.3}$$
$$A(d,k) = \sum_{j=0}^{k} (-1)^j \binom{d+1}{j} (k-j)^d,$$

für alle $1 \leq k \leq d$. Der ersten paar Euler-Zahlen $A(d,k)$ für $0 \leq k \leq d$ sind

$d = 0$: 1
$d = 1$: 0 1
$d = 2$: 0 1 1
$d = 3$: 0 1 4 1
$d = 4$: 0 1 11 11 1
$d = 5$: 0 1 26 66 26 1
$d = 6$: 0 1 57 302 302 57 1 .

(Siehe auch [164, Folge A008292].)

Mit dieser Definition können wir nun die Ehrhart-Reihe von $\square$ mithilfe der Euler-Zahlen ausdrücken:

$$\mathrm{Ehr}_\square(z) = 1 + \sum_{t \geq 1}(t+1)^d \, z^t = \sum_{t \geq 0}(t+1)^d \, z^t = \frac{1}{z}\sum_{t \geq 1}t^d \, z^t$$

$$= \frac{\sum_{k=1}^d A\,(d,k)\,z^{k-1}}{(1-z)^{d+1}} .$$

Zusammenfassend haben wir den folgenden Satz bewiesen.

Satz 2.1. *Sei $\square$ der d-Einheitswürfel.*

(a) *Der Gitterpunktzähler von $\square$ ist das Polynom*

$$L_\square(t) = (t+1)^d = \sum_{k=0}^d \binom{d}{k} t^k.$$

(b) *Dieser ergibt, ausgewertet bei negativen ganzen Zahlen, die Relation*

$$(-1)^d L_\square(-t) = L_{\square^\circ}(t) .$$

(c) *Die Ehrhart-Reihe von $\square$ ist* $\mathrm{Ehr}_\square(z) = \frac{\sum_{k=1}^d A(d,k)z^{k-1}}{(1-z)^{d+1}} .$ $\square$

2.3 Der Standardsimplex

Der **Standardsimplex** Δ in Dimension d ist die konvexe Hülle der $d+1$ Punkte $\mathbf{e}_1, \mathbf{e}_2, \ldots, \mathbf{e}_d$ und $\mathbf{0}$; dabei ist $\mathbf{e}_j$ der Einheitsvektor $(0, \ldots, 1, \ldots, 0)$ mit einer 1 an der j-ten Stelle und $\mathbf{0}$ der Koordinatenursprung. Abbildung 2.2 zeigt Δ für $d = 3$. Auf der anderen Seite kann Δ auch durch seine $\mathcal{H}$-Beschreibung realisiert werden, nämlich

$$\Delta = \left\{ (x_1, x_2 \ldots, x_d) \in \mathbb{R}^d : x_1 + x_2 + \cdots + x_d \leq 1 \text{ und alle } x_k \geq 0 \right\}.$$

Im Fall des Standardsimplex ist die Streckung $t\Delta$ durch

$$t\Delta = \left\{ (x_1, x_2, \ldots, x_d) \in \mathbb{R}^d : x_1 + x_2 + \cdots + x_d \leq t \text{ und alle } x_k \geq 0 \right\}$$

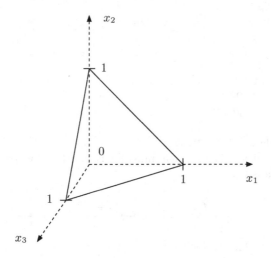

Abb. 2.2. Der Standardsimplex Δ in Dimension 3.

gegeben. Um das diskrete Volumen von Δ zu berechnen, möchten wir die Methoden, die wir in Kapitel 1 entwickelt haben, anwenden, aber es gibt eine Kleinigkeit zu beachten: Die Zählfunktionen in Kapitel 1 waren durch Gleichungen definiert, während der Standardsimplex durch eine *Ungleichung* definiert ist. Wir versuchen, alle ganzzahligen Lösungen $(m_1, m_2, \ldots, m_d) \in \mathbb{Z}^d_{\geq 0}$ zu

$$m_1 + m_2 + \cdots + m_d \leq t \tag{2.4}$$

zu finden. Um diese Ungleichung in d Variablen in eine Gleichung in $d+1$ Variablen zu übersetzen, führen wir eine *Schlupfvariable* $m_{d+1} \in \mathbb{Z}_{\geq 0}$ ein, die den Unterschied zwischen der rechten und linken Seite von (2.4) aufnimmt. Also gleicht die Anzahl der Lösungen $(m_1, m_2, \ldots, m_d) \in \mathbb{Z}^d_{\geq 0}$ von (2.4) genau der Anzahl der Lösungen $(m_1, m_2, \ldots, m_{d+1}) \in \mathbb{Z}^{d+1}_{\geq 0}$ von

$$m_1 + m_2 + \cdots + m_{d+1} = t \, .$$

Nun können wir die Methoden aus Kapitel 1 anwenden:

$$\# \left(t\Delta \cap \mathbb{Z}^d \right)$$

$$= \operatorname{const} \left(\left(\sum_{m_1 \geq 0} z^{m_1} \right) \left(\sum_{m_2 \geq 0} z^{m_2} \right) \cdots \left(\sum_{m_{d+1} \geq 0} z^{m_{d+1}} \right) z^{-t} \right)$$

$$= \operatorname{const} \left(\frac{1}{(1-z)^{d+1} z^t} \right) . \tag{2.5}$$

Im Gegensatz zu Kapitel 1 benötigen wir keine Partialbruchzerlegung, sondern benutzen einfach die **binomische Reihe**

$$\frac{1}{(1-z)^{d+1}} = \sum_{k \geq 0} \binom{d+k}{d} z^k \qquad (2.6)$$

für $d \geq 0$. Gleichung (2.5) der konstanten Terme erfordert es, dass wir den Koeffizienten von z^t in der binomischen Reihe (2.6) finden, und dieser ist $\binom{d+t}{d}$. Daher ist das diskrete Volumen von Δ durch $L_\Delta(t) = \binom{d+t}{d}$ gegeben, was ein Polynom vom Grad d in der ganzzahligen Variable t ist. Übrigens haben die Koeffizienten dieses Polynoms ein zweites Leben in der traditionellen Kombinatorik:

$$L_\Delta(t) = \frac{1}{d!} \sum_{k=0}^{d} (-1)^{d-k} \, \mathrm{stirl}(d+1, k+1) \, t^k,$$

wobei $\mathrm{stirl}(n, j)$ die *Stirling-Zahl der ersten Art* ist (siehe Aufgabe 2.11). Wir bemerken schließlich noch, dass (2.6) per Definition die Ehrhart-Reihe von Δ ist.

Wir wollen diese Berechnung für das *Innere* Δ° des d-Standardsimplex wiederholen. Diesmal führen wir eine Schlupfvariable $m_{d+1} > 0$ ein, so dass eine strikte Ungleichung erzwungen wird:

$$L_{\Delta^\circ}(t) = \# \left\{ (m_1, m_2, \ldots, m_d) \in \mathbb{Z}_{>0}^d : m_1 + m_2 + \cdots + m_d < t \right\}$$
$$= \# \left\{ (m_1, m_2, \ldots, m_{d+1}) \in \mathbb{Z}_{>0}^{d+1} : m_1 + m_2 + \cdots + m_{d+1} = t \right\}.$$

Nun gilt

$$L_{\Delta^\circ}(t) = \mathrm{const} \left(\left(\sum_{m_1 > 0} z^{m_1} \right) \left(\sum_{m_2 > 0} z^{m_2} \right) \cdots \left(\sum_{m_{d+1} > 0} z^{m_{d+1}} \right) z^{-t} \right)$$

$$= \mathrm{const} \left(\left(\frac{z}{1-z} \right)^{d+1} z^{-t} \right)$$

$$= \mathrm{const} \left(z^{d+1-t} \sum_{k \geq 0} \binom{d+k}{d} z^k \right)$$

$$= \binom{t-1}{d}.$$

Es ist eine schöne Übung, zu zeigen, dass

$$(-1)^d \binom{d-t}{d} = \binom{t-1}{d} \qquad (2.7)$$

(siehe Aufgabe 2.10). Wir sind an unserem Ziel angelangt:

Satz 2.2. *Sei Δ der d-Standardsimplex.*

(a) *Der Gitterpunktzähler von Δ ist das Polynom $L_\Delta(t) = \binom{d+t}{d}$.*

(b) *Seine Auswertung bei negativen ganzen Zahlen ergibt $(-1)^d L_\Delta(-t) = L_{\Delta^\circ}(t)$.*

(c) *Die Ehrhart-Reihe von Δ ist $\mathrm{Ehr}_\Delta(z) = \frac{1}{(1-z)^{d+1}}$.*   □

2.4 Die Bernoulli-Polynome als Gitterpunktzähler von Pyramiden

Es gibt einen faszinierenden Zusammenhang zwischen den Bernoulli-Polynomen und bestimmten Pyramiden über Einheitswürfeln. Die **Bernoulli-Polynome** $B_k(x)$ sind durch die Erzeugendenfunktion

$$\frac{z\,e^{xz}}{e^z - 1} = \sum_{k \geq 0} \frac{B_k(x)}{k!}\,z^k \tag{2.8}$$

definiert und sind in der Untersuchung der Riemann'schen ζ-Funktion (und anderer Objekte) allgegenwärtig; sie sind nach Jacob Bernoulli (1654–1705) benannt.[2] Die Bernoulli-Polynome werden eine wesentliche Rolle in Kapitel 10 im Zusammenhang mit der Euler-Maclaurin-Summation spielen. Die ersten paar Bernoulli-Polynome sind

$$B_0(x) = 1\,,$$

$$B_1(x) = x - \frac{1}{2}\,,$$

$$B_2(x) = x^2 - x + \frac{1}{6}\,,$$

$$B_3(x) = x^3 - \frac{3}{2}x^2 + \frac{1}{2}x\,,$$

$$B_4(x) = x^4 - 2x^3 + x^2 - \frac{1}{30}\,,$$

$$B_5(x) = x^5 - \frac{5}{2}x^4 + \frac{5}{3}x^3 - \frac{1}{6}x\,,$$

$$B_6(x) = x^6 - 3x^5 + \frac{5}{2}x^4 + \frac{1}{2}x^2 + \frac{1}{42}\,,$$

$$B_7(x) = x^7 - \frac{7}{2}x^6 + \frac{7}{2}x^5 + \frac{7}{6}x^3 + \frac{1}{6}x\,.$$

Die **Bernoulli-Zahlen** sind $B_k := B_k(0)$ (siehe auch [164, Folgen A000367 & A002445]) und haben die Erzeugendenfunktion

$$\frac{z}{e^z - 1} = \sum_{k \geq 0} \frac{B_k}{k!}\,z^k\,.$$

---

[2] Für mehr Informationen über Bernoulli siehe
http://www-groups.dcs.st-and.ac.uk/~history/Mathematicians/Bernoulli_Jacob.html.

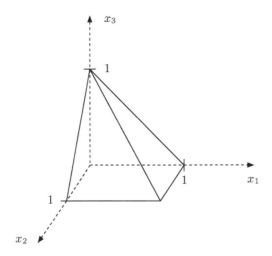

Abb. 2.3. Die Pyramide $\mathcal{P}$ in Dimension 3.

Lemma 2.3. *Für ganze Zahlen $d \geq 1$ und $n \geq 2$ gilt*

$$\sum_{k=0}^{n-1} k^{d-1} = \frac{1}{d}\left(B_d(n) - B_d\right).$$

Beweis. Wir spielen mit der Erzeugendenfunktion von $\frac{B_d(n)-B_d}{d!}$:

$$\sum_{d \geq 0} \frac{B_d(n) - B_d}{d!} z^d = z\,\frac{e^{nz}-1}{e^z-1} = z\sum_{k=0}^{n-1} e^{kz} = z\sum_{k=0}^{n-1}\sum_{j \geq 0} \frac{(kz)^j}{j!}$$

$$= \sum_{j \geq 0}\left(\sum_{k=0}^{n-1} k^j\right)\frac{z^{j+1}}{j!} = \sum_{j \geq 1}\left(\sum_{k=0}^{n-1} k^{j-1}\right)\frac{z^j}{(j-1)!}.$$

Nun vergleichen wir die Koeffizienten auf beiden Seiten. □

Wir betrachten einen in den $\mathbb{R}^d$ eingebetteten $(d-1)$-dimensionalen Einheitswürfel und bilden eine d-dimensionale Pyramide, indem wir eine weitere Ecke bei $(0, 0, \ldots, 0, 1)$ hinzufügen, wie in Abb. 2.3 dargestellt. Genauer gesagt hat dieses geometrische Objekt die folgende $\mathcal{H}$-Beschreibung:

$$\mathcal{P} = \left\{(x_1, x_2, \ldots, x_d) \in \mathbb{R}^d : 0 \leq x_1, x_2, \ldots, x_{d-1} \leq 1 - x_d \leq 1\right\}. \quad (2.9)$$

Per Definition ist $\mathcal{P}$ im d-Einheitswürfel enthalten, denn seine Ecken bilden eine Teilmenge der Ecken des d-Einheitswürfels.

Wir zählen nun die Gitterpunkte in ganzzahligen Streckungen von $\mathcal{P}$. Diese Zahl ist gleich

$$\#\left\{(m_1, m_2, \ldots, m_d) \in \mathbb{Z}^d : 0 \leq m_k \leq t - m_d \leq t \text{ für } k = 1, 2, \ldots, d-1\right\}.$$

In diesem Fall zählen wir einfach die Lösungen von $0 \leq m_k \leq t - m_d \leq t$ direkt: Sobald wird die ganze Zahl m_d zwischen 0 und t festlegen, haben wir $t - m_d + 1$ unabhängige Auswahlmöglichkeiten für jede einzelne der ganzen Zahlen $m_1, m_2, \ldots, m_{d-1}$. Daher gilt

$$L_{\mathcal{P}}(t) = \sum_{m_d=0}^{t} (t - m_d + 1)^{d-1} = \sum_{k=1}^{t+1} k^{d-1} = \frac{1}{d}\left(B_d(t+2) - B_d\right) \qquad (2.10)$$

nach Lemma 2.3. Dies ist natürlich ein Polynom in t.

Wir richten jetzt unsere Aufmerksamkeit auf die Anzahl der *inneren* Punkte in $\mathcal{P}$:

$$L_{\mathcal{P}^\circ}(t) = \#\left\{(m_1, m_2, \ldots, m_d) \in \mathbb{Z}^d : \begin{array}{l} 0 < m_k < t - m_d < t \\ \text{für alle } k = 1, 2, \ldots, d-1 \end{array}\right\}.$$

Mit einem ähnlichen Zählargument folgt

$$L_{\mathcal{P}^\circ}(t) = \sum_{m_d=1}^{t-1} (t - m_d - 1)^{d-1} = \sum_{k=0}^{t-2} k^{d-1} = \frac{1}{d}\left(B_d(t-1) - B_d\right).$$

Übrigens besitzen die Bernoulli-Polynome bekannterweise (Aufgabe 2.15) die Symmetrie

$$B_d(1 - x) = (-1)^d B_d(x). \qquad (2.11)$$

Diese Gleichung, zusammen mit der Tatsache (Aufgabe 2.16), dass

$$B_d = 0 \text{ für alle ungeraden } d \geq 3, \qquad (2.12)$$

gibt uns die Gleichung

$$L_{\mathcal{P}}(-t) = \frac{1}{d}\left(B_d(-t + 2) - B_d\right) = \frac{1}{d}\left(B_d\left(1 - (t-1)\right) - B_d\right)$$

$$= (-1)^d \frac{1}{d}\left(B_d(t-1) - B_d\right) = (-1)^d L_{\mathcal{P}^\circ}(t).$$

Als nächstes berechnen wir die Ehrhart-Reihe von $\mathcal{P}$. Wir können das sogar in etwas größerer Allgemeinheit durchführen, wir definieren nämlich für ein $(d-1)$-Polytop $\mathcal{Q}$ mit Ecken $\mathbf{v}_1, \mathbf{v}_2, \ldots, \mathbf{v}_m$ die **Pyramide** $\mathrm{Pyr}(\mathcal{Q})$ **über** $\mathcal{Q}$ als die konvexe Hülle von $(\mathbf{v}_1, 0), (\mathbf{v}_2, 0), \ldots, (\mathbf{v}_m, 0), (0, \ldots, 0, 1)$. In unserem obigen Beispiel ist das d-Polytop $\mathcal{P}$ gleich $\mathrm{Pyr}(\square)$ für den $(d-1)$-ten Einheitswürfel $\square$. Die Anzahl der Gitterpunkte in $t\,\mathrm{Pyr}(\mathcal{Q})$ ist, nach Konstruktion, gleich

$$L_{\mathrm{Pyr}(\mathcal{Q})}(t) = 1 + L_{\mathcal{Q}}(1) + L_{\mathcal{Q}}(2) + \cdots + L_{\mathcal{Q}}(t) = 1 + \sum_{j=1}^{t} L_{\mathcal{Q}}(j),$$

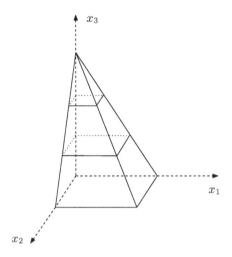

Abb. 2.4. Zählen der Gitterpunkte in $t\,\mathrm{Pyr}(\mathcal{Q})$.

denn in $t\,\mathrm{Pyr}\,\mathcal{Q}$ gibt es einen Gitterpunkt mit x_d-Koordinate t, $L_{\mathcal{Q}}(1)$ Gitter-punkte mit x_d-Koordinate $t-1$, $L_{\mathcal{Q}}(2)$ Gitterpunkte mit x_d-Koordinate $t-2$, usw., und schließlich $L_{\mathcal{Q}}(t)$ Gitterpunkte mit $x_d = 0$. Abbildung 2.4 zeigt den Fall $t = 3$ für eine Pyramide über einem Quadrat.

Diese Gleichung für $L_{\mathrm{Pyr}(\mathcal{Q})}(t)$ erlaubt es uns, die Ehrhart-Reihe von $\mathrm{Pyr}(\mathcal{Q})$ aus der Ehrhart-Reihe von $\mathcal{Q}$ zu berechnen:

Satz 2.4. $\mathrm{Ehr}_{\mathrm{Pyr}(\mathcal{Q})}(z) = \dfrac{\mathrm{Ehr}_{\mathcal{Q}}(z)}{1 - z}$.

Beweis.

$$\mathrm{Ehr}_{\mathrm{Pyr}(\mathcal{Q})}(z) = 1 + \sum_{t \geq 1} L_{\mathrm{Pyr}(\mathcal{Q})}(t)\, z^t = 1 + \sum_{t \geq 1} \left(1 + \sum_{j=1}^{t} L_{\mathcal{Q}}(j) \right) z^t$$

$$= \sum_{t \geq 0} z^t + \sum_{t \geq 1} \sum_{j=1}^{t} L_{\mathcal{Q}}(j)\, z^t = \frac{1}{1-z} + \sum_{j \geq 1} L_{\mathcal{Q}}(j) \sum_{t \geq j} z^t$$

$$= \frac{1}{1-z} + \sum_{j \geq 1} L_{\mathcal{Q}}(j) \frac{z^j}{1-z} = \frac{1 + \sum_{j \geq 1} L_{\mathcal{Q}}(j)\, z^j}{1-z} . \qquad \square$$

Unsere Pyramide $\mathcal{P}$, mit der dieser Abschnitt angefangen hat, ist eine Pyramide über dem $(d-1)$-Einheitswürfel, so dass

$$\mathrm{Ehr}_{\mathcal{P}}(z) = \frac{1}{1-z} \frac{\sum_{k=1}^{d-1} A\,(d-1, k)\, z^{k-1}}{(1-z)^d} = \frac{\sum_{k=1}^{d-1} A\,(d-1, k)\, z^{k-1}}{(1-z)^{d+1}} . \qquad (2.13)$$

Übrigens führt diese Ehrhart-Reihe zu einer Erzeugendenfunktion (die von der in (2.8) verschieden ist) für die Bernoulli-Polynome B_d (siehe Aufgabe 2.22).

Wir fassen zusammen, was wir für die Pyramide über dem Einheitswürfel gezeigt haben:

Satz 2.5. *Sei $\mathcal{P}$ die d-Pyramide*

$$\mathcal{P} = \left\{ (x_1, x_2, \ldots, x_d) \in \mathbb{R}^d : 0 \le x_1, x_2, \ldots, x_{d-1} \le 1 - x_d \le 1 \right\}.$$

(a) *Der Gitterpunktzähler von $\mathcal{P}$ ist das Polynom*

$$L_{\mathcal{P}}(t) = \frac{1}{d} \left(B_d(t+2) - B_d \right).$$

(b) *Seine Auswertung bei negativen ganzen Zahlen ergibt $(-1)^d L_{\mathcal{P}}(-t) = L_{\mathcal{P}^\circ}(t)$.*

(c) *Die Ehrhart-Reihe von $\mathcal{P}$ ist* $\mathrm{Ehr}_{\mathcal{P}}(z) = \frac{\sum_{k=1}^{d-1} A(d-1,k) z^{k-1}}{(1-z)^{d+1}}$. $\square$

Es zeigen sich Muster. . .

2.5 Die Gitterpunktzähler von Kreuzpolytopen

Wir betrachten das **Kreuzpolytop** $\diamond$ in $\mathbb{R}^d$, das durch die $\mathcal{H}$-Beschreibung

$$\diamond := \left\{ (x_1, x_2, \ldots, x_d) \in \mathbb{R}^d : |x_1| + |x_2| + \cdots + |x_d| \le 1 \right\} \qquad (2.14)$$

definiert ist. Abbildung 2.5 zeigt den 3-dimensionalen Fall von $\diamond$, einen Oktaeder. Die Ecken von $\diamond$ sind $(\pm 1, 0, \ldots, 0), (0, \pm 1, 0, \ldots, 0), \ldots, (0, \ldots, 0, \pm 1)$.

Um das diskrete Volumen von $\diamond$ zu berechnen, gehen wir ähnlich vor wie in Abschnitt 2.4, und zwar definieren wir für ein $(d-1)$-Polytop $\mathcal{Q}$ mit Ecken $\mathbf{v}_1, \mathbf{v}_2, \ldots, \mathbf{v}_m$ die **Bipyramide über $\mathcal{Q}$** als die konvexe Hülle von

$$(\mathbf{v}_1, 0), (\mathbf{v}_2, 0), \ldots, (\mathbf{v}_m, 0), (0, \ldots, 0, 1) \text{ und } (0, \ldots, 0, -1).$$

In unserem obigen Beispiel ist das d-dimensionale Kreuzpolytop die Bipyramide über dem $(d-1)$-dimensionalen Kreuzpolytop. Die Anzahl der Gitterpunkte in $t \, \mathrm{BiPyr}(\mathcal{Q})$ ist nach Konstruktion

$$L_{\mathrm{BiPyr}(\mathcal{Q})}(t) = 2 + 2L_{\mathcal{Q}}(1) + 2L_{\mathcal{Q}}(2) + \cdots + 2L_{\mathcal{Q}}(t-1) + L_{\mathcal{Q}}(t)$$

$$= 2 + 2 \sum_{j=1}^{t-1} L_{\mathcal{Q}}(j) + L_{\mathcal{Q}}(t).$$

Diese Gleichung erlaubt es uns, die Ehrhart-Reihe von $\mathrm{BiPyr}(\mathcal{Q})$ aus der Ehrhart-Reihe von $\mathcal{Q}$ auf ähnliche Weise wie im Beweis von Satz 2.4 zu berechnen. Wir lassen den Beweis des folgenden Ergebnisses als Aufgabe 2.23.

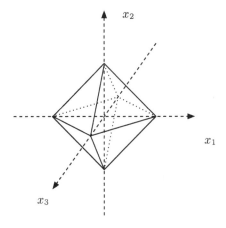

Abb. 2.5. Das Kreuzpolytop $\diamond$ in Dimension 3.

Satz 2.6. *Falls $\mathcal{Q}$ den Koordinatenursprung enthält, gilt* $\mathrm{Ehr}_{\mathrm{BiPyr}(\mathcal{Q})}(z) = \frac{1+z}{1-z}\,\mathrm{Ehr}_{\mathcal{Q}}(z)$. $\qquad\square$

Mit diesem Satz können wir die Ehrhart-Reihe von $\diamond$ mühelos ausrechnen: Das Kreuzpolytop $\diamond$ in Dimension 0 ist der Koordinatenursprung, mit der Ehrhart-Reihe $\frac{1}{1-z}$. Die höherdimensionalen Kreuzpolytope können rekursiv mit Satz 2.6 als

$$\mathrm{Ehr}_{\diamond}(z) = \frac{(1+z)^d}{(1-z)^{d+1}}$$

berechnet werden. Da $\mathrm{Ehr}_{\diamond}(z) = 1 + \sum_{t \geq 1} L_{\diamond}(t)\, z^t$ können wir $L_{\diamond}(t)$ zurückgewinnen, indem wir $\mathrm{Ehr}_{\diamond}(z)$ als Potenzreihe um $z = 0$ entwickeln:

$$\begin{aligned}
\mathrm{Ehr}_{\diamond}(z) &= \frac{(1+z)^d}{(1-z)^{d+1}} = \frac{\sum_{k=0}^{d}\binom{d}{k}z^k}{(1-z)^{d+1}} \\
&= \sum_{k=0}^{d}\binom{d}{k}z^k \sum_{t \geq 0}\binom{t+d}{d}z^t = \sum_{k=0}^{d}\binom{d}{k}\sum_{t \geq k}\binom{t-k+d}{d}z^t \\
&= \sum_{k=0}^{d}\binom{d}{k}\sum_{t \geq 0}\binom{t-k+d}{d}z^t.
\end{aligned}$$

Im letzten Schritt haben wir die Tatsache benutzt, dass $\binom{t-k+d}{d} = 0$ für $0 \leq t < k$. Aber damit gilt

$$1 + \sum_{t \geq 1} L_{\diamond}(t)\, z^t = \sum_{t \geq 0}\sum_{k=0}^{d}\binom{d}{k}\binom{t-k+d}{d}z^t,$$

und daher $L_{\diamond}(t) = \sum_{k=0}^{d}\binom{d}{k}\binom{t-k+d}{d}$ für alle $t \geq 1$.

Zum Schluss dieses Abschnitts zählen wir die *inneren* Gitterpunkt in $t\diamond$. Zunächst bemerken wir, dass, da t eine ganze Zahl ist,

$$
\begin{aligned}
L_{\diamond^\circ}(t) &= \#\left\{(m_1, m_2, \ldots, m_d) \in \mathbb{Z}^d : |m_1| + |m_2| + \cdots + |m_d| < t\right\} \\
&= \#\left\{(m_1, m_2, \ldots, m_d) \in \mathbb{Z}^d : |m_1| + |m_2| + \cdots + |m_d| \le t-1\right\} \\
&= L_\diamond(t-1).
\end{aligned}
$$

Andererseits können wir (2.7) anwenden:

$$
\begin{aligned}
L_\diamond(-t) &= \sum_{k=0}^{d} \binom{d}{k}\binom{-t-k+d}{d} \\
&= \sum_{k=0}^{d} \binom{d}{k}(-1)^d\binom{t-1+k}{d} \\
&= (-1)^d \sum_{k=0}^{d} \binom{d}{d-k}\binom{t-1+d-k}{d} \\
&= (-1)^d L_\diamond(t-1).
\end{aligned}
$$

Wenn wir die letzten beiden Berechnungen vergleichen, sehen wir, dass $(-1)^d L_\diamond(-t) = L_{\diamond^\circ}(t)$. Wir fassen zusammen:

Satz 2.7. *Sei $\diamond$ das Kreuzpolytop in $\mathbb{R}^d$.*

(a) *Der Gitterpunktzähler von $\diamond$ ist das Polynom*

$$
L_\diamond(t) = \sum_{k=0}^{d} \binom{d}{k}\binom{t-k+d}{d}.
$$

(b) *Seine Auswertung bei negativen ganzen Zahlen ergibt $(-1)^d L_\diamond(-t) = L_{\diamond^\circ}(t)$.*

(c) *Die Ehrhart-Reihe von $\mathcal{P}$ ist $\mathrm{Ehr}_\diamond(z) = \frac{(1+z)^d}{(1-z)^{d+1}}$.*   □

2.6 Der Satz von Pick

Wir kehren zu grundlegenden Konzepten zurück und geben eine vollständige Beschreibung von $L_{\mathcal{P}}$ für alle konvexen ganzzahligen Polygone. Die Anzahl der Gitterpunkte im Inneren des Polygons $\mathcal{P}$ bezeichnen wir mit I, und die Anzahl der Gitterpunkte auf dem Rand von $\mathcal{P}$ mit B. Das folgende Resultat, das zu Ehren seines Entdeckers Georg Alexander Pick (1859–1942) *Satz von Pick* genannt wird, liefert die erstaunliche Tatsache, dass die Fläche A von $\mathcal{P}$ einfach durch Zählen von Gitterpunkten berechnet werden kann:

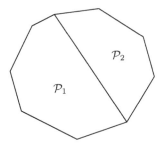

Abb. 2.6. Zerlegung eines Polygons in zwei.

Satz 2.8 (Satz von Pick). *Für ein ganzzahliges konvexes Polygon gilt*

$$A = I + \frac{1}{2}B - 1.$$

Beweis. Nunächst zeigen wir, dass Picks Gleichung additiven Charakter hat: Wir können $\mathcal{P}$ in die Vereinigung zweier ganzzahliger Polygone $\mathcal{P}_1$ und $\mathcal{P}_2$ zerlegen, indem wir, wie in Abb. 2.6 gezeigt, zwei Ecken von $\mathcal{P}$ mit einem Geradensegment verbinden.

Wir behaupten, dass die Gültigkeits von Picks Gleichung für $\mathcal{P}$ aus der Gültigkeit von Picks Gleichung für $\mathcal{P}_1$ und $\mathcal{P}_2$ folgt. Die Fläche, Anzahl innerer Gitterpunkte sowie die Anzahl der Gitterpunkt auf dem Rand von $\mathcal{P}_k$ bezeichnen wir jeweils mit A_k, I_k und B_k, für $k = 1, 2$. Offensichtlich gilt

$$A = A_1 + A_2.$$

Außerdem gilt, wenn wir die Anzahl der Gitterpunkt auf der gemeinsamen Kante von $\mathcal{P}_1$ und $\mathcal{P}_2$ mit L bezeichnen,

$$I = I_1 + I_2 + L - 2 \qquad \text{und} \qquad B = B_1 + B_2 - 2L + 2.$$

Daher gilt

$$I + \frac{1}{2}B - 1 = I_1 + I_2 + L - 2 + \frac{1}{2}B_1 + \frac{1}{2}B_2 - L + 1 - 1$$
$$= I_1 + \frac{1}{2}B_1 - 1 + I_2 + \frac{1}{2}B_2 - 1.$$

Dies zeigt die Behauptung. Man beachte, dass unser Beweis ebenso zeigt, dass die Gültigkeit von Picks Gleichung für $\mathcal{P}_1$ aus der Gültigkeit von Picks Gleichung für $\mathcal{P}$ und $\mathcal{P}_2$ folgt.

Jedes konvexe Polygon kann in Dreiecke zerlegt werden, die eine gemeinsame Ecke haben, wie in Abb. 2.7 dargestellt ist. Daher genügt es, den Satz von Pick für Dreiecke zu beweisen. Um die Situation weiter zu vereinfachen,

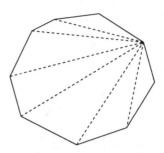

Abb. 2.7. Triangulierung eines Polygons.

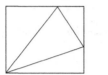

Abb. 2.8. Einbettung eines Dreiecks in ein Rechteck.

können wir jedes ganzzalige Dreieck wie in Abb. 2.8 angedeutet in ein ganzzaliges Rechteck einbetten.

Damit wird der Beweis des Satzes von Pick darauf reduziert, den Beweis für ganzzahlige Rechtecke zu beweisen, deren Seiten parallel zu den Koordinatenachsen liegen, sowie für rechtwinklige Dreiecke, deren Kanten parallel zu den Koordinatenachsen liegen. Diese beiden Fälle sind dem Leser in Aufgabe 2.24 als Übung überlassen. □

Der Satz von Pick erlaubt es uns nicht nur, die im Inneren des Polygons $\mathcal{P}$ enthaltenen Gitterpunkte zu zählen, sondern auch die Gesamtzahl der in $\mathcal{P}$ enthaltenen Gitterpunkte, denn diese Zahl ist

$$I + B = A - \frac{1}{2}B + 1 + B = A + \frac{1}{2}B + 1 \,. \qquad (2.15)$$

Mit dieser Gleichung ist es jetzt einfach, den Gitterpunktzähler von $L_\mathcal{P}$ zu beschreiben:

Satz 2.9. *Sei $\mathcal{P}$ ein ganzzahliges konvexes Polygon mit Fläche A und B Gitterpunkten auf seinem Rand.*

(a) *Der Gitterpunktzähler von $\mathcal{P}$ ist das Polynom*

$$L_\mathcal{P}(t) = A\,t^2 + \frac{1}{2}B\,t + 1 \,.$$

(b) *Seine Auswertung bei negativen ganzen Zahlen liefert die Gleichung*

$$L_\mathcal{P}(-t) = L_{\mathcal{P}^\circ}(t) \,.$$

(c) *Die Ehrhart-Reihe von* $\mathcal{P}$ *ist*

$$\mathrm{Ehr}_{\mathcal{P}}(z) = \frac{\left(A - \frac{B}{2} + 1\right) z^2 + \left(A + \frac{B}{2} - 2\right) z + 1}{(1 - z)^3}.$$

Man beachte, dass im Zähler der Ehrhart-Reihe der Koeffizient von z^2 gleich $L_{\mathcal{P}^\circ}(1)$ und der Koeffizient von z gleich $L_{\mathcal{P}}(1) - 3$ ist.

Beweis. Aussage (a) folgt aus (2.15) wenn wir zeigen können, dass die Fläche von $t\mathcal{P}$ gleich At^2 ist, und dass die Anzahl der Punkte auf dem Rand von $t\mathcal{P}$ gleich Bt ist, was der Inhalt von Aufgabe 2.25 ist. Aussage (b) folgt mit $L_{\mathcal{P}^\circ}(t) = L_{\mathcal{P}}(t) - Bt$. Schließlich ist die Ehrhart-Reihe gleich

$$\mathrm{Ehr}_{\mathcal{P}}(z) = 1 + \sum_{t \geq 1} L_{\mathcal{P}}(t) \, z^t$$

$$= \sum_{t \geq 0} \left(A t^2 + \frac{B}{2} t + 1 \right) z^t$$

$$= A \frac{z^2 + z}{(1 - z)^3} + \frac{B}{2} \frac{z}{(1 - z)^2} + \frac{1}{1 - z}$$

$$= \frac{\left(A - \frac{B}{2} + 1\right) z^2 + \left(A + \frac{B}{2} - 2\right) z + 1}{(1 - z)^3}. \qquad \square$$

2.7 Polygone mit rationalen Eckpunkten

In diesem Abschnitt werden wir Formeln für die Anzahl der Gitterpunkte in einem beliebigen *rationalen* konvexen Polygon und seinen ganzzahligen Streckungen aufstellen.

Ein naheliegender erster Schritt ist es, eine Triangulierung von $\mathcal{P}$ festzuhalten, was unser Problem darauf zurückführt, Gitterpunkte in rationalen *Dreiecken* zu zählen. Allerdings verdient dieses Vorgehen einige Bemerkungen. Nachdem wir die Gitterpunkte in den Dreiecken gezählt haben, müssen wir diese wieder zum ursprünglichen Polygon zusammensetzen. Dabei müssen wir aber aufpassen, dass wir Gitterpunkte auf den Geradenabschnitten (in denen sich die Dreiecke treffen) nicht mehrfach zählen. Die Anzahl der Gitterpunkte auf rationalen Geradenabschnitten zu zählen ist wesentlich einfacher als das Aufzählen von Punkten in zweidimensionalen Gebieten; es ist jedoch immer noch nichttrivial (siehe den Satz von Popoviciu, Satz 1.5).

Nachdem wir $\mathcal{P}$ trianguliert haben können wir die Situation noch weiter vereinfachen, indem wir ein beliebiges rationales Dreieck in ein rationales Rechteck einbetten wie in Abb. 2.8. Um die Gitterpunkte in einem Dreieck zu berechnen, können wir erst die Punkte in einem Rechteck mit achsenparallelen Seiten zählen, und dann die Anzahl der Punkte in drei rechtwinkligen Dreiecken abziehen, von denen jedes zwei achsenparallele Seiten hat, sowie gegebenenfalls die Anzahl der Punkte in einem weiteren Rechteck, wie in Abb. 2.8

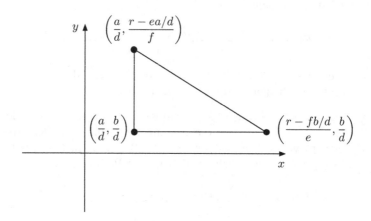

Abb. 2.9. Ein rechtwinkliges rationales Dreieck.

dargestellt. Da Rechtecke sehr einfach im Umgang sind (siehe Aufgabe 2.2) reduziert sich das Problem darauf, eine Formel für ein rechtwinkliges Dreieck mit zwei achsenparallelen Seiten zu finden.

Wir passen nun unsere Erzeugendenfunktionen-Maschinerie an diese rechtwinkligen Dreiecke an und erweitern sie wo nötig. Ein solches Dreieck T ist eine Teilmenge des $\mathbb{R}^2$, die aus allen Punkten (x, y) besteht, für die

$$x \geq \frac{a}{d}, \; y \geq \frac{b}{d}, \; ex + fy \leq r$$

für ganze Zahlen a, b, d, e, f und r gilt (mit $ea + fb \leq rd$; ansonsten wäre das Dreieck leer). Da die Anzahl der Gitterpunkte invariant unter ganzzahligen horizontalen und vertikalen Translationen und unter Spiegelungen an der x- oder y-Achse ist, dürfen wir a, b, d, e, f, $r \geq 0$ und $a, b < d$ annehmen (über diese Tatsache sollten wir jedoch eine Minute nachdenken). So gelangen wir zu dem Dreieck T, das in Abb. 2.9 dargestellt ist.

Um uns das Leben zu erleichtern, nehmen wir für den Augenblick an, dass e und g teilerfremd seien; den allgemeinen Fall werden wir in den Übungen behandeln. Also sei

$$T = \left\{ (x, y) \in \mathbb{R}^2 : x \geq \frac{a}{d}, \; y \geq \frac{b}{d}, \; ex + fy \leq r \right\}. \tag{2.16}$$

Um eine Formel für

$$L_T(t) = \# \left\{ (m, n) \in \mathbb{Z}^2 : m \geq \frac{ta}{d}, \; n \geq \frac{tb}{d}, \; em + fn \leq tr \right\}$$

herzuleiten, wollen wir Methoden ähnlichen denen in Kapitel 1 anwenden. Wie in Abschnitt 2.3 führen wir eine Schlupfvariable s ein:

$$L_T(t) = \# \left\{ (m,n) \in \mathbb{Z}^2 : m \geq \frac{ta}{d} ,\ n \geq \frac{tb}{d} ,\ em + fn \leq tr \right\}$$

$$= \# \left\{ (m,n,s) \in \mathbb{Z}^3 : m \geq \frac{ta}{d} ,\ n \geq \frac{tb}{d} ,\ s \geq 0,\ em + fn + s = tr \right\}.$$

Diese Zählfunktion kann nun, genau wie vorher, als Koeffizient von z^{tr} in der Funktion

$$\left(\sum_{m \geq \frac{ta}{d}} z^{em} \right) \left(\sum_{n \geq \frac{tb}{d}} z^{fn} \right) \left(\sum_{s \geq 0} z^s \right)$$

interpretiert werden. Dabei bedeutet der Index (z.B. $m \geq \frac{ta}{d}$) unter einem Summenzeichen „Summiere über alle ganzen Zahlen, die diese Bedingung erfüllen". Zum Beispiel beginnen wir in der ersten Summe mit der kleinsten ganzen Zahl größer als oder gleich $\frac{ta}{d}$; diese wird mit $\lceil \frac{ta}{d} \rceil$ bezeichnet und ist gleich $\lfloor \frac{ta-1}{d} \rfloor + 1$ nach Aufgabe 1.4 (j). Daher kann die obige Erzeugendenfunktion als

$$\left(\sum_{m \geq \lceil \frac{ta}{d} \rceil} z^{em} \right) \left(\sum_{n \geq \lceil \frac{tb}{d} \rceil} z^{fn} \right) \left(\sum_{s \geq 0} z^s \right) = \frac{z^{\lceil \frac{ta}{d} \rceil e}}{1 - z^e} \frac{z^{\lceil \frac{tb}{d} \rceil f}}{1 - z^f} \frac{1}{1 - z}$$

$$= \frac{z^{u+v}}{(1 - z^e)(1 - z^f)(1 - z)} \qquad (2.17)$$

geschrieben werden, wobei wir, um die Notation zu vereinfachen, die Bezeichnungen

$$u := \left\lceil \frac{ta}{d} \right\rceil e \qquad \text{und} \qquad v := \left\lceil \frac{tb}{d} \right\rceil f \qquad (2.18)$$

eingeführt haben. Um den Koeffizienten von z^{tr} aus unserer Erzeugendenfunktion (2.17) zu bestimmen, wenden wir bekannte Methoden an. Wie üblich verschieben wir diesen Koeffizient auf den konstanten Term:

$$L_T(t) = \text{const} \left(\frac{z^{u+v-tr}}{(1 - z^e)(1 - z^f)(1 - z)} \right)$$

$$= \text{const} \left(\frac{1}{(1 - z^e)(1 - z^f)(1 - z)z^{tr-u-v}} \right).$$

Bevor wir die Partialbruchzerlegungsmaschinerie auf diese Funktion anwenden sollten wir uns vergewissern, dass es sich in der Tat um eine echte rationale Funktion handelt, dass also für den Totalgrad gilt

$$u + v - tr - e - f - 1 < 0 \qquad (2.19)$$

(siehe Aufgabe 2.31). Wir entwickeln dann in Partialbrüche (hier benutzen wir unsere Annahme, dass e und g keine gemeinsamen Teiler haben!):

$$\frac{1}{(1-z^e)\,(1-z^f)\,(1-z)z^{tr-u-v}}$$
$$=\sum_{j=1}^{e-1}\frac{A_j}{z-\xi_e^j}+\sum_{j=1}^{f-1}\frac{B_j}{z-\xi_f^j}+\sum_{k=1}^{3}\frac{C_k}{(z-1)^k}+\sum_{k=1}^{tr-u-v}\frac{D_k}{z^k}.\qquad(2.20)$$

Wie bereits mehrfach zuvor tragen die Koeffizienten D_k nichts zum konstanten Term bei, so dass wir

$$L_\mathcal{T}(t)=-\sum_{j=1}^{e-1}\frac{A_j}{\xi_e^j}-\sum_{l=1}^{f-1}\frac{B_l}{\xi_f^l}-C_1+C_2-C_3\qquad(2.21)$$

erhalten. Wir ermuntern den Leser, die in dieser Formel auftretenden Koeffizienten auszurechnen (Aufgabe 2.32):

$$A_j=-\frac{\xi_e^{j(v-tr+1)}}{e\left(1-\xi_e^{jf}\right)(1-\xi_e^j)},$$

$$B_l=-\frac{\xi_f^{l(u-tr+1)}}{f\left(1-\xi_f^{le}\right)(1-\xi_f^l)},$$

$$C_1=-\frac{(u+v-tr)^2}{2ef}+\frac{u+v-tr}{2}\left(-\frac{1}{ef}+\frac{1}{e}+\frac{1}{f}\right)+\frac{1}{4}\left(\frac{1}{e}+\frac{1}{f}-1\right)$$
$$\qquad-\frac{1}{12}\left(\frac{e}{f}+\frac{1}{ef}+\frac{f}{e}\right),\qquad(2.22)$$

$$C_2=-\frac{u+v-tr+1}{ef}+\frac{1}{2e}+\frac{1}{2f},$$

$$C_3=-\frac{1}{ef}.$$

Wenn wir diese Zutaten in (2.21) einsetzen, erhalten wir die folgende Formel für unsere Gitterpunktanzahl:

Satz 2.10. *Für das durch* (2.16) *gegebene rechtwinklige Dreieck* $\mathcal{T}$, *wobei e und g teilerfremd sind, gilt*

$$L_\mathcal{T}(t)=\frac{1}{2ef}\,(tr-u-v)^2+\frac{1}{2}\,(tr-u-v)\left(\frac{1}{e}+\frac{1}{f}+\frac{1}{ef}\right)$$
$$+\frac{1}{4}\left(1+\frac{1}{e}+\frac{1}{f}\right)+\frac{1}{12}\left(\frac{e}{f}+\frac{f}{e}+\frac{1}{ef}\right)$$
$$+\frac{1}{e}\sum_{j=1}^{e-1}\frac{\xi_e^{j(v-tr)}}{\left(1-\xi_e^{jf}\right)\left(1-\xi_e^j\right)}+\frac{1}{f}\sum_{l=1}^{f-1}\frac{\xi_f^{l(u-tr)}}{\left(1-\xi_f^{le}\right)\left(1-\xi_f^l\right)}.\qquad\square$$

Diese Gleichung kann auch mit Fourier-Dedekind-Summen, die wir in (1.13) eingeführt haben, ausgedrückt werden:

$$L_T(t) = \frac{1}{2ef}(tr - u - v)^2 + \frac{1}{2}(tr - u - v)\left(\frac{1}{e} + \frac{1}{f} + \frac{1}{ef}\right)$$
$$+ \frac{1}{4}\left(1 + \frac{1}{e} + \frac{1}{f}\right) + \frac{1}{12}\left(\frac{e}{f} + \frac{f}{e} + \frac{1}{ef}\right)$$
$$+ s_{v-tr}(f, 1; e) + s_{u-tr}(e, 1; f).$$

Die allgemeine Formel für L_T – ohne die Annahme, dass e und g teilerfremd sind – ist der Inhalt von Aufgabe 2.34.

Wir wollen einen Moment innehalten und das Wesen von L_T als Funktion von t untersuchen. Abgesehen von den letzten beiden endlichen Summen (welche wir in Kapitel 8 ins Scheinwerferlicht rücken werden) und dem Auftreten von u und v ist L_T ein quadratisches Polynom in t. Und in den beiden Summen kommt t nur im Exponent von Einheitswurzeln auf, nämlich als Exponent von ξ_e und ξ_f. Als Funktion von t ist ξ_e^t *periodisch* mit Periode e, und analog ist ξ_f^t periodisch mit Periode f. Wir sollten auch nicht vergessen, dass u und v Funktionen von t sind, aber sie können leicht vermittels der Nachkommaanteilsfunktion geschrieben werden, was wiederum auf periodische Funktionen von t führt. Also ist $L_T(t)$ ein (quadratisches) „Polynom" in t, dessen Koeffizienten periodische Funktionen von t sind. Das erinnert an die Zählfunktionen aus Kapitel 1, die ein ähnliches periodisch-polynomielles Verhalten gezeigt haben. Inspiriert von diesen beiden Beispielen definieren wir ein **Quasipolynom** Q als einen Ausdruck der Form $Q(t) = c_n(t)\, t^n + \cdots + c_1(t)\, t + c_0(t)$, wobei $c_0, \ldots, c_n$ periodische Funtionen von t sind. Der **Grad** von Q ist n,[3] und die kleinste gemeinsame Periode von $c_0, \ldots, c_n$ ist die **Periode** von Q.

Alternativ gibt es für ein Quasipolynom Q eine positive ganze Zahl k und Polynome $p_0, p_1, \ldots, p_{k-1}$, so dass

$$Q(t) = \begin{cases} Q(t) = p_0(t) & \text{falls } t \equiv 0 \pmod{k}, \\ Q(t) = p_1(t) & \text{falls } t \equiv 1 \pmod{k}, \\ \quad\vdots \\ Q(t) = p_{k-1}(t) & \text{falls } t \equiv k - 1 \pmod{k}. \end{cases}$$

Das kleinste solche k ist die Periode von Q, und für dieses minimale k sind die Polynome $p_0, p_1, \ldots, p_{k-1}$ die **Konstituenten** von Q.

Mit den Triangulierungs- und Einbetten-in-einen-Kasten-Argumenten, mit denen dieser Abschnitt begonnen hat, können wir jetzt ein allgemeines strukturelles Resultat für rationale Polygone formulieren.

Satz 2.11. *Sei* $\mathcal{P}$ *ein beliebiges rationales Polygon. Dann ist* $L_{\mathcal{P}}(t)$ *ein Quasipolynom vom Grad 2. Sein Leitkoeffizient ist die Fläche von* $\mathcal{P}$ *(und damit insbesondere eine Konstante).*

---

[3] Hier gehen wir stillschweigend davon aus, dass c_n nicht die Nullfunktion ist.

Wir haben bereits die Technologie, um auch die Periode von $L_\mathcal{P}$ zu untersuchen; wir überlassen dem Leser das Vergnügen, sich mit den nötigen Details auseinanderzusetzen (siehe Aufgabe 2.35).

Beweis. Nach Aufgaben 2.2 und 2.34 (der allgemeinen Form von Satz 2.10) gilt der Satz für rationale Rechtecke und rechtwinklige Dreiecke, deren Kanten achsenparallel sind. Wir benutzen nun die Additivität sowohl von Grad-2-Quasipolynomen als auch von Flächen, sowie den Satz von Popoviciu (Satz 1.5).   □

2.8 Die Euler'sche Erzeugendenfunktion für allgemeine rationale Polytope

Inzwischen haben wir mehrere Beispiele von Zählfunktionen berechnet, indem wir eine Erzeugendenfunktion erstellt haben, die zu dem konkreten Problem, an dem wir interessiert waren, gepasst hat. In diesem Abschnitt erstellen wir solch eine Erzeugendenfunktion für den Gitterpunktzähler eines *beliebigen* rationalen Polytops. Ein solches Polytop ist durch seine $\mathcal{H}$-Beschreibung als Durchschnitt von Halbräumen und Hyperebenen gegeben. Die Halbräume sind algebraisch durch lineare Ungleichungen gegeben, die Hyperebenen durch lineare Gleichungen. Falls das Polytop rational ist, können wir die Gleichungen und Ungleichungen so wählen, dass sie ganzzahlige Koeffizienten haben (Aufgabe 2.7). Um beide Beschreibungen zu vereinheitlichen können wir Schlupfvariablen einführen, um die Halbraum-Ungleichungen in Gleichungen zu überführen. Außerdem können wir, indem wir unser Polytop in den nichtnegativen Orthanten verschieben (wir können ein Polytop jederzeit um einen ganzzahligen Vektor verschieben, ohne die Anzahl seiner Gitterpunkte zu verändern), davon ausgehen, dass alle seine Punkte nichtnegative Koordinaten haben. Zusammengefasst können wir, nach einer harmlosen ganzzahligen Verschiebung, jedes beliebige rationale Polytop $\mathcal{P}$ als

$$\mathcal{P} = \left\{ \mathbf{x} \in \mathbb{R}^d_{\geq 0} : \mathbf{A}\,\mathbf{x} = \mathbf{b} \right\} \tag{2.23}$$

für eine ganzzahlige Matrix $\mathbf{A} \in \mathbb{Z}^{m \times d}$ und einen ganzzahligen Vektor $\mathbf{b} \in \mathbb{Z}^m$ schreiben. (Man beachte, dass d nicht notwendigerweise die Dimension von $\mathcal{P}$ ist.) Um die t-te Streckung von $\mathcal{P}$ zu beschreiben, skalieren wir einfach einen Punkt $\mathbf{x} \in \mathcal{P}$ um $\frac{1}{t}$, oder multiplizieren alternativ $\mathbf{b}$ mit t:

$$t\mathcal{P} = \left\{ \mathbf{x} \in \mathbb{R}^d_{\geq 0} : \mathbf{A}\,\frac{\mathbf{x}}{t} = \mathbf{b} \right\} = \left\{ \mathbf{x} \in \mathbb{R}^d_{\geq 0} : \mathbf{A}\,\mathbf{x} = t\mathbf{b} \right\}.$$

Also die der Gitterpunktzähler von $\mathcal{P}$ die Zählfunktion

$$L_\mathcal{P}(t) = \# \left\{ \mathbf{x} \in \mathbb{Z}^d_{\geq 0} : \mathbf{A}\,\mathbf{x} = t\mathbf{b} \right\}. \tag{2.24}$$

Beispiel 2.12. Angenommen, $\mathcal{P}$ sei das Viereck mit den Ecken $(0,0)$, $(2,0)$, $(1,1)$ und $\left(0, \frac{3}{2}\right)$:

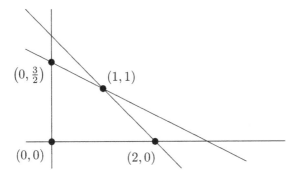

Die $\mathcal{H}$-Beschreibung von $\mathcal{P}$ ist

$$\mathcal{P} = \left\{ (x_1, x_2) \in \mathbb{R}^2 \ : \ x_1, x_2 \geq 0, \ \begin{matrix} x_1 + 2x_2 \leq 3, \\ x_1 + x_2 \leq 2 \end{matrix} \right\}.$$

Also gilt

$$L_{\mathcal{P}}(t) = \# \left\{ (x_1, x_2) \in \mathbb{Z}^2 \ : \ x_1, x_2 \geq 0, \ \begin{matrix} x_1 + 2x_2 \leq 3t, \\ x_1 + x_2 \leq 2t \end{matrix} \right\}$$

$$= \# \left\{ (x_1, x_2, x_3, x_4) \in \mathbb{Z}^4 \ : \ x_1, x_2, x_3, x_4 \geq 0, \ \begin{matrix} x_1 + 2x_2 + x_3 = 3t, \\ x_1 + x_2 + x_4 = 2t \end{matrix} \right\}$$

$$= \# \left\{ \mathbf{x} \in \mathbb{Z}^4_{\geq 0} \ : \ \begin{pmatrix} 1 & 2 & 1 & 0 \\ 1 & 1 & 0 & 1 \end{pmatrix} \mathbf{x} = \begin{pmatrix} 3t \\ 2t \end{pmatrix} \right\}.$$

Unter Benutzung der Ideen aus den Abschnitten 1.3, 1.5, 2.3 und 2.7 konstruieren wir nun eine Erzeugendenfunktion für diese Zählfunktion. In den vorherigen Abschnitten konnte der Gitterpunktzähler mit nur *einer* nichttrivialen linearen Gleichung beschrieben werden. Im Gegensatz dazu haben wir jetzt ein System solcher linearen Beschränkungen. Wir können jedoch den gleichen Ansatz benutzen und die linearen Gleichungen in eine Erzeugendenfunktion kodieren; wir benötigen lediglich mehr als eine Variable. Wenn wir die Funktion

$$f(z_1, z_2) := \frac{1}{(1 - z_1 z_2)(1 - z_1^2 z_2)(1 - z_1)(1 - z_2) z_1^{3t} z_2^{2t}}$$

als geometrische Reihe entwickeln, erhalten wir

$$f(z_1, z_2) = \left(\sum_{n_1 \geq 0} (z_1 z_2)^{n_1} \right) \left(\sum_{n_2 \geq 0} (z_1^2 z_2)^{n_2} \right) \left(\sum_{n_3 \geq 0} z_1^{n_3} \right) \left(\sum_{n_4 \geq 0} z_2^{n_4} \right) \frac{1}{z_1^{3t} z_2^{2t}}$$

$$= \sum_{n_1, \dots, n_4 \geq 0} z_1^{n_1 + 2n_2 + n_3 - 3t} z_2^{n_1 + n_2 + n_4 - 2t}.$$

Wenn wir den konstanten Term (sowohl in z_1 als auch in z_2) berechnen, zählen wir Lösungen $(n_1, n_2, n_3, n_4) \in \mathbb{Z}^4_{\geq 0}$ von

$$\begin{pmatrix} 1 & 2 & 1 & 0 \\ 1 & 1 & 0 & 1 \end{pmatrix} \begin{pmatrix} n_1 \\ n_2 \\ n_3 \\ n_4 \end{pmatrix} = \begin{pmatrix} 3t \\ 2t \end{pmatrix},$$

d.h. der konstante Term von $f(z_1, z_2)$ zählt die Gitterpunkte in $\mathcal{P}$:

$$L_{\mathcal{P}}(t) = \text{const} \frac{1}{(1 - z_1 z_2)(1 - z_1^2 z_2)(1 - z_1)(1 - z_2) z_1^{3t} z_2^{2t}}.$$

Wir laden den Leser dazu ein, diesen konstanten Term tatsächlich auszurechnen (Aufgabe 2.36). Er stellt sich als

$$\frac{7}{4} t^2 + \frac{5}{2} t + \frac{7 + (-1)^t}{8}$$

heraus.   □

Wir kehren zum allgemeinen Fall eines durch (2.23) gegebenen Polytops $\mathcal{P}$ zurück, wobei wir die Spalten von $\mathbf{A}$ mit $\mathbf{c}_1, \mathbf{c}_2, \ldots, \mathbf{c}_d$ benennen. Wir setzen $\mathbf{z} = (z_1, z_2, \ldots, z_m)$ und drücken die Funktion

$$\frac{1}{(1 - \mathbf{z}^{\mathbf{c}_1})(1 - \mathbf{z}^{\mathbf{c}_2}) \cdots (1 - \mathbf{z}^{\mathbf{c}_d}) \mathbf{z}^{t\mathbf{b}}} \tag{2.25}$$

durch die geometrische Reihe aus:

$$\left(\sum_{n_1 \geq 0} \mathbf{z}^{n_1 \mathbf{c}_1} \right) \left(\sum_{n_2 \geq 0} \mathbf{z}^{n_2 \mathbf{c}_2} \right) \cdots \left(\sum_{n_d \geq 0} \mathbf{z}^{n_d \mathbf{c}_d} \right) \frac{1}{\mathbf{z}^{t\mathbf{b}}}.$$

Hier benutzen wir die abkürzende Schreibweise $\mathbf{z}^{\mathbf{c}} := z_1^{c_1} z_2^{c_2} \cdots z_m^{c_m}$ für die Vektoren $\mathbf{z} = (z_1, z_2, \ldots, z_m) \in \mathbb{C}^m$ und $\mathbf{c} = (c_1, c_2, \ldots, c_m) \in \mathbb{Z}^m$. Wenn wir alles ausmultiplizieren, sieht ein typischer Term aus wie

$$n_1 \mathbf{c}_1 + n_2 \mathbf{c}_2 + \cdots + n_d \mathbf{c}_d - t\mathbf{b} = \mathbf{A}\mathbf{n} - t\mathbf{b},$$

wobei $\mathbf{n} = (n_1, n_2, \ldots, n_d) \in \mathbb{Z}_{\geq 0}^d$. Das heißt, wenn wir den konstanten Term unserer Erzeugendenfunktion (2.25) nehmen, zählen wir ganzzahlige Vektoren $\mathbf{n} \in \mathbb{Z}_{\geq 0}^d$, die

$$\mathbf{A}\mathbf{n} - t\mathbf{b} = 0, \qquad \text{also} \qquad \mathbf{A}\mathbf{n} = t\mathbf{b}$$

erfüllen. Dieser konstante Term wird also genau die Anzahl der Gitterpunkte $\mathbf{n} \in \mathbb{Z}_{\geq 0}^d$ in $t\mathcal{P}$ angeben:

Satz 2.13 (Euler'sche Erzeugendenfunktion). *Das rationale Polytop $\mathcal{P}$ sei durch (2.23) definiert. Dann kann das Ehrhart-Quasipolynom von $\mathcal{P}$ wie folgt berechnet werden:*

$$L_{\mathcal{P}}(t) = \text{const} \left(\frac{1}{(1 - \mathbf{z}^{\mathbf{c}_1})(1 - \mathbf{z}^{\mathbf{c}_2}) \cdots (1 - \mathbf{z}^{\mathbf{c}_d}) \mathbf{z}^{t\mathbf{b}}} \right). \qquad □$$

Wir schließen dieses Kapitel ab, indem wir diese Gleichung über den konstanten Term mithilfe der Ehrhart-Reihe umformulieren.

Korollar 2.14. *Das rationale Polytop $\mathcal{P}$ sei durch (2.23) definiert. Dann kann die Ehrhart-Reihe von $\mathcal{P}$ wie folgt berechnet werden:*

$$\mathrm{Ehr}_{\mathcal{P}}(x) = \mathrm{const}\left(\frac{1}{\left(1 - \mathbf{z}^{\mathbf{c}_1}\right)\left(1 - \mathbf{z}^{\mathbf{c}_2}\right)\cdots\left(1 - \mathbf{z}^{\mathbf{c}_d}\right)\left(1 - \frac{x}{\mathbf{z}^{\mathbf{b}}}\right)}\right).$$

Beweis. Nach Satz 2.13 gilt

$$\mathrm{Ehr}_{\mathcal{P}}(x) = \sum_{t \geq 0} \mathrm{const}\left(\frac{1}{\left(1 - \mathbf{z}^{\mathbf{c}_1}\right)\left(1 - \mathbf{z}^{\mathbf{c}_2}\right)\cdots\left(1 - \mathbf{z}^{\mathbf{c}_d}\right)\mathbf{z}^{t\mathbf{b}}}\right)x^t$$

$$= \mathrm{const}\left(\frac{1}{\left(1 - \mathbf{z}^{\mathbf{c}_1}\right)\left(1 - \mathbf{z}^{\mathbf{c}_2}\right)\cdots\left(1 - \mathbf{z}^{\mathbf{c}_d}\right)}\sum_{t \geq 0}\frac{x^t}{\mathbf{z}^{t\mathbf{b}}}\right)$$

$$= \mathrm{const}\left(\frac{1}{\left(1 - \mathbf{z}^{\mathbf{c}_1}\right)\left(1 - \mathbf{z}^{\mathbf{c}_2}\right)\cdots\left(1 - \mathbf{z}^{\mathbf{c}_d}\right)}\frac{1}{1 - \frac{x}{\mathbf{z}^{\mathbf{b}}}}\right). \qquad \square$$

Anmerkungen

1. Konvexe Polytope sind wunderschöne Objekte mit einer reichhaltigen Geschichte und interessanten Theorie, von der wir hier nur einen flüchtigen Eindruck bekommen haben. Als eine gute Einführung in das Thema Polytope empfehlen wir [46, 89, 192]. Polytope tauchen in einer Fülle aktueller Forschungsgebiete auf, darunter Gröbnerbasen und kommutative Algebra [173], kombinatorische Optimierung [158], Integralgeometrie [109] und Geometrie der Zahlen [162].

2. Die Unterscheidung zwischen $\mathcal{V}$- und $\mathcal{H}$-Beschreibung eines konvexen Polytops führt zu einer interessanten algorithmischen Frage, nämlich: Wie schnell kann man die erste aus der zweiten berechnen und umgekehrt [158, 192]?

3. Ehrhart-Reihen sind nach Eugène Ehrhart (1906–2000) benannt,[4] aus Vorgriff auf die Sätze, die wir in Kapitel 3 beweisen werden. Die Ehrhart-Reihe eines Polytops, das der speziellen Klasse der *normalen* Polytope angehört, gleicht einer weiteren rationalen Erzeugendenfunktion, der *Hilbert-Poincaré-Reihe*. Diese Reihen tauchen in der Untersuchung graduierter Algebren auf (siehe z.B. [95, 170]). Ehrhart-Reihen treten auch im Zusammenhang mit *torischen Varietäten* auf, ein weitläufiges und fruchtbares Thema [63, 83].

---

[4] Für mehr Informationen über Ehrhart siehe
http://icps.u-strasbg.fr/~clauss/Ehrhart.html.

4. Die Euler-Zahlen $A(d, k)$ sind nach Leonhard Euler (1707–1783)[5] benannt und treten in Statistiken über Permutationen auf: $A(d, k)$ zählt die Permutationen von $\{1, 2, \ldots, d\}$ mit $k - 1$ Aufwärtsschritten. Für mehr über $A(d, k)$ siehe [61, Section 6.5].

5. Die Pyramiden aus Abschnitt 2.4 haben eine Interpretation als *Ordnungspolytope* [171]. Eine erstaunliche Tatsache über die Gitterpunktzähler dieser Pyramiden ist, dass sie beliebig große reelle Nullstellen in wachsenden Dimensionen haben [23].

6. Die Zählfunktion $L_\diamond$ für das Kreuzpolytop kann übrigens auch geschrieben werden als

$$\sum_{k=0}^{\min(d,t)} 2^k \binom{d}{k} \binom{t}{k}.$$

Insbesondere ist $L_\diamond$ symmetrisch in d und t. Die Zählfunktionen der Kreuzpolytope sind verbunden mit Laguerre-Polynomen, dem d-dimensionalen harmonischen Oszillator und der Riemann'schen Vermutung. Diese Verbindung ist in [50] erschienen, wo Daniel Bump, Kwok-Kwong Choi, Pär Kurlberg, und Jeffrey Vaaler auch eine bemerkenswerte Tatsache über die Nullstellen der Polynome $L_\diamond$ herausgefunden haben: Alle haben Realteil $-\frac{1}{2}$ (ein Beispiel einer *lokalen Riemann'schen Vermutung*). Diese Tatsache wurde davon unhabhängig von Peter Kirschenhofer, Attila Pethő und Robert Tichy [108] bewiesen; siehe auch die Anmerkungen in Kapitel 4.

7. Satz 2.8 markiert den Beginn allgemeiner Untersuchungen zur Aufzählung von Gitterpunkten in Polytopen. Seine erstaunlich einfache Aussage wurde von Georg Alexander Pick (1859–1942)[6] im Jahr 1899 entdeckt [142]. Der Satz von Pick gilt auch für nichtkonvexe Polygone, sofern ihr Rand eine einfache Kurve bildet. In Kapitel 12 beweisen wir eine Verallgemeinerung des Satzes von Pick, die nichtkonvexe Kurven einschließt.

8. Das Ergebnis von Abschnitt 2.7 ist in [28] erschienen. Wir werden in Kapitel 8 sehen, dass die endlichen Summen über Einheitswurzeln auch durch *Dedekind-Rademacher-Summen* ausgedrückt werden können, die – wie wir in Kapitel 8 sehen werden – sehr schnell berechnet werden können. Die Sätze aus Abschnitt 2.7 werden dann implizieren, dass das diskrete Volumen eines beliebigen rationalen Polygons effizient berechnet werden kann.

9. Wenn wir $t\mathbf{b}$ in (2.24) durch einen variablen ganzzahligen Vektor $\mathbf{v}$ ersetzen, wird die Zählfunktion

---

[5] Für mehr Informationen über Euler siehe
http://www-groups.dcs.st-and.ac.uk/~history/Mathematicians/Euler.html.
[6] Für mehr Informationen über Pick siehe
http://www-groups.dcs.st-and.ac.uk/~history/Mathematicians/Pick.html.

$$f(\mathbf{v}) = \# \left\{ \mathbf{x} \in \mathbb{Z}_{\geq 0}^d : \mathbf{A}\,\mathbf{x} = \mathbf{v} \right\}$$

eine *Vektorpartitionsfunktion* genannt: Sie zählt die Partitionen des Vektors **v** durch die Spalten von **A**. Vektorpartitionsfunktionen sind die multivariaten Analoga unserer Gitterpunktzähler $L_{\mathcal{P}}(t)$; sie haben viele interessante Eigenschaften und führen zu faszinierenden offenen Fragen [19, 39, 62, 172, 177].

10. Obwohl Leonhard Euler höchstwahrscheinlich nicht an Gitterpunktaufzählung im Sinne von Ehrhart gedacht hat, schreiben wir Satz 2.13 ihm zu, denn er hat definitiv mit Erzeugendenfunktionen dieses Typs gearbeitet und sie dabei wahrscheinlich als Vektorpartitionsfunktionen aufgefasst. Das Potential der Euler'schen Erzeugendenfunktion für Ehrhart-Polynome wurde schon von Ehrhart erkannt [78, 80]. Mehrere moderne Ansätze zur Berechnung von Ehrhart-Polynomen basieren auf Satz 2.13 (siehe z.B. [18, 45, 118]).

Aufgaben

2.1. ♣ Wir halten positive ganze Zahlen a, b, c und d mit $a/b < c/d$ fest und lassen $\mathcal{P}$ das Intervall $\left[\frac{a}{b}, \frac{c}{d}\right]$ sein ($\mathcal{P}$ ist also ein 1-dimensionales rationales konvexes Polytop). Berechnen Sie $L_{\mathcal{P}}(t) = \#\,(t\mathcal{P} \cap \mathbb{Z})$ und $L_{\mathcal{P}^\circ}(t)$ und zeigen Sie direkt, dass $L_{\mathcal{P}}(t)$ und $L_{\mathcal{P}^\circ}(t)$ Quasipolynome mit Periode kgV(b, d) sind, die

$$L_{\mathcal{P}^\circ}(-t) = -L_{\mathcal{P}}(t)$$

erfüllen (*Hinweis:* Aufgabe 1.4 (i).)

2.2. ♣ Wir halten positive rationale Zahlen a_1, b_1, a_2 und b_2 fest und lassen $\mathcal{R}$ das Rechteck mit den Eckpunkten (a_1, b_1), (a_2, b_1), (a_2, b_2), und (a_1, b_2) sein. Berechnen Sie $L_{\mathcal{R}}(t)$ und $\mathrm{Ehr}_{\mathcal{R}}(z)$.

2.3. Wir halten positive ganze Zahlen a und b fest und lassen $\mathcal{T}$ das Dreieck mit den Eckpunkten $(0, 0)$, $(a, 0)$ und $(0, b)$ sein.

(a) Berechnen Sie $L_{\mathcal{T}}(t)$ und $\mathrm{Ehr}_{\mathcal{T}}(z)$.
(b) Benutzen Sie (a), um die folgende Formel für den größten gemeinsamen Teiler von a und b abzuleiten:

$$\mathrm{ggT}(a, b) = 2 \sum_{k=1}^{b-1} \left\lfloor \frac{ka}{b} \right\rfloor + a + b - ab.$$

(*Hinweis:* Aufgabe 1.12.)

2.4. Zeigen Sie, dass für zwei Polytope $\mathcal{P} \subset \mathbb{R}^m$ und $\mathcal{Q} \subset \mathbb{R}^n$ gilt

$$\# \left((\mathcal{P} \times \mathcal{Q}) \cap \mathbb{Z}^{m+n} \right) = \# \left(\mathcal{P} \cap \mathbb{Z}^m \right) \cdot \# \left(\mathcal{Q} \cap \mathbb{Z}^n \right).$$

Daher gilt $L_{\mathcal{P} \times \mathcal{Q}}(t) = L_{\mathcal{P}}(t)\, L_{\mathcal{Q}}(t)$.

2.5. Zeigen Sie, dass falls $\mathcal{F}$ eine Seite von $\mathcal{P}$ und $\mathcal{G}$ eine Seite von $\mathcal{F}$ ist, auch $\mathcal{G}$ eine Seite von $\mathcal{P}$ ist (und somit die Seitenrelation transitiv ist).

2.6. ♣ Sei Δ ein d-Simplex mit Ecken $V = \{\mathbf{v}_1, \mathbf{v}_2, \ldots, \mathbf{v}_{d+1}\}$. Zeigen Sie, dass für jede nichtleere Teilmenge $W \subseteq V$ die konvexe Hülle $\operatorname{conv} W$ eine Seite von Δ ist, und andersrum, dass jede Seite von Δ von der Form $\operatorname{conv} W$ für ein $W \subseteq V$ ist. Leiten Sie aus dieser Charakterisierung der Seiten eines Simplex die folgenden Korollare ab:

(a) Eine Seite eines Simplex ist wieder ein Simplex.
(b) Der Durchschnitt zweier Seiten eines Simplex Δ ist wieder eine Seite von Δ.

2.7. ♣ Zeigen Sie, dass ein rationales konvexes Polytop durch ein System linearer Ungleichungen und Gleichungen mit *ganzzahligen* Koeffizienten beschrieben werden kann.

2.8. ♣ Zeigen Sie die Eigenschaften (2.3) der Euler-Zahlen für alle ganzen Zahlen $1 \leq k \leq d$, nämlich:

(a) $A(d, k) = A(d, d+1-k)$;
(b) $A(d, k) = (d-k+1)A(d-1, k-1) + kA(d-1, k)$;
(c) $\displaystyle\sum_{k=0}^{d} A(d, k) = d!$;
(d) $A(d, k) = \displaystyle\sum_{j=0}^{k} (-1)^j \binom{d+1}{j} (k-j)^d$.

2.9. ♣ Zeigen Sie (2.6); nämlich, für $d \geq 0$, $\frac{1}{(1-z)^{d+1}} = \sum_{k \geq 0} \binom{d+k}{d} z^k$.

2.10. ♣ Zeigen Sie (2.7): Für $t, k \in \mathbb{Z}$ und $d \in \mathbb{Z}_{>0}$ gilt

$$(-1)^d \binom{-t+k}{d} = \binom{t+d-1-k}{d}.$$

2.11. Die *Stirling-Zahlen der ersten Art*, $\operatorname{stirl}(n, m)$, sind durch die endliche Erzeugendenfunktion

$$x(x-1)\cdots(x-n+1) = \sum_{m=0}^{n} \operatorname{stirl}(n, m)\, x^m$$

definiert (siehe auch [164, Folge A008275].) Zeigen Sie, dass

$$\frac{1}{d!} \sum_{k=0}^{d} (-1)^{d-k} \operatorname{stirl}(d+1, k+1)\, t^k = \binom{d+t}{d},$$

der Gitterpunktzähler für den d-Standardsimplex.

2.12. Geben Sie einen direkten Beweis dafür, dass die Anzahl der Lösungen $(m_1, m_2, \ldots, m_{d+1}) \in \mathbb{Z}_{\geq 0}^{d+1}$ von $m_1 + m_2 + \cdots + m_{d+1} = t$ gleich $\binom{d+t}{d}$ ist. (*Hinweis:* Stellen Sie sich t aufgereihte Objekte vor, die durch d Wände getrennt sind.)

2.13. Berechnen Sie $L_{\mathcal{P}}(t)$, wobei $\mathcal{P}$ der reguläre Tetraeder mit Ecken $(0,0,0)$, $(1,1,0)$, $(1,0,1)$ und $(0,1,1)$ ist.

2.14. ♣ Zeigen Sie, dass die Potenzreihe

$$\sum_{k \geq 0} \frac{B_k}{k!} z^k,$$

die die Bernoulli-Zahlen definiert, den Konvergenzradius 2π hat.

2.15. ♣ Zeigen Sie (2.11), nämlich $B_d(1-x) = (-1)^d B_d(x)$.

2.16. ♣ Zeigen Sie (2.12), nämlich $B_d = 0$ für alle ungeraden $d \geq 3$.

2.17. Zeigen Sie für jede positive ganze Zahl n die Gleichung

$$n\, x^{n-1} = \sum_{k=1}^{n} \binom{n}{k} B_{n-k}(x).$$

Dies gibt uns einen Basiswechsel für die Polynome vom Grad $\leq n$ und erlaubt es uns, jedes beliebige Polynom als eine Summe von Bernoulli-Polynomen darzustellen.

2.18. Zeigen Sie als Gegenstück zur vorigen Aufgabe, dass wir auch einen Basiswechsel in die andere Richtung haben. Das heißt, wir können ein einzelnes Bernoulli-Polynom durch Monome wie folgt ausdrücken:

$$B_n(x) = \sum_{k=0}^{n} \binom{n}{k} B_k\, x^{n-k}.$$

2.19. Zeigen Sie, dass für alle positiven ganzen Zahlen m, n und alle $x \in \mathbb{R}$ gilt

$$\frac{1}{m} \sum_{k=0}^{m-1} B_n\left(x + \frac{k}{m}\right) = m^{-n} B_n(mx).$$

(Dies ist eine Gleichung der *Hecke-Operator*-Art, sie wurde ursprünglich von Joseph Ludwig Raabe in 1851 entdeckt.)

2.20. Zeigen Sie, dass $B_n(x+1) - B_n(x) = n\, x^{n-1}$.

2.21. Eine alternative Definition der Bernoulli-Polynome besteht darin, elementare Eigenschaften anzugeben, die diese eindeutig charakterisieren. Zeigen Sie, dass die folgenden Eigenschaften die Bernoulli-Polynome, so wie sie im Text durch (2.8) definiert wurden, eindeutig bestimmen:

(a) $B_0(x) = 1$.

(b) $\frac{dB_n(x)}{dx} = n\, B_{n-1}(x)$ für alle $n \geq 1$.

(c) $\int_0^1 B_n(x)\, dx = 0$ für alle $n \geq 1$.

2.22. Zeigen Sie, dass für $d = 1$ gilt

$$\sum_{t \geq 0} B_1(t)\, z^t = \frac{3z - 1}{2(1 - z)^2},$$

und dass für $d \geq 2$ gilt

$$\sum_{t \geq 0} B_d(t)\, z^t = \frac{d \sum_{k=1}^{d-1} A\,(d-1,k)\, z^{k+1}}{(1-z)^{d+1}} + \frac{B_d}{1-z}.$$

2.23. ♣ Beweisen Sie Satz 2.6: $\mathrm{Ehr}_{\mathrm{BiPyr}(\mathcal{Q})}(z) = \frac{1+z}{1-z}\,\mathrm{Ehr}_{\mathcal{Q}}(z)$.

2.24. ♣ Sei $\mathcal{R}$ ein ganzzahliges Rechteck, dessen Seiten parallel zu den Koordinatenachsen verlaufen, und sei $\mathcal{T}$ ein rechtwinkliges Dreieck mit zwei achsenparallelen Seiten. Zeigen Sie, dass der Satz von Pick für $\mathcal{R}$ und $\mathcal{T}$ gilt.

2.25. ♣ Sei $\mathcal{P}$ ein ganzzahliges Polygon mit Fläche A und mit B Gitterpunkten auf seinem Rand. Zeigen Sie, dass die Fläche von $t\mathcal{P}$ gleich At^2 ist, und dass die Anzahl der Punkte auf dem Rand von $t\mathcal{P}$ gleich Bt ist. (*Hinweis:* Aufgabe 1.12.)

2.26. Sei $\mathcal{P}$ das sich selbst kreuzende Polygon, das durch die Geradenabschnitte $[(0,0),(4,2)]$, $[(4,2),(4,0)]$, $[(4,0),(0,2)]$ und $[(0,2),(0,0)]$ definiert ist. Zeigen Sie, dass der Satz von Pick nicht für $\mathcal{P}$ gilt.

2.27. Seien $\mathcal{P}$ und $\mathcal{Q}$ ganzzahlige Polygone, so dass $\mathcal{Q}$ vollständig in $\mathcal{P}$ enthalten ist. Dann ist das von den Rändern von $\mathcal{P}$ und $\mathcal{Q}$ umschlossene Gebiet, das wir mit $\mathcal{P} - \mathcal{Q}$ bezeichnen, ein „zweifach zusammenhängendes Polygon". Finden und beweisen Sie das Analogon zum Satz von Pick für $\mathcal{P} - \mathcal{Q}$. Verallgemeinern Sie Ihre Formel für Polygone mit n „Löchern" (anstatt einem).

2.28. Wir betrachten den Rhombus

$$\mathcal{R} = \{(x,y) : a|x| + b|y| \leq ab\},$$

wobei a und b feste positive ganze Zahlen sind. Finden Sie eine Formel für $L_{\mathcal{R}}(t)$.

2.29. Wir definieren die n-te *Farey-Folge* als Menge aller rationalen Zahlen $\frac{a}{b}$ im Intervall $[0,1]$, für die a und b teilerfremd sind und $b \leq n$. Zum Beispiel ist die sechste Farey-Folge gleich $\frac{0}{1}, \frac{1}{6}, \frac{1}{5}, \frac{1}{4}, \frac{1}{3}, \frac{2}{5}, \frac{1}{2}, \frac{3}{5}, \frac{2}{3}, \frac{3}{4}, \frac{4}{5}, \frac{5}{6}, \frac{1}{1}$.

(a) Für zwei aufeinanderfolgende Brüche $\frac{a}{b}$ und $\frac{c}{d}$ in einer Farey-Folge, zeigen Sie, dass $bc - ad = 1$ gilt.

(b) Für drei aufeinanderfolgende Brüche $\frac{a}{b}$, $\frac{c}{d}$ und $\frac{e}{f}$ in einer Farey-Folge, zeigen Sie, dass $\frac{c}{d} = \frac{a+e}{b+f}$ gilt.

2.30. Sei $\lceil x \rceil$ die kleinste ganze Zahl größer als oder gleich x. Zeigen Sie für alle positiven ganzen Zahlen a und b, dass

$$a + (-1)^b \sum_{m=0}^{a} (-1)^{\left\lceil \frac{bm}{a} \right\rceil} \equiv b + (-1)^a \sum_{n=0}^{b} (-1)^{\left\lceil \frac{an}{b} \right\rceil} (\bmod 4) \, .$$

(*Hinweis:* Dies ist eine Abwandlung von Aufgabe 1.6. Ein Weg diese Gleichung zu erhalten besteht darin, die Gitterpunkte in einem bestimmten Dreieck zu zählen und dabei nur die Parität zu berücksichtigen.)

2.31. ♣ Überprüfen Sie (2.19).

2.32. ♣ Berechnen Sie die Partialbruchkoeffizienten (2.22).

2.33. Seien a und b positive ganze Zahlen. Zeigen Sie, dass

$$\frac{1}{1 - z^{ab}} = -\frac{\xi_a^k}{ab} \left(z - \xi_a^k \right)^{-1} + \frac{ab - 1}{2ab}$$
$$+ \text{ Terme mit positiven Potenzen von } \left(z - \xi_a^k \right).$$

2.34. ♣ Sei $\mathcal{T}$ durch (2.16) gegeben, und sei $c = \mathrm{ggT}(e, f)$. Zeigen Sie, dass

$$L_{\mathcal{T}}(t) = \frac{1}{2ef} \left(tr - u - v \right)^2 + \frac{1}{2} \left(tr - u - v \right) \left(\frac{1}{e} + \frac{1}{f} + \frac{1}{ef} \right)$$
$$+ \frac{1}{4} \left(1 + \frac{1}{e} + \frac{1}{f} \right) + \frac{1}{12} \left(\frac{e}{f} + \frac{f}{e} + \frac{1}{ef} \right)$$
$$+ \left(\frac{1}{2e} + \frac{1}{2f} - \frac{u + v - tr}{ef} \right) \sum_{k=1}^{c-1} \frac{\xi_c^{-ktr}}{1 - \xi_c^k} - \frac{1}{ef} \sum_{k=1}^{c-1} \frac{\xi_c^{k(-tr+1)}}{(1 - \xi_c)^2}$$
$$+ \frac{1}{e} \sum_{\substack{j=1 \\ \frac{e}{c} \nmid j}}^{e-1} \frac{\xi_e^{j(v-tr)}}{\left(1 - \xi_e^{jf} \right) \left(1 - \xi_e^j \right)} + \frac{1}{f} \sum_{\substack{l=1 \\ \frac{f}{c} \nmid l}}^{f-1} \frac{\xi_f^{l(u-tr)}}{\left(1 - \xi_f^{le} \right) \left(1 - \xi_f^l \right)} \, .$$

2.35. Sei $\mathcal{P}$ ein rationales Polygon und sei d das kleinste gemeinsame Vielfache der Nenner der Ecken von $\mathcal{P}$. Zeigen Sie direkt (unter Benutzung von Aufgabe 2.34), dass die Periode von $L_{\mathcal{P}}$ die Zahl d teilt.

2.36. ♣ Vervollständigen Sie die Berechnung in Beispiel 2.12, berechnen Sie also

$$\text{const } \frac{1}{\left(1 - z_1 z_2 \right) \left(1 - z_1^2 z_2 \right) \left(1 - z_1 \right) \left(1 - z_2 \right) z_1^{3t} z_2^{2t}} \, .$$

2.37. Berechnen Sie die Vektorpartitionsfunktion des in Beispiel 2.12 gegebenen Vierecks, d.h. berechnen Sie die Zählfunktion

$$f(v_1, v_2) := \# \left\{ \mathbf{x} \in \mathbb{Z}^4_{\geq 0} : \begin{pmatrix} 1 & 2 & 1 & 0 \\ 1 & 1 & 0 & 1 \end{pmatrix} \mathbf{x} = \begin{pmatrix} v_1 \\ v_2 \end{pmatrix} \right\}$$

für $v_1, v_2 \in \mathbb{Z}$. (Diese Funktion hängt von der Beziehung zwischen v_1 und v_2 ab.)

2.38. Suchen Sie im Internet nach dem Programm `polymake` [85]. Sie können es kostenlos herunterladen. Experimentieren Sie.

Offene Probleme

2.39. Wählen Sie $d + 1$ der 2^d Ecken des d-Einheitswürfels $\square$ und bezeichnen Sie mit Δ den durch deren konvexe Hülle definierten Simplex.

(a) Welche Auswahl an Ecken maximiert vol Δ?
(b) Was ist das größte Volumen eines solchen Δ?

2.40. Finden Sie eine Klasse von ganzzahligen d-Polytopen $(\mathcal{P}_d)_{d \geq 1}$, für die $L_{\mathcal{P}_d}(t)$ symmetrisch in d und t ist. (Die Standardsimplizes Δ und die Kreuzpolytope $\Diamond$ bilden zwei solche Klassen.)

2.41. Wir haben in den Anmerkungen bereits erwähnt, dass alle Nullstellen der Polynome $L_\Diamond$ Realteil $-\frac{1}{2}$ haben [50, 108]. Finden Sie andere Klassen von Polytopen, deren Gitterpunktzähler ein solch besonderes Verhalten zeigen.

3

Gitterpunkte in Polytopen zählen:
Ehrhart-Theorie

Ubi materia, ibi geometria.

Johannes Kepler (1571–1630)

Nach diesem Überfluss an Beispielen, in denen die Gitterpunktzählfunktion $L_{\mathcal{P}}(t)$ polynomielles Verhalten für spezielle Polytope $\mathcal{P}$ gezeigt hat, fragen wir jetzt, ob es ein allgemeines Strukturtheorem gibt. Während wir diese Ideen ausbreiten ist der Leser eingeladen, auf die Kapitel 1 und 2 als Appetithäppchen und Spezialfälle der hier entwickelten Sätze zurückzuschauen.

3.1 Triangulierungen und spitze Kegel

Da die meisten der folgenden Beweise für Simplizes besonders einfach ablaufen, zerlegen wir zunächst ein Polytop in Simplizes. Diese Zerlegung ist in der folgenden Definition festgehalten.

Eine **Triangulierung** eines konvexen d-Polytops $\mathcal{P}$ ist eine endliche Sammlung T von d-Simplizes mit den folgenden Eigenschaften:

- $\mathcal{P} = \bigcup_{\Delta \in T} \Delta$.
- Für beliebige $\Delta_1, \Delta_2 \in T$ ist $\Delta_1 \cap \Delta_2$ eine gemeinsame Seite von Δ_1 und Δ_2.

Wir sagen, $\mathcal{P}$ sei **ohne neue Ecken triangulierbar**, falls es eine Triangulierung T gibt, so dass die Ecken aller $\Delta \in T$ bereits Ecken von $\mathcal{P}$ sind.

Satz 3.1 (Existenz von Triangulierungen). *Jedes konvexe Polytop ist ohne neue Ecken triangulierbar.*

Dieser Satz scheint intuitiv klar zu sein, ist aber nicht ganz trivial zu beweisen. Wir erarbeiten sorgfältig einen Beweis in Anhang B.

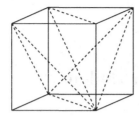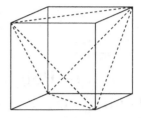

Abb. 3.1. Zwei (sehr unterschiedliche) Triangulierungen des 3-Würfels.

Ein **spitzer Kegel** $\mathcal{K} \subseteq \mathbb{R}^d$ ist eine Menge der Form

$$\mathcal{K} = \{\mathbf{v} + \lambda_1\mathbf{w}_1 + \lambda_2\mathbf{w}_2 + \cdots + \lambda_m\mathbf{w}_m : \lambda_1, \lambda_2, \ldots, \lambda_m \geq 0\},$$

wobei $\mathbf{v}, \mathbf{w}_1, \mathbf{w}_2, \ldots, \mathbf{w}_m \in \mathbb{R}^d$ so gewählt sind, dass es eine Hyperebene H gibt, für die $H \cap \mathcal{K} = \{\mathbf{v}\}$; d.h., $\mathcal{K} \setminus \{\mathbf{v}\}$ liegt strikt auf einer Seite von H. Der Vektor $\mathbf{v}$ heißt die **Spitze** von $\mathcal{K}$, und die $\mathbf{w}_k$s sind die **Erzeuger** von $\mathcal{K}$. Der Kegel ist **rational**, falls $\mathbf{v}, \mathbf{w}_1, \mathbf{w}_2, \ldots, \mathbf{w}_m \in \mathbb{Q}^d$. In diesem Fall können wir $\mathbf{w}_1, \mathbf{w}_2, \ldots, \mathbf{w}_m \in \mathbb{Z}^d$ wählen, indem wir mit dem Hauptnenner multiplizieren. Die **Dimension** von $\mathcal{K}$ ist die Dimension des von $\mathcal{K}$ aufgespannten affinen Raums; falls $\mathcal{K}$ von Dimension d ist sprechen wir von einem d-Kegel. Der d-Kegel $\mathcal{K}$ ist **simplizial**, falls $\mathcal{K}$ genau d linear unabhängige Erzeuger hat.

Genau wie Polytope haben auch Kegel eine Beschreibung als Durchschnitt von Halbebenen: Ein rationaler spitzer d-Kegel ist der d-dimensionale Durchschnitt endlich vieler Halbebenen der Form

$$\{\mathbf{x} \in \mathbb{R}^d : a_1x_1 + a_2x_2 + \cdots + a_dx_d \leq b\}$$

mit ganzzahligen Parametern $a_1, a_2, \ldots, a_d, b \in \mathbb{Z}$, so dass die dazugehörigen Hyperebenen der Form

$$\{\mathbf{x} \in \mathbb{R}^d : a_1x_1 + a_2x_2 + \cdots + a_dx_d = b\}$$

sich in genau einem Punkt treffen.

Kegel sind aus mehreren Gründen wichtig. Der für uns praktischste ist eine Konstruktion namens *Kegel über einem Polytop*. Gegeben ein Polytop $\mathcal{P} \subset \mathbb{R}^d$ mit Ecken $\mathbf{v}_1, \mathbf{v}_2, \ldots, \mathbf{v}_n$, heben wir diese Ecken in den $\mathbb{R}^{d+1}$, indem wir 1 als ihre letzte Koordinate hinzufügen. Wir setzen also

$$\mathbf{w}_1 = (\mathbf{v}_1, 1), \quad \mathbf{w}_2 = (\mathbf{v}_2, 1), \quad \ldots, \quad \mathbf{w}_n = (\mathbf{v}_n, 1).$$

Jetzt definieren wir den **Kegel über** $\mathcal{P}$ als

$$\operatorname{cone}(\mathcal{P}) = \{\lambda_1\mathbf{w}_1 + \lambda_2\mathbf{w}_2 + \cdots + \lambda_n\mathbf{w}_n : \lambda_1, \lambda_2, \ldots, \lambda_n \geq 0\} \subset \mathbb{R}^{d+1}.$$

Dieser spitze Kegel hat den Koordinatenursprung als Spitze, und wir können unser Ausgangspolytop $\mathcal{P}$ zurückgewinnen (genaugenommen handelt es sich

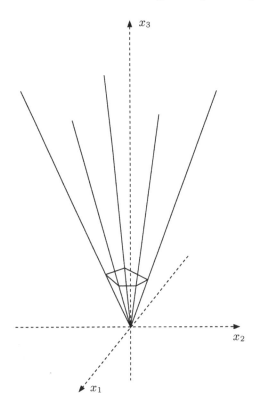

Abb. 3.2. Ein Kegel über einem Polytop.

um die verschobene Menge $\{(\mathbf{x}, 1) : \mathbf{x} \in \mathcal{P}\})$, indem wir $\mathrm{cone}(\mathcal{P})$ mit der Hyperebene $x_{d+1} = 1$ schneiden, wie in Abb. 3.2 dargestellt.

In Analogie zur Sprache der Polytope sagen wir, die Hyperebene $H = \{\mathbf{x} \in \mathbb{R}^d : \mathbf{a} \cdot \mathbf{x} = b\}$ sei eine **unterstützende Hyperebene** des spitzen d-Kegels $\mathcal{K}$, falls $\mathcal{K}$ vollständig auf einer Seite von H liegt, also

$$\mathcal{K} \subset \{\mathbf{x} \in \mathbb{R}^d : \mathbf{a} \cdot \mathbf{x} \leq b\} \qquad \text{oder} \qquad \mathcal{K} \subset \{\mathbf{x} \in \mathbb{R}^d : \mathbf{a} \cdot \mathbf{x} \geq b\}.$$

Eine **Seite** von $\mathcal{K}$ ist eine Menge der Form $\mathcal{K} \cap H$, wobei H eine unterstützende Hyperebene von $\mathcal{K}$ ist. Die $(d-1)$-dimensionalen Seiten heißen **Facetten** und die 1-dimensionalen Seiten **Kanten** von $\mathcal{K}$. Die Spitze von $\mathcal{K}$ ist die einzige 0-dimensionale Seite.

Genauso, wie Polytope in Simplizes trianguliert werden können, können spitze Kegel in simpliziale Kegel trianguliert werden. Dabei ist eine Menge T simplizialer d-Kegel eine **Triangulierung** des d-Kegels $\mathcal{K}$, wenn sie folgende Bedingungen erfüllt:

- $\mathcal{K} = \bigcup_{\mathcal{S} \in T} \mathcal{S}$.

- Für beliebige $\mathcal{S}_1, \mathcal{S}_2 \in T$ ist $\mathcal{S}_1 \cap \mathcal{S}_2$ eine gemeinsame Seite von $\mathcal{S}_1$ und $\mathcal{S}_2$.

Wir sagen, dass $\mathcal{K}$ **ohne neue Erzeuger trianguliert** werden kann, falls eine Triangulierung T existiert, so dass alle Erzeuger jedes $\mathcal{S} \in T$ Erzeuger von $\mathcal{P}$ sind.

Satz 3.2. *Jeder spitze Kegel kann ohne neue Erzeuger in simpliziale Kegel trianguliert werden.*

Beweis. Dieser Satz ist ein Korollar zu Satz 3.1. Zu einem gegebenen spitzen d-Kegel $\mathcal{K}$ existiert eine Hyperebene H, die $\mathcal{K}$ nur in der Spitze schneidet. Jetzt verschieben wir H „in den Kegel hinein", so dass $H \cap \mathcal{K}$ aus mehr als einem Punkt besteht. Dieser Durchschnitt ist ein $(d-1)$-Polytop, dessen Ecken durch die Erzeuger von $\mathcal{K}$ bestimmt sind. Nun triangulieren wir $\mathcal{P}$ ohne neue Ecken. Der Kegel über jedem Simplex der Triangulierung ist ein simplizialer Kegel. Diese simplizialen Kegel triangulieren, nach Konstruktion, $\mathcal{K}$.   □

3.2 Gitterpunkttransformationen für rationale Kegel

Wir wollen die Information, die in den Gitterpunkten in einer Menge $S \subset \mathbb{R}^d$ enthalten ist, kodieren. Es stellt sich heraus, dass die folgende multivariate Erzeugendenfunktion uns dies auf effiziente Art erlaubt, falls S ein rationaler Kegel oder ein Polytop ist:

$$\sigma_S(\mathbf{z}) = \sigma_S(z_1, z_2, \ldots, z_d) := \sum_{\mathbf{m} \in S \cap \mathbb{Z}^d} \mathbf{z}^{\mathbf{m}}.$$

Die Erzeugendenfunktion σ_S listet einfach alle Gitterpunkte in S in einer besonderen Form auf: Nicht als Liste von Vektoren, sondern als eine formale Summe von Monomen. Wir nennen σ_S die **Gitterpunkttransformation** von S; die Funktion σ_S läuft auch unter dem Namen *Momenterzeugendenfunktion* oder einfach *Erzeugendenfunktion* von S. Die Gitterpunkttransformation σ_S öffnet uns die Tür sowohl zu algebraischen als auch zu analytischen Methoden.

Beispiel 3.3. Als Aufwärmübung betrachten wir den 1-dimensionalen Kegel $\mathcal{K} = [0, \infty)$. Seine Gitterpunkttransformation ist unser alter Freund

$$\sigma_{\mathcal{K}}(z) = \sum_{m \in [0,\infty) \cap \mathbb{Z}} z^m = \sum_{m \geq 0} z^m = \frac{1}{1-z}. \qquad □$$

Beispiel 3.4. Nun betrachten wir den zweidimensionalen Kegel

$$\mathcal{K} := \{\lambda_1(1,1) + \lambda_2(-2,3) : \lambda_1, \lambda_2 \geq 0\} \subset \mathbb{R}^2 \,,$$

der in Abb. 3.3 dargestellt ist. Um die Gitterpunkttransformation $\sigma_{\mathcal{K}}$ zu erhalten, kacheln wir $\mathcal{K}$ mit Kopien des *Fundamentalparallelogramms*

$$\Pi := \{\lambda_1(1,1) + \lambda_2(-2,3) : 0 \le \lambda_1, \lambda_2 < 1\} \subset \mathbb{R}^2.$$

Genauer gesagt verschieben wir Π um nichtnegative ganzzahlige Linearkombinationen der Erzeuger $(1,1)$ und $(-2,3)$, und diese Translate decken $\mathcal{K}$ exakt ab. Wie können wir die Gitterpunkte in $\mathcal{K}$ als Monome auflisten? Wir wollen zunächst alle Ecken der Translate von Π auflisten. Diese sind nichtnegative ganzzahlige Linearkombinationen der Erzeuger $(1,1)$ und $(-2,3)$, also können wir sie aufzählen, indem wir die geometrische Reihe verwenden:

$$\sum_{\substack{\mathbf{m}=j(1,1)+k(-2,3)\\ j,k\ge0}} \mathbf{z}^m = \sum_{j\ge0}\sum_{k\ge0} \mathbf{z}^{j(1,1)+k(-2,3)} = \frac{1}{(1-z_1z_2)\left(1-z_1^{-2}z_2^3\right)}.$$

Jetzt benutzen wir die Gitterpunkte $(m,n) \in \Pi$, um eine Teilmenge von $\mathbb{Z}^2$ zu erzeugen, indem wir zu (m,n) nichtnegative ganzzahlige Linearkombinationen der Erzeuger $(1,1)$ und $(-2,3)$ addieren. Wir erhalten nämlich

$$\mathcal{L}_{(m,n)} := \{(m,n) + j(1,1) + k(-2,3) : j,k \in \mathbb{Z}_{\ge0}\}.$$

Es ergibt sich unmittelbar, dass $\mathcal{K} \cap \mathbb{Z}^2$ die disjunkte Vereinigung der Teilmengen $\mathcal{L}_{(m,n)}$ ist, wobei (m,n) die Menge $\Pi \cap \mathbb{Z}^2 = \{(0,0),(0,1),(0,2),(-1,2),(-1,3)\}$ durchläuft. Also

$$\sigma_{\mathcal{K}}(\mathbf{z}) = \left(1 + z_2 + z_2^2 + z_1^{-1}z_2^2 + z_1^{-1}z_2^3\right) \sum_{\substack{\mathbf{m}=j(1,1)+k(-2,3)\\ j,k\ge0}} \mathbf{z}^m$$

$$= \frac{1 + z_2 + z_2^2 + z_1^{-1}z_2^2 + z_1^{-1}z_2^3}{(1-z_1z_2)\left(1-z_1^{-2}z_2^3\right)}. \qquad \square$$

Ähnliche geometrische Reihen genügen zur Beschreibung der Gitterpunkttransformationen simplizialer d-Kegel. Das folgende Resultat benutzt geometrische Reihen in mehreren Richtungen gleichzeitig.

Satz 3.5. *Sei*

$$\mathcal{K} := \{\lambda_1\mathbf{w}_1 + \lambda_2\mathbf{w}_2 + \cdots + \lambda_d\mathbf{w}_d : \lambda_1, \lambda_2, \ldots, \lambda_d \ge 0\}$$

ein simplizialer d-Kegel, wobei $\mathbf{w}_1, \mathbf{w}_2, \ldots, \mathbf{w}_d \in \mathbb{Z}^d$. Dann ist für $\mathbf{v} \in \mathbb{R}^d$ die Gitterpunkttransformation $\sigma_{\mathbf{v}+\mathcal{K}}$ des verschobenen Kegels $\mathbf{v} + \mathcal{K}$ gerade die rationale Funktion

$$\sigma_{\mathbf{v}+\mathcal{K}}(\mathbf{z}) = \frac{\sigma_{\mathbf{v}+\Pi}(\mathbf{z})}{(1-\mathbf{z}^{\mathbf{w}_1})(1-\mathbf{z}^{\mathbf{w}_2})\cdots(1-\mathbf{z}^{\mathbf{w}_d})},$$

wobei Π das halboffene Parallelepiped

$$\Pi := \{\lambda_1\mathbf{w}_1 + \lambda_2\mathbf{w}_2 + \cdots + \lambda_d\mathbf{w}_d : 0 \le \lambda_1, \lambda_2, \ldots, \lambda_d < 1\}$$

ist.

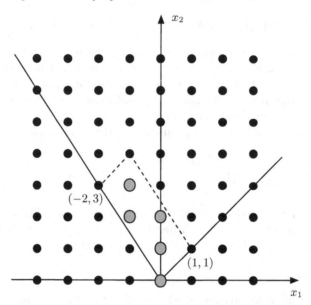

Abb. 3.3. Der Kegel $\mathcal{K}$ und sein Fundamentalparallelogramm.

Das halboffene Parallelepiped Π wird das **Fundamentalparallelepiped** von $\mathcal{K}$ genannt.

Beweis. In $\sigma_{\mathbf{v}+\mathcal{K}}(\mathbf{z}) = \sum_{\mathbf{m} \in (\mathbf{v}+\mathcal{K}) \cap \mathbb{Z}^d} \mathbf{z}^{\mathbf{m}}$ listen wir jeden einzelnen Gitterpunkt $\mathbf{m}$ in $\mathbf{v} + \mathcal{K}$ als das Monom $\mathbf{z}^{\mathbf{m}}$ auf. Ein solcher Gitterpunkt kann, nach Definition, als

$$\mathbf{m} = \mathbf{v} + \lambda_1 \mathbf{w}_1 + \lambda_2 \mathbf{w}_2 + \cdots + \lambda_d \mathbf{w}_d$$

für bestimmte Zahlen $\lambda_1, \lambda_2, \ldots, \lambda_d \geq 0$ geschrieben werden. Da die $\mathbf{w}_k$s eine Basis des $\mathbb{R}^d$ bilden, ist diese Darstellung eindeutig. Wir schreiben jedes der λ_k als Summe von Vor- und Nachkommaanteil: $\lambda_k = \lfloor \lambda_k \rfloor + \{\lambda_k\}$. Also gilt

$$\mathbf{m} = \mathbf{v} + \big(\{\lambda_1\}\, \mathbf{w}_1 + \{\lambda_2\}\, \mathbf{w}_2 + \cdots + \{\lambda_d\}\, \mathbf{w}_d\big) + \lfloor \lambda_1 \rfloor \, \mathbf{w}_1 + \lfloor \lambda_2 \rfloor \, \mathbf{w}_2 + \cdots + \lfloor \lambda_d \rfloor \, \mathbf{w}_d \,,$$

und wir sollten beachten, dass wegen $0 \leq \{\lambda_k\} < 1$ der Vektor

$$\mathbf{p} := \mathbf{v} + \{\lambda_1\}\, \mathbf{w}_1 + \{\lambda_2\}\, \mathbf{w}_2 + \cdots + \{\lambda_d\}\, \mathbf{w}_d$$

in $\mathbf{v}+\Pi$ enthalten ist. Tatsächlich gilt $\mathbf{p} \in \mathbb{Z}^d$, da $\mathbf{m}$ und $\lfloor \lambda_k \rfloor \, \mathbf{w}_k$ ausschließlich ganzzahlige Vektoren sind. Wieder ist die Darstellung von $\mathbf{p}$ durch die $\mathbf{w}_k$s eindeutig. Zusammenfassend haben wir gezeigt, dass jedes $\mathbf{m} \in \mathbf{v} + \mathcal{K} \cap \mathbb{Z}^d$ eindeutig als

$$\mathbf{m} = \mathbf{p} + k_1 \mathbf{w}_1 + k_2 \mathbf{w}_2 + \cdots + k_d \mathbf{w}_d \tag{3.1}$$

für bestimmte $\mathbf{p} \in (\mathbf{v} + \Pi) \cap \mathbb{Z}^d$ und bestimmte ganzzahlige $k_1, k_2, \ldots, k_d \geq 0$ geschrieben werden kann. Andererseits wollen wir die rationale Funktion auf der rechten Seite des Satzes als Produkt von Reihen schreiben:

$$\frac{\sigma_{\mathbf{v}+\Pi}(\mathbf{z})}{(1-\mathbf{z}^{\mathbf{w}_1})\cdots(1-\mathbf{z}^{\mathbf{w}_d})} = \left(\sum_{\mathbf{p}\in(\mathbf{v}+\Pi)\cap\mathbb{Z}^d}\mathbf{z}^{\mathbf{p}}\right)\left(\sum_{k_1\geq 0}\mathbf{z}^{k_1\mathbf{w}_1}\right)\cdots\left(\sum_{k_d\geq 0}\mathbf{z}^{k_d\mathbf{w}_d}\right).$$

Wenn wir alles ausmultiplizieren, sieht ein typischer Exponent exakt wie in (3.1) aus. □

Unser Beweis enthält eine entscheidende geometrische Idee: Wir *kacheln* den Kegel $\mathbf{v}+\mathcal{K}$ mit Translaten von $\mathbf{v}+\Pi$ um nichtnegative ganzzahlige Linearkombinationen der $\mathbf{w}_k$s. Es ist diese Kachelung, die auf die eleganten Gitterpunkttransformationen in Satz 3.5 führt. Algorithmisch bevorzugen wir daher Kegel vor Polytopen, da wir in der Lage sind, einen simplizialen Kegel mit Kopien des Fundamentalbereichs zu kacheln, wie oben. Einen weiteren Grund, Kegel vor Polytopen zu bevorzugen, liefert der Satz von Brion in Kapitel 9.

Satz 3.5 zeigt, dass die wahre Komplexität beim Berechnen der Gitterpunkttransformation $\sigma_{\mathbf{v}+\mathcal{K}}$ in der Lage der Gitterpunkt im Parallelepiped $\mathbf{v}+\Pi$ liegt.

Indem wir die Voraussetzungen von Satz 3.5 ein wenig abschwächen, erhalten wir eine etwas einfachere Erzeugendenfunktion; ein Ergebnis, das wir in Abschnitt 3.4 und Kapitel 4 brauchen werden.

Korollar 3.6. *Sei*

$$\mathcal{K} := \{\lambda_1\mathbf{w}_1 + \lambda_2\mathbf{w}_2 + \cdots + \lambda_d\mathbf{w}_d : \lambda_1, \lambda_2, \ldots, \lambda_d \geq 0\}$$

ein simplizialer d-Kegel, wobei $\mathbf{w}_1, \mathbf{w}_2, \ldots, \mathbf{w}_d \in \mathbb{Z}^d$ *und* $\mathbf{v} \in \mathbb{R}^d$, *so dass der Rand von* $\mathbf{v}+\mathcal{K}$ *keinen Gitterpunkt enthält. Dann gilt*

$$\sigma_{\mathbf{v}+\mathcal{K}}(\mathbf{z}) = \frac{\sigma_{\mathbf{v}+\Pi}(\mathbf{z})}{(1-\mathbf{z}^{\mathbf{w}_1})(1-\mathbf{z}^{\mathbf{w}_2})\cdots(1-\mathbf{z}^{\mathbf{w}_d})},$$

wobei Π *das offene Parallelepiped*

$$\Pi := \{\lambda_1\mathbf{w}_1 + \lambda_2\mathbf{w}_2 + \cdots + \lambda_d\mathbf{w}_d : 0 < \lambda_1, \lambda_2, \ldots, \lambda_d < 1\}$$

ist.

Beweis. Der Beweis von Satz 3.5 geht beinahe wörtlich durch, außer, dass $\mathbf{v}+\Pi$ nun keine Gitterpunkt auf dem Rand hat, so dass es nicht schadet, Π als offen anzunehmen. □

Da allgemeine spitze Kegel stets in simpliziale Kegel trianguliert werden können, addieren sich die Gitterpunktzähler nach dem Prinzip von Einschluss und Ausschluss auf (man beachte, dass der Durchschnitt von simplizialen Kegeln einer Triangulierung wieder ein simplizialer Kegel ist, nach Aufgabe 3.2). Daher haben wir das folgende Korollar:

Korollar 3.7. *Zu einem beliebigen spitzen Kegel*

$$\mathcal{K} = \{\mathbf{v} + \lambda_1 \mathbf{w}_1 + \lambda_2 \mathbf{w}_2 + \cdots + \lambda_m \mathbf{w}_m : \lambda_1, \lambda_2, \ldots, \lambda_m \geq 0\}$$

mit $\mathbf{v} \in \mathbb{R}^d$, $\mathbf{w}_1, \mathbf{w}_2, \ldots, \mathbf{w}_m \in \mathbb{Z}^d$ *ist die Gitterpunkttransformation* $\sigma_{\mathcal{K}}(\mathbf{z})$ *eine rationale Funktion in den Koordinaten von* $\mathbf{z}$.   □

Mit etwas weiterem Philosophieren kann man zeigen, dass die ursprüngliche unendliche Reihe $\sigma_{\mathcal{K}}(\mathbf{z})$ nur für $\mathbf{z}$ aus einer Teilmenge von $\mathbb{C}^d$ konvergiert, während die rationale Funktion, die $\sigma_{\mathcal{K}}$ repräsentiert, uns eine meromorphe Fortsetzung liefert. Später, in Kapitel 4 und 9, werden wir von dieser Fortsetzung Gebrauch machen.

3.3 Erweitern und Zählen mit Ehrharts ursprünglichem Ansatz

Hier ist *das* grundlegende Theorem über die Anzahl der Gitterpunkte in einem ganzzahligen konvexen Polytop.

Satz 3.8 (Satz von Ehrhart). *Wenn* $\mathcal{P}$ *ein ganzzahliges konvexes d-Polytop ist, dann ist* $L_{\mathcal{P}}(t)$ *ein Polynom in t vom Grad d.*

Dieses Ergebnis geht auf Eugène Ehrhart zurück, zu dessen Ehren wir $L_{\mathcal{P}}$ das **Ehrhart-Polynom** von $\mathcal{P}$ nennen. Selbstverständlich gibt es eine Erweiterung des Satzes von Ehrhart auf rationale Polytope, welche wir in Abschnitt 3.7 besprechen werden.

Unser Beweis des Satzes von Ehrhart benutzt Erzeugendenfunktionen der Form $\sum_{t \geq 0} f(t) \, z^t$, die im wesentlichen denen ähneln, über die wir am Anfang von Kapitel 1 geredet haben. Falls f ein Polynom ist, nimmt diese Potenzreihe eine besondere Form an, welche wir den Leser zu beweisen einladen (Aufgabe 3.8):

Lemma 3.9. *Falls*

$$\sum_{t \geq 0} f(t) \, z^t = \frac{g(z)}{(1-z)^{d+1}},$$

dann ist f ein Polynom vom Grad d genau dann, wenn g ein Polynom vom Grad höchstens d ist und $g(1) \neq 0$.   □

Der Grund, warum wir in Abschnitt 3.2 Erzeugendenfunktionen der Form $\sigma_S(\mathbf{z}) = \sum_{\mathbf{m} \in S \cap \mathbb{Z}^d} \mathbf{z}^{\mathbf{m}}$ eingeführt haben, ist, dass sie uns bei Gitterpunktproblemen extrem nützlich sind. Die Verbindung mit Gitterpunkten ist offensichtlich, da wir einfach über diese summieren. Wenn wir an der *Anzahl* der Gitterpunkte interessiert sind, werten wir einfach σ_S bei $\mathbf{z} = (1, 1, \ldots, 1)$ aus:

$$\sigma_S(1, 1, \ldots, 1) = \sum_{\mathbf{m} \in S \cap \mathbb{Z}^d} \mathbf{1}^{\mathbf{m}} = \sum_{\mathbf{m} \in S \cap \mathbb{Z}^d} 1 = \# \left(S \cap \mathbb{Z}^d \right).$$

(dabei bezeichnen wir mit $\mathbf{1}$ einen Vektor, dessen Komponenten alle 1 sind.) Selbstverständlich sollten wir diese Auswertung nur vornehmen, wenn S beschränkt ist; Satz 3.5 lehrt uns bereits, dass es wenig Spaß macht, $\sigma_{\mathcal{K}}(\mathbf{1})$ für einen Kegel $\mathcal{K}$ auszuwerten.

Aber die Magie der Erzeugendenfunktion σ_S hört hier nicht auf. Um dies im Wortsinn auf die nächste Ebene zu heben, bilden wir den Kegel über einem konvexen Polytop $\mathcal{P}$. Wir erinnern uns daran, dass wir, falls $\mathcal{P} \subset \mathbb{R}^d$ die Ecken $\mathbf{v}_1, \mathbf{v}_2, \ldots, \mathbf{v}_n \in \mathbb{Z}^d$ hat, diese in den $\mathbb{R}^{d+1}$ heben, indem wir 1 als ihre letzte Koordinate hinzufügen. Also setzen wir

$$\mathbf{w}_1 = (\mathbf{v}_1, 1), \ \mathbf{w}_2 = (\mathbf{v}_2, 1), \ \ldots, \ \mathbf{w}_n = (\mathbf{v}_n, 1).$$

Dann gilt

$$\text{cone}(\mathcal{P}) = \{\lambda_1 \mathbf{w}_1 + \lambda_2 \mathbf{w}_2 + \cdots + \lambda_n \mathbf{w}_n : \lambda_1, \lambda_2, \ldots, \lambda_n \geq 0\} \subset \mathbb{R}^{d+1}.$$

Man beachte, dass wir unser ursprüngliches Polytop $\mathcal{P}$ zurückerhalten, wenn wir $\text{cone}(\mathcal{P})$ mit der Hyperebene $x_{d+1} = 1$ schneiden. Wir können mehr als nur das Ausgangspolytop aus $\text{cone}(\mathcal{P})$ zurückgewinnen: Indem wir den Kegel mit der Hyperebene $x_{d+1} = 2$ schneiden, erhalten wir eine um den Faktor 2 gestreckte Kopie von $\mathcal{P}$. (Der Leser sollte kurz darüber nachdenken, warum dieser Schnitt eine 2-Streckung von $\mathcal{P}$ ist.) Allgemeiner können wir den Kegel mit der Hyperebene $x_{d+1} = t$ schneiden und erhalten $t\mathcal{P}$, wie in Abb. 3.4 angedeutet.

Wir wollen nun die Gitterpunkttransformation $\sigma_{\text{cone}(\mathcal{P})}$ von $\text{cone}(\mathcal{P})$ bilden. Aus dem gerade gesagten folgt, dass wir die verschiedenen Potenzen von z_{d+1} betrachten sollten: Es gibt genau einen Term (nämlich 1) mit z_{d+1}^0; dieser entspricht dem Koordinatenursprung. Die Terme mit z_{d+1}^1 entsprechen den Gitterpunkten in $\mathcal{P}$ (aufgelistet als Monome im $z_1, z_2, \ldots, z_d$), die Terme mit z_{d+1}^2 entsprechen den Punkten in $2\mathcal{P}$ usw. Kurz gesagt,

$$
\begin{aligned}
\sigma_{\text{cone}(\mathcal{P})} &\left(z_1, z_2, \ldots, z_{d+1}\right) \\
&= 1 + \sigma_{\mathcal{P}}\left(z_1, \ldots, z_d\right) z_{d+1} + \sigma_{2\mathcal{P}}\left(z_1, \ldots, z_d\right) z_{d+1}^2 + \cdots \\
&= 1 + \sum_{t \geq 1} \sigma_{t\mathcal{P}}\left(z_1, \ldots, z_d\right) z_{d+1}^t .
\end{aligned}
$$

Wir spezialisieren dies zum Aufzählen noch etwas weiter und erinnern uns, dass $\sigma_{\mathcal{P}}(1, 1, \ldots, 1) = \#\left(\mathcal{P} \cap \mathbb{Z}^d\right)$ und deshalb

$$
\begin{aligned}
\sigma_{\text{cone}(\mathcal{P})}\left(1, 1, \ldots, 1, z_{d+1}\right) &= 1 + \sum_{t \geq 1} \sigma_{t\mathcal{P}}\left(1, 1, \ldots, 1\right) z_{d+1}^t \\
&= 1 + \sum_{t \geq 1} \#\left(t\mathcal{P} \cap \mathbb{Z}^d\right) z_{d+1}^t .
\end{aligned}
$$

Aber nach Definition sind die Zähler auf der rechten Seite gerade Auswertungen von Ehrharts Zählfunktion, das heißt $\sigma_{\text{cone}(\mathcal{P})}(1, 1, \ldots, 1, z_{d+1})$ ist nichts anderes als die Ehrhart-Reihe von $\mathcal{P}$:

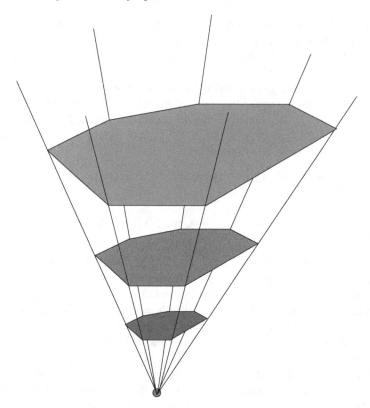

Abb. 3.4. Streckungen von $\mathcal{P}$ in cone($\mathcal{P}$).

Lemma 3.10. $\sigma_{\text{cone}(\mathcal{P})}(1, 1, \ldots, 1, z) = 1 + \sum_{t \geq 1} L_\mathcal{P}(t) \, z^t = \text{Ehr}_\mathcal{P}(z).$ $\qquad\square$

Mit all dieser Maschinerie zur Verfügung können wir jetzt den Satz von Ehrhart beweisen.

Beweis von Satz 3.8. Es genügt, den Satz für *Simplizes* zu beweisen, da wir jedes ganzzahlige Polytop in ganzzahlige Simplizes triangulieren können ohne neue Ecken zu benutzen. Man beachte, dass diese Simplizes sich dabei in niedriger-dimensionalen ganzzahligen Simplizes schneiden.

Nach Lemma 3.9 genügt es, zu zeigen, dass für einen ganzzahligen d-Simplex Δ die Gleichung

$$\text{Ehr}_\Delta(z) = 1 + \sum_{t \geq 1} L_\Delta(t) \, z^t = \frac{g(z)}{(1-z)^{d+1}}$$

für ein Polytop g vom Grad höchsten d mit $g(1) \neq 0$ gilt. In Lemma 3.10 haben wir gezeigt, dass die Ehrhart-Reihe von Δ gleich $\sigma_{\text{cone}(\Delta)}(1, 1, \ldots, 1, z)$

ist, also wollen wir die Gitterpunkttransformation, die zu cone(Δ) gehört, untersuchen.

Der Simplex Δ hat $d+1$ Ecken $\mathbf{v}_1, \mathbf{v}_2, \ldots, \mathbf{v}_{d+1}$, also ist cone($\Delta$) $\subset \mathbb{R}^{d+1}$ simplizial, mit Spitze im Koordinatenursprung und Erzeugern

$$\mathbf{w}_1 = (\mathbf{v}_1, 1), \; \mathbf{w}_2 = (\mathbf{v}_2, 1), \; \ldots, \; \mathbf{w}_{d+1} = (\mathbf{v}_{d+1}, 1) \in \mathbb{Z}^{d+1}.$$

Wir benutzen jetzt Satz 3.5:

$$\sigma_{\text{cone}(\Delta)}(z_1, z_2, \ldots, z_{d+1}) = \frac{\sigma_\Pi(z_1, z_2, \ldots, z_{d+1})}{(1 - \mathbf{z}^{\mathbf{w}_1})(1 - \mathbf{z}^{\mathbf{w}_2}) \cdots (1 - \mathbf{z}^{\mathbf{w}_{d+1}})},$$

wobei $\Pi = \{\lambda_1 \mathbf{w}_1 + \lambda_2 \mathbf{w}_2 + \cdots + \lambda_{d+1} \mathbf{w}_{d+1} : 0 \le \lambda_1, \lambda_2, \ldots, \lambda_{d+1} < 1\}$. Dieses Parallelepiped ist beschränkt, also ist die zugehörige Erzeugendenfunktion σ_Π ein Laurent-Polynom in $z_1, z_2, \ldots, z_{d+1}$.

Wir behaupten, dass der z_{d+1}-Grad von σ_Π höchstens d ist. Denn da die x_{d+1}-Koordinate jedes $\mathbf{w}_k$ gleich 1 ist, ist die x_{d+1}-Koordinate eines Punkts in Π gleich $\lambda_1 + \lambda_2 + \cdots + \lambda_{d+1}$ für bestimmte $0 \le \lambda_1, \lambda_2, \ldots, \lambda_{d+1} < 1$. Aber dann ist $\lambda_1 + \lambda_2 + \cdots + \lambda_{d+1} < d+1$, so dass diese Summe, falls sie ganzzahlig ist, höchstens d ist, woraus folgt, dass der z_{d+1}-Grad von $\sigma_\Pi(z_1, z_2, \ldots, z_{d+1})$ höchstens d ist. Folglich ist $\sigma_\Pi(1, 1, \ldots, 1, z_{d+1})$ ein Polynom in z_{d+1} vom Grad höchstens d. Die Auswertung $\sigma_\Pi(1, 1, 1, \ldots, 1)$ dieses Polynoms bei $z_{d+1} = 1$ ist nicht null, da $\sigma_\Pi(1, 1, 1, \ldots, 1) = \#(\Pi \cap \mathbb{Z}^{d+1})$ und der Koordinatenursprung ein Gitterpunkt in Π ist.

Wenn wir schließlich in $\mathbf{z}^{\mathbf{w}_k}$ die Werte $z_1 = z_2 = \cdots = z_d = 1$ einsetzen, erhalten wir z_{d+1}^1, so dass

$$\sigma_{\text{cone}(\Delta)}(1, 1, \ldots, 1, z_{d+1}) = \frac{\sigma_\Pi(1, 1, \ldots, 1, z_{d+1})}{(1 - z_{d+1})^{d+1}}.$$

Die linke Seite ist $\text{Ehr}_\Delta(z_{d+1}) = 1 + \sum_{t \ge 1} L_\Delta(t) z_{d+1}^t$ nach Lemma 3.10. $\qquad \square$

3.4 Die Ehrhart-Reihe eines ganzzahligen Polytops

Wir können unseren Beweis des Satzes von Ehrhart sogar noch einen Schritt weiter führen, indem wir das Polynom $\sigma_\Pi(1, 1, \ldots, 1, z_{d+1})$ untersuchen. Wie oben erwähnt zählt der Koeffizient von z_{d+1}^k einfach die Gitterpunkt im Parallelepiped Π geschnitten mit der Hyperebene $x_{d+1} = k$. Halten wir dies fest.

Korollar 3.11. *Sei Δ ein ganzzahliger d-Simplex mit Ecken $\mathbf{v}_1, \mathbf{v}_2, \ldots, \mathbf{v}_{d+1}$, und sei $\mathbf{w}_j = (\mathbf{v}_j, 1)$. Dann gilt*

$$\text{Ehr}_\Delta(z) = 1 + \sum_{t \ge 1} L_\Delta(t) z^t = \frac{h_d z^d + h_{d-1} z^{d-1} + \cdots + h_1 z + h_0}{(1 - z)^{d+1}},$$

wobei h_k gleich der Anzahl der Gitterpunkte in

$$\{\lambda_1 \mathbf{w}_1 + \lambda_2 \mathbf{w}_2 + \cdots + \lambda_{d+1} \mathbf{w}_{d+1} : 0 \leq \lambda_1, \lambda_2, \ldots, \lambda_{d+1} < 1\}$$

ist, deren letzte Variable gleich k ist.   □

Dieses Ergebnis kann in der Tat benutzt werden, um Ehr_Δ, und damit das Ehrhart-Polynom, eines ganzzahligen Simplexes Δ in niedrigen Dimensionen sehr schnell zu berechnen (was der Leser in einigen der Aufgaben herausfinden darf). Wir bemerken allerdings, dass die Dinge für beliebige ganzzahlige Polytope nicht ganz so einfach liegen. Nicht nur ist die Triangulierung im Allgemeinen eine nichttriviale Aufgabe, sondern man muss auch beachten, dass dort, wo sich die Simplizes einer Triangulierung treffen, Gitterpunkte mehrfach gezählt werden.

Korollar 3.11 impliziert, dass der Zähler der Ehrhart-Reihe eines ganzzahligen Simplexes nichtnegative Koeffizienten hat, da diese Koeffizienten etwas zählen. Obwohl letzteres nicht über die Koeffizienten der Ehrhart-Reihen beliebiger Polytope gesagt werden kann, überlebt die Nichtnegativität der Koeffizienten magischerweise.

Satz 3.12 (Nichtnegativitätssatz von Stanley). *Sei $\mathcal{P}$ ein ganzzahliges konvexes d-Polytop mit Ehrhart-Reihe*

$$\mathrm{Ehr}_\mathcal{P}(z) = \frac{h_d \, z^d + h_{d-1} \, z^{d-1} + \cdots + h_0}{(1-z)^{d+1}}.$$

Dann ist $h_0, h_1, \ldots, h_d \geq 0$.

Beweis. Wir triangulieren $\mathrm{cone}(\mathcal{P}) \subset \mathbb{R}^{d+1}$ in die simplizialen Kegel $\mathcal{K}_1, \mathcal{K}_2$, $\ldots, \mathcal{K}_m$. Aufgabe 3.14 stellt nun sicher, dass ein Vektor $\mathbf{v} \in \mathbb{R}^{d+1}$ existiert, so dass

$$\mathrm{cone}(\mathcal{P}) \cap \mathbb{Z}^d = (\mathbf{v} + \mathrm{cone}(\mathcal{P})) \cap \mathbb{Z}^d$$

gilt (das heißt, dass wir weder Gitterpunkte gewinnen noch verlieren, wenn wir $\mathrm{cone}(\mathcal{P})$ um $\mathbf{v}$ verschieben) und weder die Facetten von $\mathbf{v} + \mathrm{cone}(\mathcal{P})$ noch die Hyperebenen der Triangulierung irgendwelche Gitterpunkte enthalten. Daraus folgt, dass jeder Gitterpunkte in $\mathbf{v} + \mathrm{cone}(\mathcal{P})$ zu genau einem simplizialen Kegel $\mathbf{v} + \mathcal{K}_j$ gehört:

$$\mathrm{cone}(\mathcal{P}) \cap \mathbb{Z}^d = (\mathbf{v} + \mathrm{cone}(\mathcal{P})) \cap \mathbb{Z}^d = \bigcup_{j=1}^{m} \left((\mathbf{v} + \mathcal{K}_j) \cap \mathbb{Z}^d \right), \qquad (3.2)$$

und diese Vereinigung ist eine *disjunkte* Vereinigung. Wenn wir die letzte Gleichung in die Sprache von Erzeugendenfunktionen übersetzen, erhalten wir

$$\sigma_{\mathrm{cone}(\mathcal{P})}(z_1, z_2, \ldots, z_{d+1}) = \sum_{j=1}^{m} \sigma_{\mathbf{v} + \mathcal{K}_j}(z_1, z_2, \ldots, z_{d+1}).$$

Aber nun erinnern wir uns, dass die Ehrhart-Reihe von $\mathcal{P}$ nur eine spezielle Auswertung von $\sigma_{\mathrm{cone}(\mathcal{P})}$ ist (Lemma 3.10):

$$\mathrm{Ehr}_{\mathcal{P}}(z) = \sigma_{\mathrm{cone}(\mathcal{P})}(1, 1, \ldots, 1, z) = \sum_{j=1}^{m} \sigma_{\mathbf{v}+\mathcal{K}_j}(1, 1, \ldots, 1, z). \qquad (3.3)$$

Es genügt, zu zeigen, dass die rationalen Erzeugendenfunktionen $\sigma_{\mathbf{v}+\mathcal{K}_j}(1, 1, \ldots, 1, z)$ für die simplizialen Kegel $\mathbf{v} + \mathcal{K}_j$ nichtnegative Zähler haben. Aber diese Tatsache folgt, wenn wir die rationale Funktion aus Korollar 3.6 bei $(1, 1, \ldots, 1, z)$ auswerten. $\qquad \square$

Dieser Beweis zeigt ein wenig mehr: Da der Ursprung in genau *einem* simplizialen Kegel auf der rechten Seite von (3.2) enthalten ist, erhalten wir auf der rechten Seite von (3.3) genau *einen* Term, der $1/(1-z)^{d+1}$ zu $\mathrm{Ehr}_{\mathcal{P}}$ beiträgt; alle anderen Terme tragen zu höheren Potenzen des Zählerpolynoms von $\mathrm{Ehr}_{\mathcal{P}}$ bei. Das bedeutet, der konstante Term h_0 ist gleich 1. Der Leser könnte das Gefühl haben, dass wir uns hier selbst in den Schwanz beißen, da wir von Anfang an davon ausgegangen sind, dass der konstante Term der unendlichen Reihe $\mathrm{Ehr}_{\mathcal{P}}$ gleich 1 ist und daher h_0 gleich 1 sein muss, wie ein kurzer Blick auf die Entwicklung der rationalen Funktion, die $\mathrm{Ehr}_{\mathcal{P}}$ darstellt, zeigt. Das obige Argument zeigt lediglich, dass diese Konvention geometrisch schlüssig ist. Wir halten dies fest:

Lemma 3.13. *Sei $\mathcal{P}$ ein ganzzahliges konvexes d-Polytop mit Ehrhart-Reihe*

$$\mathrm{Ehr}_{\mathcal{P}}(z) = \frac{h_d z^d + h_{d-1} z^{d-1} + \cdots + h_0}{(1-z)^{d+1}}.$$

Dann gilt $h_0 = 1$. $\qquad \square$

Für ein allgemeines ganzzahliges Polytop $\mathcal{P}$ hat der Leser sicher schon herausgefunden, wie man das Ehrhart-Polynom von $\mathcal{P}$ aus seiner Ehrhart-Reihe extrahieren kann:

Lemma 3.14. *Sei $\mathcal{P}$ ein ganzzahliges konvexes d-Polytop mit Ehrhart-Reihe*

$$\mathrm{Ehr}_{\mathcal{P}}(z) = 1 + \sum_{t \geq 1} L_{\mathcal{P}}(t) \, z^t = \frac{h_d z^d + h_{d-1} z^{d-1} + \cdots + h_1 z + 1}{(1-z)^{d+1}}.$$

Dann gilt

$$L_{\mathcal{P}}(t) = \binom{t+d}{d} + h_1 \binom{t+d-1}{d} + \cdots + h_{d-1} \binom{t+1}{d} + h_d \binom{t}{d}.$$

Beweis. Wir erweitern in eine Binomialreihe:

$$\mathrm{Ehr}_{\mathcal{P}}(z) = \frac{h_d\, z^d + h_{d-1}\, z^{d-1} + \cdots + h_1\, z + 1}{(1 - z)^{d+1}}$$

$$= \big(h_d\, z^d + h_{d-1}\, z^{d-1} + \cdots + h_1\, z + 1\big) \sum_{t \ge 0} \binom{t + d}{d} z^t$$

$$= h_d \sum_{t \ge 0} \binom{t + d}{d} z^{t+d} + h_{d-1} \sum_{t \ge 0} \binom{t + d}{d} z^{t+d-1} + \cdots$$

$$+ h_1 \sum_{t \ge 0} \binom{t + d}{d} z^{t+1} + \sum_{t \ge 0} \binom{t + d}{d} z^t$$

$$= h_d \sum_{t \ge d} \binom{t}{d} z^t + h_{d-1} \sum_{t \ge d-1} \binom{t + 1}{d} z^t + \cdots$$

$$+ h_1 \sum_{t \ge 1} \binom{t + d - 1}{d} z^t + \sum_{t \ge 0} \binom{t + d}{d} z^t.$$

In allen unendlichen Reihen auf der rechten Seite können wir den Index t bei 0 beginnen lassen, ohne die Reihen zu verändern, nach Definition (2.1) des Binomialkoeffizienten. Daher gilt

$$\mathrm{Ehr}_{\mathcal{P}}(z)$$
$$= \sum_{t \ge 0} \left(h_d \binom{t}{d} + h_{d-1} \binom{t + 1}{d} + \cdots + h_1 \binom{t + d - 1}{d} + \binom{t + d}{d} \right) z^t.$$

$\square$

Die Darstellung des Polynoms $L_{\mathcal{P}}(t)$ durch die Koeffizienten von $\mathrm{Ehr}_{\mathcal{P}}$ kann als das Ehrhart-Polynom, ausgedrückt in der Basis $\binom{t}{d}, \binom{t+1}{d}, \ldots, \binom{t+d}{d}$, aufgefasst werden (siehe Aufgabe 3.9). Diese Darstellung ist sehr nützlich, wie das folgende Resultat zeigt.

Korollar 3.15. *Falls $\mathcal{P}$ ein ganzzahliges konvexes d-Polytop ist, dann ist der konstante Term des Ehrhart-Polynoms $L_{\mathcal{P}}$ gleich 1.*

Beweis. Wir benutzen die Erweiterung aus Lemma 3.14. Der konstante Term ist

$$L_{\mathcal{P}}(0) = \binom{d}{d} + h_1 \binom{d - 1}{d} + \cdots + h_{d-1} \binom{1}{d} + h_d \binom{0}{d} = \binom{d}{d} = 1. \qquad \square$$

Dieser Beweis ist deshalb besonders interessant, weil wir hier zum ersten Mal den Definitionsbereich eines Ehrhart-Polynoms über die positiven ganzen Zahlen hinaus erweitern, wo der Gitterpunktzähler ursprünglich definiert war. Genauer gesagt impliziert der Satz von Ehrhart (Satz 3.8), dass die Zählfunktion

$$L_{\mathcal{P}}(t) = \#\big(t\mathcal{P} \cap \mathbb{Z}^d\big),$$

die ursprünglich für positive ganze Zahlen t definiert ist, auf alle reellen oder sogar komplexen Argumente t erweitert werden kann (als ein Polynom). Es stellt sich eine naheliegende Frage: Gibt es gute *Deutungen* von $L_{\mathcal{P}}(t)$ für Argumente t, die keine positiven ganzen Zahlen sind? Korollar 3.15 gibt eine solche Deutung für $t = 0$. In Kapitel 4 werden wir Interpretationen von $L_{\mathcal{P}}(t)$ für *negative* ganze Zahlen t geben.

Korollar 3.16. *Sei $\mathcal{P}$ ein ganzzahliges konvexes d-Polytop mit Ehrhart-Reihe*

$$\mathrm{Ehr}_{\mathcal{P}}(z) = \frac{h_d\, z^d + h_{d-1}\, z^{d-1} + \cdots + h_1\, z + 1}{(1 - z)^{d+1}}.$$

Dann ist $h_1 = L_{\mathcal{P}}(1) - d - 1 = \#\left(\mathcal{P} \cap \mathbb{Z}^d\right) - d - 1$.

Beweis. Wir benutzen die Erweiterung aus Lemma 3.14 mit $t = 1$:

$$L_{\mathcal{P}}(1) = \binom{d+1}{d} + h_1\binom{d}{d} + \cdots + h_{d-1}\binom{2}{d} + h_d\binom{1}{d} = d + 1 + h_1. \qquad \square$$

Der Beweis von Korollar 3.16 deutet darauf hin, dass es auch Formeln für $h_2, h_3, \ldots$ in Abhängigkeit von den Auswertungen $L_{\mathcal{P}}(1), L_{\mathcal{P}}(2), \ldots$ gibt, und wir laden den Leser ein, diese zu finden (Aufgabe 3.10).

Ein letztes Korollar zu Satz 3.12 und Lemma 3.14 sagt, wie groß die Nenner der Ehrhart-Koeffizienten werden können:

Korollar 3.17. *Sei $\mathcal{P}$ ein ganzzahliges Polytop mit Ehrhart-Polynom $L_{\mathcal{P}}(t) = c_d\, t^d + c_{d-1}\, t^{d-1} + \cdots + c_1\, t + 1$. Dann gilt für alle Koeffizienten $d!\, c_k \in \mathbb{Z}$.*

Beweis. Nach Satz 3.12 und Lemma 3.14 gilt

$$L_{\mathcal{P}}(t) = \binom{t+d}{d} + h_1\binom{t+d-1}{d} + \cdots + h_{d-1}\binom{t+1}{d} + h_d\binom{t}{d},$$

wobei die h_ks ganze Zahlen sind. Daher erhalten wir, wenn wir diesen Ausdruck ausmultiplizieren, ein Polynom in t, dessen Koeffizienten als rationale Zahlen mit Nenner $d!$ geschrieben werden können. $\qquad \square$

Wir beenden diesen Abschnitt mit einem allgemeinen Resultat, das einen Zusammenhang zwischen den Nullstellen eines Polynoms bei negativen ganzen Zahlen und seiner Erzeugendenfunktion herstellt. Dieser Satz wird uns in Kapitel 4 nützlich werden, wo wir eine Deutung der Auswertung eines Ehrhart-Polynoms bei negativen ganzen Zahlen finden werden.

Satz 3.18. *Sei p ein Polynom vom Grad d mit rationaler Erzeugendenfunktion*

$$\sum_{t \geq 0} p(t)\, z^t = \frac{h_d\, z^d + h_{d-1}\, z^{d-1} + \cdots + h_1\, z + h_0}{(1 - z)^{d+1}}.$$

Dann ist $h_d = h_{d-1} = \cdots = h_{k+1} = 0$ und $h_k \neq 0$ genau dann, wenn $p(-1) = p(-2) = \cdots = p\left(-(d-k)\right) = 0$ und $p\left(-(d-k+1)\right) \neq 0$.

Beweis. Sei $h_d = h_{d-1} = \cdots = h_{k+1} = 0$ und $h_k \neq 0$. Dann liefert der Beweis von Lemma 3.14, dass

$$p(t) = h_0 \binom{t+d}{d} + \cdots + h_{k-1} \binom{t+d-k+1}{d} + h_k \binom{t+d-k}{d}.$$

Alle Binomialkoeffizienten sind null für $t = -1, -2, \ldots, -d+k$, also sind dies Nullstellen von p. Auf der anderen Seite sind alle Binomialkoeffizienten außer dem letzten gleich null für $t = -d+k-1$, und wegen $h_k \neq 0$ ist $-d+k-1$ keine Nullstelle von p.

Für die Umkehrung sei $p(-1) = p(-2) = \cdots = p\left(-(d-k)\right) = 0$ und $p\left(-(d-k+1)\right) \neq 0$. Die erste Nullstelle -1 von p ergibt

$$0 = p(-1) = h_0 \binom{d-1}{d} + h_1 \binom{d-2}{d} + \cdots + h_{d-1} \binom{0}{d} + h_d \binom{-1}{d} = h_d \binom{-1}{d},$$

also muss $h_d = 0$ gelten. Die nächste Nullstelle -2 erzwingt $h_{d-1} = 0$, und so weiter, bis zur Nullstelle $-d+k$, die $h_{k+1} = 0$ erzwingt. Es bleibt zu zeigen, dass $h_k \neq 0$ gilt. Aber falls h_k gleich null wäre, würde eine ähnliche Argumentation wie im ersten Teil des Beweises $p(-d+k-1) = 0$ liefern, im Widerspruch zur Voraussetzung.   □

3.5 Vom diskreten zum stetigen Volumen eines Polytops

Zu einem geometrischen Objekt $S \subset \mathbb{R}^d$ ist sein **Volumen**, definiert durch das Integral $\operatorname{vol} S := \int_S dx$, eine grundlegende Kenngröße von S. Nach der Definition des Integrals, etwa im Riemann'schen Sinn, können wir uns vorstellen, dass $\operatorname{vol} S$ berechnet wird, indem wir S durch d-dimensionale Boxen annähern, die immer kleiner werden. Genauer gesagt hat jede Box, wenn wir eine Kantenlänge von $1/t$ annehmen, das Volumen $1/t^d$. Wir können uns ferner die Boxen so vorstellen, dass sie gerade den Platz zwischen den Punkten des Gitters $\left(\frac{1}{t}\mathbb{Z}\right)^d$ ausfüllen. Das bedeutet, dass die Berechnung des Volumens durch das Zählen von Boxen oder, gleichbedeutend, Gitterpunkten in $\left(\frac{1}{t}\mathbb{Z}\right)^d$ angenähert werden kann:

$$\operatorname{vol} S = \lim_{t \to \infty} \frac{1}{t^d} \cdot \#\left(S \cap \left(\frac{1}{t}\mathbb{Z}\right)^d\right).$$

Es ist nur ein kleiner Schritt zum Zählen von Gitterpunkten in Streckungen von S, denn

$$\#\left(S \cap \left(\frac{1}{t}\mathbb{Z}\right)^d\right) = \#\left(tS \cap \mathbb{Z}^d\right).$$

Wir fassen zusammen:

Lemma 3.19. *Sei $S \subset \mathbb{R}^d$ eine d-dimensionale Teilmenge. Dann ist*

$$\text{vol}\, S = \lim_{t \to \infty} \frac{1}{t^d} \cdot \# \left(tS \cap \mathbb{Z}^d \right).$$
□

Wir betonen hier, dass S eine d-dimensionale Teilmenge ist, denn anderenfalls wäre (da S niedrigerdimensional sein könnte, obwohl es im d-dimensionalen Raum lebt) nach unserer derzeitigen Definition vol $S = 0$. (Wir werden unsere Definition von Volumen in Kapitel 5 erweitern, um Objekten, die nicht volldimensional sind, ein von null verschiedenes *relatives* Volumen zu geben.)

Ein Teil der Magie des Satzes von Ehrhart liegt in der Tatsache, dass wir für ein ganzzahliges d-Polytop $\mathcal{P}$ keinen Grenzwert bilden müssen, um vol $\mathcal{P}$ zu berechnen; wir müssen „nur" die $d + 1$ Koeffizienten eines Polynoms berechnen.

Korollar 3.20. *Sei $\mathcal{P} \subset \mathbb{R}^d$ ein ganzzahliges konvexes d-Polytop mit Ehrhart-Polynom $c_d\, t^d + c_{d-1}\, t^{d-1} + \cdots + c_1\, t + 1$. Dann ist $c_d = \text{vol}\,\mathcal{P}$.*

Beweis. Nach Lemma 3.19 gilt

$$\text{vol}\,\mathcal{P} = \lim_{t \to \infty} \frac{c_d\, t^d + c_{d-1}\, t^{d-1} + \cdots + c_1\, t + 1}{t^d} = c_d\,.$$
□

Auf der anderen Seite sollte uns das nicht all zu sehr überraschen, denn die Anzahl der Gitterpunkt in irgendeinem Objekt sollte, wenn wir das Objekt immer größer machen, in etwa proportional zum Volumen des Objekts wachsen. Allerdings sollte uns Tatsache, dass wir das Volumen als einen Koeffizienten eines Polynoms berechnen können, in der Tat überraschen: Das Polynom ist eine Zählfunktion und als solche etwas *diskretes*, und wir erhalten, indem wir es (und seinen Leitterm) berechnen, eine *stetige* Information. Darüberhinaus können wir sogar – zumindest theoretisch – diese stetige Eigenschaft (das Volumen) des Objekts berechnen, indem wir einige Werte des Polynoms berechnen und dann interpolieren; dies kann als ein vollständig diskretes Vorgehen formalisiert werden!

Zum Abschluss dieses Abschnitts zeigen wir, wie das stetige Volumen eines ganzzahligen Polytops aus seiner Ehrhart-Reihe extrahiert werden kann.

Korollar 3.21. *Sei $\mathcal{P} \subset \mathbb{R}^d$ ein ganzzahliges konvexes d-Polytop und*

$$\text{Ehr}_{\mathcal{P}}(z) = \frac{h_d\, z^d + h_{d-1}\, z^{d-1} + \cdots + h_1\, z + 1}{(1 - z)^{d+1}}\,.$$

Dann ist $\text{vol}\,\mathcal{P} = \dfrac{1}{d!} \left(h_d + h_{d-1} + \cdots + h_1 + 1 \right).$

Beweis. Wir benutzen die Erweiterung aus Lemma 3.14. Der Leitkoeffizient ist

$$\frac{1}{d!} \left(h_d + h_{d-1} + \cdots + h_1 + 1 \right).$$
□

3.6 Interpolation

Wir benutzen jetzt das polynomielle Verhalten des diskreten Volumens $L_\mathcal{P}$ eines ganzzahligen Polytops $\mathcal{P}$, um das stetige Volumen $\mathrm{vol}\,\mathcal{P}$ und das diskrete Volumen $L_\mathcal{P}$ aus endlichen Daten zu berechnen.

Zwei Punkte bestimmen eine eindeutige Gerade. Es gibt eine eindeutig bestimmte Quadrik zu beliebigen drei gegebenen Punkten. Im Allgemeinen ist ein Polynom vom Grad d durch $d+1$ Punkte $(x, p(x)) \in \mathbb{R}^2$ bestimmt. Wenn wir $p(x) = c_d x^d + c_{d-1} x^{d-1} + \cdots + c_0$ an verschiedenen Punkten $x_1, x_2, \ldots, x_{d+1}$ auswerten, erhalten wir nämlich

$$
\begin{pmatrix} p(x_1) \\ p(x_2) \\ \vdots \\ p(x_{d+1}) \end{pmatrix} = \mathbf{V} \begin{pmatrix} c_d \\ c_{d-1} \\ \vdots \\ c_0 \end{pmatrix},
\tag{3.4}
$$

wobei

$$
\mathbf{V} = \begin{pmatrix} x_1^d & x_1^{d-1} & \cdots & x_1 & 1 \\ x_2^d & x_2^{d-1} & \cdots & x_2 & 1 \\ \vdots & \vdots & & \vdots & \vdots \\ x_{d+1}^d & x_{d+1}^{d-1} & \cdots & x_{d+1} & 1 \end{pmatrix},
$$

so dass

$$
\begin{pmatrix} c_d \\ c_{d-1} \\ \vdots \\ c_0 \end{pmatrix} = \mathbf{V}^{-1} \begin{pmatrix} p(x_1) \\ p(x_2) \\ \vdots \\ p(x_{d+1}) \end{pmatrix}.
\tag{3.5}
$$

(Aufgabe 3.16 stellt sicher, dass $\mathbf{V}$ invertierbar ist.) Gleichung (3.5) liefert die berühmte *Lagrange'sche Interpolationsformel*.

Dies liefert uns einen effizienten Weg, um $L_\mathcal{P}$ zu berechnen, zumindest, sofern $\dim \mathcal{P}$ nicht allzu groß ist. Das stetige Volumen von $\mathcal{P}$ ergibt sich direkt daraus, da es der Leitkoeffizient c_d von $L_\mathcal{P}$ ist. Im Fall eines Ehrhart-Polynoms $L_\mathcal{P}$ wissen wir, dass $L_\mathcal{P}(0) = 1$, so dass (3.4) sich zu

$$
\begin{pmatrix} L_\mathcal{P}(x_1) - 1 \\ L_\mathcal{P}(x_2) - 1 \\ \vdots \\ L_\mathcal{P}(x_d) - 1 \end{pmatrix} = \begin{pmatrix} x_1^d & x_1^{d-1} & \cdots & x_1 \\ x_2^d & x_2^{d-1} & \cdots & x_2 \\ \vdots & \vdots & & \vdots \\ x_d^d & x_d^{d-1} & \cdots & x_d \end{pmatrix} \begin{pmatrix} c_d \\ c_{d-1} \\ \vdots \\ c_1 \end{pmatrix}
$$

vereinfacht.

Beispiel 3.22 (Reeves Tetraeder). Sei $\mathcal{T}_h$ der Tetraeder mit den Eckpunkten $(0,0,0)$, $(1,0,0)$, $(0,1,0)$ und $(1,1,h)$, wobei h eine positive ganze Zahl ist (siehe Abb. 3.5).

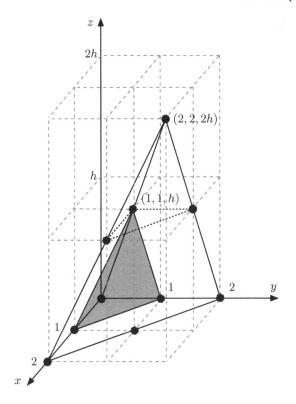

Abb. 3.5. Reeves Tetraeder $\mathcal{T}_h$ (und $2\mathcal{T}_h$).

Um das Ehrhart-Polynom $L_{\mathcal{T}_h}(t)$ aus seinen Werten an verschiedenen Punkten zu interpolieren, schließen wir mit Hilfe von Abb. 3.5 folgendes:

$$4 = L_{\mathcal{T}_h}(1) = \text{vol}(\mathcal{T}_h) + c_2 + c_1 + 1\,,$$
$$h + 9 = L_{\mathcal{T}_h}(2) = \text{vol}(\mathcal{T}_h) \cdot 2^3 + c_2 \cdot 2^2 + c_1 \cdot 2 + 1\,.$$

Mit der Volumenformel für eine Pyramide erhalten wir

$$\text{vol}(\mathcal{T}_h) = \frac{1}{3}(\text{Grundfläche})(\text{Höhe}) = \frac{h}{6}\,.$$

Also ist $h + 1 = h + 2c_2 - 1$, und wir erhalten $c_2 = 1$ und $c_1 = 2 - \frac{h}{6}$. Damit gilt

$$L_{\mathcal{T}_h}(t) = \frac{h}{6}\,t^3 + t^2 + \left(2 - \frac{h}{6}\right)t + 1\,. \qquad \square$$

3.7 Rationale Polytope und Ehrhart-Quasipolynome

Wir müssen nicht viel ändern, um Gitterpunktzähler *rationaler* Polytope zu untersuchen, und der Großteil dieses Abschnitts wird aus Übungsaufgaben für den Leser bestehen. Das strukturelle Resultat parallel zu Satz 3.8 ist das folgende.

Satz 3.23 (Satz von Ehrhart für rationale Polytope). *Falls $\mathcal{P}$ ein rationales konvexes d-Polytop ist, dann ist $L_{\mathcal{P}}(t)$ ein Quasipolynom in t vom Grad d. Seine Periode teilt das kleinste gemeinsame Vielfache der Nenner der Koordinaten der Ecken von $\mathcal{P}$.*

Wir nennen das kleinste gemeinsame Vielfache der Nenner der Koordinaten der Ecken von $\mathcal{P}$ einfach den **Nenner** von $\mathcal{P}$. Satz 3.23, der ebenfalls auf Ehrhart zurückgeht, erweitert Satz 3.8, da der Nenner eines ganzzahligen Polytops $\mathcal{P}$ gleich eins ist. Die Aufgaben 3.21 und 3.22 zeigen, dass das Wort „teilt" in Satz 3.23 mitnichten durch „gleicht" austauschbar ist.

Wir beginnen den Weg in Richtung eines Beweises von Satz 3.23, indem wir das Analogon von Lemma 3.9 für Quasipolynome formulieren (siehe Aufgabe 3.19):

Lemma 3.24. *Falls*

$$\sum_{t \geq 0} f(t)\, z^t = \frac{g(z)}{h(z)},$$

dann ist f genau dann ein Quasipolynom vom Grad d, dessen Periode p teilt, wenn g und h Polynome sind, für die $\deg(g) < \deg(h)$ gilt, alle Nullstellen von h p-te Einheitswurzeln sind und höchstens die Vielfachheit $d + 1$ haben, und es eine Nullstelle mit Vielfachheit genau $d + 1$ gibt (dabei nehmen wir immer an, dass g/h vollständig gekürzt ist). □

Unser Ziel ist jetzt offensichtlich: Wir werden beweisen, dass, wenn $\mathcal{P}$ ein rationales konvexes d-Polytop mit Nenner p ist, die Gleichung

$$\mathrm{Ehr}_{\mathcal{P}}(z) = 1 + \sum_{t \geq 1} L_{\mathcal{P}}(t)\, z^t = \frac{g(z)}{(1 - z^p)^{d+1}},$$

für irgendein Polynom g vom Grad kleiner als $p(d + 1)$ gilt. Wie in Abschnitt 3.3 müssen wir das nur für den Fall eines rationalen *Simplex* beweisen. Also nehmen wir an, der d-Simplex Δ habe Ecken $\mathbf{v}_1, \mathbf{v}_2, \ldots, \mathbf{v}_{d+1} \in \mathbb{Q}^d$, und der Nenner von Δ sei p. Wieder bilden wir den Kegel über Δ: Sei

$$\mathbf{w}_1 = (\mathbf{v}_1, 1), \mathbf{w}_2 = (\mathbf{v}_2, 1), \ldots, \mathbf{w}_{d+1} = (\mathbf{v}_{d+1}, 1);$$

dann gilt

$$\mathrm{cone}(\Delta) = \{\lambda_1 \mathbf{w}_1 + \lambda_2 \mathbf{w}_2 + \cdots + \lambda_{d+1} \mathbf{w}_{d+1} : \lambda_1, \lambda_2, \ldots, \lambda_{d+1} \geq 0\} \subset \mathbb{R}^{d+1}.$$

Um Satz 3.5 anwenden zu können, müssen wir erst sicherstellen, dass wir eine Beschreibung von cone(Δ) mit ganzzahligen Erzeugern haben. Aber da der Nenner von Δ gleich p ist, können wir jeden Erzeuger $\mathbf{w}_k$ durch $p\mathbf{w}_k \in \mathbb{Z}^{d+1}$ ersetzen und sind damit bereit, Satz 3.5 anzuwenden. Von hier an verläuft der Beweis von Satz 3.23 genau wie der von Satz 3.8, und wir laden den Leser ein, ihn zu vervollständigen (Aufgabe 3.20).

Obwohl die Beweise von Satz 3.23 und Satz 3.8 beinahe identisch sind, ist die arithmetische Struktur von Ehrhart-Quasipolynomen wesentlich subtiler und weniger bekannt als die von Ehrhart-Polynomen.

3.8 Reflektionen über das Münzenproblem und die Gallerie aus Kapitel 2

An diesem Punkt ermuntern wir den Leser, einen Blick zurück auf die ersten beiden Kapitel im Lichte der grundlegenden Ergebnisse der Ehrhart-Theorie zu werfen. Der Satz von Popoviciu (Satz 1.5) und sein höherdimensionales Analogon geben eine spezielle Klasse von Ehrhart-Quasipolynomen. Auf der anderen Seite sind wir in Kapitel 2 vielen Polytopen begegnet. Der Satz von Ehrhart (Satz 3.8) erklärt, warum ihre Gitterpunktzähler stets Polynome waren.

Anmerkungen

1. Triangulierungen von Polytopen und Mannigfaltigkeiten sind eine Quelle aktiver Forschung mit vielen interessanten offenen Problemen; siehe z.B. [68].

2. Eugène Ehrhart hat die Grundlage für das zentrale Thema dieses Buchs in den 1960er Jahren gelegt, angefangen mit Satz 3.8 in 1962 [78]. Der Beweis, den wir hier geben, folgt Ehrharts ursprünglichen Gedankengängen. Interessant ist die Tatsache, dass er den schönsten Teil seiner Arbeit als Lehrer an einem *lycée* in Strasbourg (Frankreich) vollbrachte und seinen Doktortitel im Alter von 60 Jahren auf drängen einiger Kollegen erhielt.

3. Zu d linear unabhängigen Vektoren $\mathbf{w}_1, \mathbf{w}_2, \ldots, \mathbf{w}_d \in \mathbb{R}^d$ ist das von ihnen erzeugte **Gitter** die Menge aller ganzzahligen Linearkombinationen von $\mathbf{w}_1, \mathbf{w}_2, \ldots, \mathbf{w}_d$. Alternativ kann man ein Gitter als eine diskrete Untergruppe von $\mathbb{R}^d$ definieren und zeigen, dass diese beiden Begriffe identisch sind. Man könnte sich nun fragen, ob wir, wenn wir das Gitter $\mathbb{Z}^d$ in allen Aussagen durch ein beliebiges Gitter $\mathcal{L}$ ersetzen (und entsprechend verlangen, dass die Ecken unserer Polytope in $\mathcal{L}$ liegen), andere Ergebnisse erhalten. Dass alle Sätze dieses Kapitels dabei unverändert bleiben folgt daraus, dass jedes Gitter durch eine umkehrbare lineare Abbildung auf $\mathbb{Z}^d$ abgebildet werden kann.

4. Richard Stanley hat viel von der Theorie der Ehrhart-(Quasi-)Polynome entwickelt, ursprünglich von einem kommutativ-algebraischen Standpunkt aus. Satz 3.12 geht auf ihn zurück [169]. Der Beweis, den wir hier geben, ist ursprünglich in [29] erschienen. Eine Erweiterung von Satz 3.12 wurde von Takayuki Hibi gefunden; er hat gezeigt, dass, falls $h_d > 0$ ist, $h_k \geq h_1$ für alle $1 \leq k \leq d-1$ gilt (in der Notation von Satz 3.12) [97].

5. Der Tetraeder $\mathcal{T}_h$ aus Beispiel 3.22 wurde von John Reeve benutzt, um zu zeigen, dass der Satz von Pick in $\mathbb{R}^3$ nicht gilt (siehe Aufgabe 3.18) [153]. Übrigens zeigt die Formel für $L_{\mathcal{T}_h}$ auch, dass die Koeffizienten eines Ehrhart-Polynoms (eines abgeschlossenen Polytops) nicht notwendigerweise positiv sind.

6. Es gibt viele interessante Fragen (von denen einige noch offen sind) über die Perioden von Ehrhart-Quasipolynomen. Einige besonders schöne Beispiele dafür, was mit den Perioden passieren kann, haben Tyrrell McAllister und Kevin Woods gegeben [125].

7. Die meisten Ergebnisse bleiben gültig, wenn wir „konvexes Polytop" durch „polytopalen Komlex", also eine endliche Vereinigung von Polytopen, ersetzen. Eine wichtige Ausnahme bildet Korollar 3.15: Der konstante Term eines „Ehrhart-Polynoms" eines ganzzahligen polytopalen Komplexes C ist die *Euler-Charakteristik* von C.

8. Der Leser fragt sich vielleicht, warum wir keine Polytope mit *irrationalen* Eckpunkten betrachten. Die Antwort ist einfach: Niemand hat bisher eine Theorie gefunden, die den Ergebnissen dieses Kapitels entspricht, nicht einmal in Dimension zwei. Eine beachtenswerte Ausnahme bildet [11], in dem irrationale Erweiterungen des Satzes von Brion gegeben werden; wir werden den rationalen Fall des Satzes von Brion in Kapitel 9 behandeln. Andererseits ist Ehrharts Theorie auf andere Funktionen als striktes Gitterpunkt-Zählen erweitert worden; ein Beispiel wird in Kapitel 11 beschrieben.

Aufgaben

3.1. Mit einer beliebigen Permutation $\pi \in S_d$ auf d Elementen assoziieren wir den Simplex

$$\Delta_\pi := \operatorname{conv}\left\{\mathbf{0}, \mathbf{e}_{\pi(1)}, \mathbf{e}_{\pi(1)} + \mathbf{e}_{\pi(2)}, \ldots, \mathbf{e}_{\pi(1)} + \mathbf{e}_{\pi(2)} + \cdots + \mathbf{e}_{\pi(d)}\right\},$$

wobei $\mathbf{e}_1, \mathbf{e}_2, \ldots, \mathbf{e}_d$ die Einheitsvektoren in $\mathbb{R}^d$ bezeichnen.

(a) Zeigen Sie, dass $\{\Delta_\pi : \pi \in S_d\}$ eine Triangulierung des d-Einheitswürfels $[0,1]^d$ ist.

(b) Zeigen Sie, dass alle Δ_π kongruent zueinander sind, d.h. jeder kann durch Spiegelungen, Verschiebungen und Drehungen in jeden anderen überführt werden.

(c) Zeigen Sie, dass für alle $\pi \in S_d$ gilt: $L_{\Delta_\pi}(t) = \binom{d+t}{d}$.

3.2. ♣ T sei eine Triangulierung eines spitzen Kegels. Zeigen Sie, dass der Durchschnitt zweier simplizialer Kegel in T wieder ein simplizialer Kegel ist.

3.3. Finden Sie die Erzeugendenfunktionen $\sigma_{\mathcal{K}}(\mathbf{z})$ der folgenden Kegel:

(a) $\mathcal{K} = \{\lambda_1(0,1) + \lambda_2(1,0) : \lambda_1, \lambda_2 \geq 0\}$;
(b) $\mathcal{K} = \{\lambda_1(0,1) + \lambda_2(1,1) : \lambda_1, \lambda_2 \geq 0\}$;
(c) $\mathcal{K} = \{(3,4) + \lambda_1(0,1) + \lambda_2(2,1) : \lambda_1, \lambda_2 \geq 0\}$.

3.4. ♣ Sei $S \subseteq \mathbb{R}^m$ und $T \subseteq \mathbb{R}^n$. Zeigen Sie, dass $\sigma_{S \times T}(z_1, z_2, \ldots, z_{m+n}) = \sigma_S(z_1, z_2, \ldots, z_m) \, \sigma_T(z_{m+1}, z_{m+2}, \ldots, z_{m+n})$.

3.5. ♣ Sei $\mathcal{K}$ ein rationaler d-Kegel, und sei $\mathbf{m} \in \mathbb{Z}^d$. Zeigen Sie, dass $\sigma_{\mathbf{m}+\mathcal{K}}(\mathbf{z}) = \mathbf{z}^{\mathbf{m}} \sigma_{\mathcal{K}}(\mathbf{z})$.

3.6. ♣ Für eine Menge $S \subset \mathbb{R}^d$ sei $-S := \{-x : x \in S\}$. Zeigen Sie, dass

$$\sigma_{-S}(z_1, z_2, \ldots, z_d) = \sigma_S\left(\frac{1}{z_1}, \frac{1}{z_2}, \ldots, \frac{1}{z_d}\right).$$

3.7. Zu einem spitzen Kegel $\mathcal{K} \subset \mathbb{R}^d$ mit Spitze im Koordinatenursprung sei $S := \mathcal{K} \cap \mathbb{Z}^d$. Zeigen Sie, dass für $\mathbf{x}, \mathbf{y} \in S$ auch $\mathbf{x} + \mathbf{y} \in S$ gilt. (Algebraisch ausgedrückt bedeutet das, dass S ein *Monoid* ist, denn $0 \in S$ und die Assoziativität der Addition in S folgt trivialerweise aus der Assoziativität in $\mathbb{R}^d$.)

3.8. ♣ Beweisen Sie Lemma 3.9: Falls

$$\sum_{t \geq 0} f(t) \, z^t = \frac{g(z)}{(1-z)^{d+1}},$$

dann ist f genau dann ein Polynom vom Grad d, wenn g ein Polynom vom Grad höchstens d ist und $g(1) \neq 0$.

3.9. Zeigen Sie, dass $\binom{x+n}{n}, \binom{x+n-1}{n}, \ldots, \binom{x}{n}$ eine Basis des Vektorraums Pol_n der Polynome (in der Variablen x) vom Grad kleiner als oder gleich n bilden.

3.10. Für ein Polynom $p(t) = c_d t^d + c_{d-1} t^{d-1} + \cdots + c_0$ sei $H_p(z)$ durch

$$\sum_{t \geq 0} p(t) \, z^t = \frac{H_p(z)}{(1-z)^{d+1}}$$

definiert. Wir betrachten die Abbildung $\phi_d : \mathrm{Pol}_d \to \mathrm{Pol}_d, \; p \mapsto H_p$.

(a) Zeigen Sie, dass ϕ_d eine lineare Abbildung ist.
(b) Berechnen Sie die Matrixdarstellung von ϕ_d für $d = 0, 1, 2, \ldots$.
(c) Leiten Sie Formeln für $h_2, h_3, \ldots$ ähnlich denen in Korollar 3.16 her.

3.11. Berechnen Sie die Ehrhart-Polynome und die Ehrhart-Reihen der Simplizes mit den folgenden Ecken:

(a) $(0,0,0)$, $(1,0,0)$, $(0,2,0)$ und $(0,0,3)$;
(b) $(0,0,0,0)$, $(1,0,0,0)$, $(0,2,0,0)$, $(0,0,3,0)$ und $(0,0,0,4)$.

3.12. Wir definieren den **Hypersimplex** $\Delta(d, k)$ als konvexe Hülle von

$$\left\{ \mathbf{e}_{j_1} + \mathbf{e}_{j_2} + \cdots + \mathbf{e}_{j_k} : 1 \leq j_1 < j_2 < \cdots < j_k \leq d \right\},$$

wobei $\mathbf{e}_1, \mathbf{e}_2, \ldots, \mathbf{e}_d$ die Standard-Basisvektoren im $\mathbb{R}^d$ sind. Zum Beispiel sind $\Delta(d, 1)$ und $\Delta(d, d-1)$ reguläre $(d-1)$-Simplizes. Berechnen Sie das Ehrhart-Polynom und die Ehrhart-Reihe von $\Delta(d, k)$.

3.13. ♣ Sei H die durch

$$H = \left\{ \mathbf{x} \in \mathbb{R}^d : a_1 x_1 + a_2 x_2 + \cdots + a_d x_d = 0 \right\}$$

gegebene Hypereben, für $a_1, a_2, \ldots, a_d \in \mathbb{Z}$, welche wir ohne Einschränkung als teilerfremd annehmen dürfen. Zeigen Sie, dass ein $\mathbf{v} \in \mathbb{Z}^d$ existiert, für das $\bigcup_{n \in \mathbb{Z}} \left((n\mathbf{v} + H) \cap \mathbb{Z}^d \right) = \mathbb{Z}^d$ gilt. (Daraus folgt insbesondere, dass die Punkte in $\mathbb{Z}^d \setminus H$ alle zumindest einen gewissen Minimalabstand von H haben; dieser Minimalabstand ist im wesentlichen durch das Skalarprodukt von $\mathbf{v}$ mit $(a_1, a_2, \ldots, a_d)$ gegeben.)

3.14. ♣ Eine Hyperebene H ist **rational**, wenn sie in der Form

$$H = \left\{ \mathbf{x} \in \mathbb{R}^d : a_1 x_1 + a_2 x_2 + \cdots + a_d x_d = b \right\}$$

für $a_1, a_2, \ldots, a_d, b \in \mathbb{Z}$ geschrieben werden kann. Ein **Hyperebenenarrangement** in $\mathbb{R}^d$ ist eine endliche Menge von Hyperebenen in $\mathbb{R}^d$. Zeigen Sie, dass ein Hyperebenenarrangement $\mathcal{H}$ so verschoben werden kann, dass keine Hyperebene in $\mathcal{H}$ einen Gitterpunkt enthält.

3.15. Wir können die Aussage der vorigen Übungsaufgabe verschärfen: Zeigen Sie, dass ein rationales Hyperebenenarrangement $\mathcal{H}$ so verschoben werden kann, dass keine Hyperebene in $\mathcal{H}$ irgendwelche *rationalen* Punkte enthält.

3.16. Zeigen Sie, dass zu paarweise verschiedenen Zahlen $x_1, x_2, \ldots, x_{d+1}$ die Matrix

$$\mathbf{V} = \begin{pmatrix} x_1^d & x_1^{d-1} & \cdots & x_1 & 1 \\ x_2^d & x_2^{d-1} & \cdots & x_2 & 1 \\ \vdots & \vdots & & \vdots & \vdots \\ x_{d+1}^d & x_{d+1}^{d-1} & \cdots & x_{d+1} & 1 \end{pmatrix}$$

nichtsingulär ist. (V ist als *Vandermonde-Matrix* bekannt.)

3.17. Sei $\mathcal{P}$ ein ganzzahliges d-Polytop. Zeigen Sie, dass

$$\operatorname{vol}\mathcal{P} = \frac{1}{d!}\left((-1)^d + \sum_{k=1}^{d}\binom{d}{k}(-1)^{d-k}L_\mathcal{P}(k)\right).$$

3.18. Wie in Beispiel 3.22 sei $\mathcal{T}_n$ der Tetraeder mit Ecken $(0,0,0)$, $(1,0,0)$, $(0,1,0)$ und $(1,1,n)$, wobei n eine positive ganze Zahl ist. Zeigen Sie, dass das Volumen von $\mathcal{T}_n$ unbeschränkt ist, wenn $n \to \infty$, und dass dennoch für alle n der Tetraeder $\mathcal{T}_n$ keinen Gitterpunkt in seinem Inneren und genau vier Gitterpunkte auf dem Rand hat. Diese Beispiel zeigt, dass der Satz von Pick nicht für dreidimensionale ganzzahlige Polytope $\mathcal{P}$ gilt, in dem Sinn, dass es keine lineare Beziehung zwischen $\operatorname{vol}\mathcal{P}$, $L_\mathcal{P}(1)$ und $L_{\mathcal{P}^\circ}(1)$ gibt.

3.19. ♣ Beweisen Sie Lemma 3.24: Falls

$$\sum_{t\geq 0} f(t)\,z^t = \frac{g(z)}{h(z)},$$

dann ist f genau dann ein Quasipolynom vom Grad d, dessen Periode p genau dann teilt, wenn g und h Polynome sind, für die $\deg(g) < \deg(h)$ gilt, alle Wurzeln von h p-te Einheitswurzeln mit Vielfachheit höchstens $d+1$ sind, und es eine Wurzel mit Vielfachheit genau $d+1$ gibt (wobei wir stets annehmen, dass g/h eine gekürzte Darstellung ist).

3.20. ♣ Ergänzen Sie die Details im Beweis von Satz 3.23: Falls $\mathcal{P}$ ein rationales konvexes d-Polytop ist, dann ist $L_\mathcal{P}(t)$ ein Quasipolynom in t vom Grad d. Seine Periode teilt das kleinste gemeinsame Vielfache der Koordinaten der Ecken von $\mathcal{P}$.

3.21. Sei $\mathcal{T}$ das rationale Dreieck mit Ecken $(0,0)$, $\left(1,\frac{p-1}{p}\right)$ und $(p,0)$, wobei p eine feste ganze Zahl ≥ 2 ist. Zeigen Sie, dass $L_\mathcal{T}(t) = \frac{p-1}{2}t^2 + \frac{p+1}{2}t + 1$; insbesondere ist $L_\mathcal{T}$ ein *Polynom*.

3.22. Zeigen Sie, dass es zu beliebigem $d \geq 2$ und beliebigem $p \geq 1$ ein d-Polytop $\mathcal{P}$ gibt, dessen Ehrhart-Quasipolynom ein *Polynom* ist (d.h., es hat Periode 1), so dass trotzdem $\mathcal{P}$ eine Ecke mit Nenner p hat.

3.23. Zeigen Sie, dass die Periode des Ehrhart-Quasipolynoms eines eindimensionalen Polytops *immer* gleich dem kleinsten gemeinsamen Vielfachen der Nenner seiner Ecken ist.

3.24. Sei $\mathcal{T}$ das Dreieck mit den Ecken $\left(-\frac{1}{2}, -\frac{1}{2}\right)$, $\left(\frac{1}{2}, -\frac{1}{2}\right)$ und $\left(0, \frac{3}{2}\right)$. Zeigen Sie, dass $L_\mathcal{T}(t) = t^2 + c(t)\,t + 1$, wobei

$$c(t) = \begin{cases} 1 & \text{falls } t \text{ gerade ist,} \\ 0 & \text{falls } t \text{ ungerade ist.} \end{cases}$$

(Das zeigt, dass die Perioden der „Koeffizienten" eines Ehrhart-Quasipolynoms nicht notwendigerweise mit fallenden Potenzen wachsen.) Finden Sie die Ehrhart-Reihe von $\mathcal{T}$.

3.25. Beweisen Sie die folgende Erweiterung von Satz 3.12: Sei $\mathcal{P}$ ein rationales d-Polytop mit Nenner p. Dann gilt

$$\text{Ehr}_{\mathcal{P}}(z) = \frac{f(z)}{(1 - z^p)^{d+1}} \, ,$$

wobei f ein Polynom mit nichtnegativen ganzzahligen Koeffizienten ist.

3.26. Finden und beweisen Sie eine Aussage, die Lemma 3.14 auf Ehrhart-Quasipolynome erweitert.

3.27. Beweisen Sie die folgende Erweiterung von Korollar 3.15 auf rationale Polytope: Das Ehrhart-Quasipolynom $L_{\mathcal{P}}$ eines rationalen konvexen Polytops $\mathcal{P} \subset \mathbb{R}^d$ erfüllt $L_{\mathcal{P}}(0) = 1$.

3.28. Beweisen Sie das folgende Analogon zu Korollar 3.17 für rationale Polytope: Sei $\mathcal{P}$ ein rationales Polytop mit Ehrhart-Quasipolynom $L_{\mathcal{P}}(t) = c_d(t)\,t^d + c_{d-1}(t)\,t^{d-1} + \cdots + c_1(t)\,t + c_0(t)$. Dann gilt für alle $t \in \mathbb{Z}$ und $0 \le k \le d$, dass $d!\,c_k(t) \in \mathbb{Z}$.

3.29. ♣ Zeigen Sie, dass Korollar 3.20 auch für rationale Polytope gilt: Sei $\mathcal{P} \subset \mathbb{R}^d$ ein rationales konvexes d-Polytop mit Ehrhart-Quasipolynom $c_d(t)\,t^d + c_{d-1}(t)\,t^{d-1} + \cdots + c_0(t)$. Dann ist $c_d(t)$ gleich dem Volumen von $\mathcal{P}$; insbesondere ist $c_d(t)$ konstant.

3.30. Sei $\mathcal{P}$ ein rationales konvexes Polytop. Zeigen Sie, dass, als rationale Funktionen,

$$\text{Ehr}_{2\mathcal{P}}(z) = \frac{1}{2} \left(\text{Ehr}_{\mathcal{P}} \left(\sqrt{z} \right) - \text{Ehr}_{\mathcal{P}} \left(-\sqrt{z} \right) \right).$$

3.31. Seien f und g Quasipolynome. Zeigen Sie, dass die **Faltung**

$$F(t) := \sum_{s=0}^{t} f(s)\,g(t - s)$$

ebenfalls ein Quasipolynom ist. Was können Sie über den Grad und die Periode von F sagen, wenn die Grade und Perioden von f und g gegeben sind?

3.32. Für zwei positive, teilerfremde ganze Zahlen a und b sei

$$f(t) := \begin{cases} 1 & \text{falls } a|t, \\ 0 & \text{sonst,} \end{cases} \qquad \text{und} \qquad g(t) := \begin{cases} 1 & \text{falls } b|t, \\ 0 & \text{sonst.} \end{cases}$$

Bilden Sie die Faltung von f und g. Welche Funktion ergibt sich?

3.33. Seien $\mathcal{P} \subset \mathbb{R}^m$ und $\mathcal{Q} \subset \mathbb{R}^n$ rationale Polytope. Zeigen Sie, dass die Faltung von $L_{\mathcal{P}}$ und $L_{\mathcal{Q}}$ dem Ehrhart-Quasipolynom des Polytops gleicht, das durch die konvexe Hülle von $\mathcal{P} \times \{\mathbf{0}_n\} \times \{0\}$ und $\{\mathbf{0}_m\} \times \mathcal{Q} \times \{1\}$ gegeben ist. Dabei bezeichnet $\mathbf{0}_d$ den Koordinatenursprung im $\mathbb{R}^d$.

3.34. Wir definieren die **unimodulare Gruppe** $\mathrm{SL}_d(\mathbb{Z})$ als die Menge aller $(d \times d)$-Matrizen mit ganzzahligen Einträgen und Determinante ± 1.

(a) Zeigen Sie, dass $\mathrm{SL}_d(\mathbb{Z})$ auf dem Gitter $\mathbb{Z}^d$ als Bijektion operiert. D.h., wir halten ein $\mathbf{A} \in \mathrm{SL}_d(\mathbb{Z})$ fest. Dann bildet $\mathbf{A}$ das Gitter $\mathbb{Z}^d$ bijektiv auf sich selbst ab.

(b) Für einen beliebigen offenen Simplex $\Delta^\circ \subset \mathbb{R}^d$ und $\mathbf{A} \in \mathrm{SL}_d(\mathbb{Z})$ betrachten wir das Bild von Δ° unter $\mathbf{A}$, welches durch $\mathbf{A}(\Delta^\circ) := \{\mathbf{A}\,\mathbf{x} : \mathbf{x} \in \Delta^\circ\}$ definiert ist. Zeigen Sie, dass

$$\#\left\{\Delta^\circ \cap \mathbb{Z}^d\right\} = \#\left\{\mathbf{A}(\Delta^\circ) \cap \mathbb{Z}^d\right\}.$$

(c) Sei $\mathcal{P}$ ein ganzzahliges Polytop und sei $\mathcal{Q} := \mathbf{A}(\mathcal{P})$, wobei $\mathbf{A} \in \mathrm{SL}_d(\mathbb{Z})$, so dass $\mathcal{P}$ und $\mathcal{Q}$ unimodulare Abbilder voneinander sind. Zeigen Sie, dass $L_{\mathcal{P}}(t) = L_{\mathcal{Q}}(t)$ gilt. (*Hinweis:* Schreiben Sie $\mathcal{P}$ als disjunkte Vereinigung offener Simplizes.)

3.35. Suchen Sie im Internet nach dem Programm LattE: Lattice-Point Enumeration [65, 114]. Sie können es kostenlos herunterladen. Experimentieren Sie.

Offene Probleme

3.36. Wieviele Triangulierungen gibt es für ein gegebenes Polytop?

3.37. Was ist die minimale Anzahl von Simplizes, die benötigt werden, um den d-Einheitswürfel zu triangulieren? (Diese Zahlen sind für $d \leq 7$ bekannt.)

3.38. Klassifizieren Sie die Polynome eines festen Grads d, die Ehrhart-Polynome sind. Dies für $d = 2$ vollständig durchgeführt worden [159], und teilweise bekannt für $d = 3$ und 4 [23, Section 3].

3.39. Untersuchen Sie die Nullstellen von Ehrhart-Polynomen ganzzahliger Polytope in einer festen Dimension [23, 36, 41, 93]. Untersuchen Sie die Nullstellen der Zähler von Ehrhart-Reihen.

3.40. Entwerfen Sie einen effizienten Algorithmus, der die Periode eines Ehrhart-Quasipolynoms berechnet. (Siehe [187], wo Woods einen effizienten Algorithmus beschreibt, der prüft, ob eine gegebene ganze Zahl die Periode eines Ehrhart-Quasipolynoms ist.)

3.41. Seien $\mathcal{P}$ und $\mathcal{Q}$ ganzzahlige Polytope mit dem gleichen Ehrhart-Polynom, also $L_{\mathcal{P}}(t) = L_{\mathcal{Q}}(t)$. Welche weiteren Bedingungen müssen wir an $\mathcal{P}$ und $\mathcal{Q}$ stellen, um sicherzugehen, dass ganzzahlige Verschiebungen von $\mathcal{P}$ und $\mathcal{Q}$ unimodulare Abbilder voneinander sind? D.h., wann ist $\mathcal{Q} = \mathbf{A}(\mathcal{P}) + \mathbf{m}$ für ein $\mathbf{A} \in \mathrm{SL}_d(\mathbb{Z})$ und $\mathbf{m} \in \mathbb{Z}^d$?

3.42. Finden Sie eine „Ehrhart-Theorie" für irrationale Polytope.

4

Reziprozität

In mathematics you don't understand things. You just get used to them.

John von Neumann (1903–1957)

Aus Aufgabe 1.4 (i) haben wir die elementare Gleichung

$$\left\lfloor \frac{t-1}{a} \right\rfloor = -\left\lfloor \frac{-t}{a} \right\rfloor - 1 \tag{4.1}$$

für $t \in \mathbb{Z}$ und $a \in \mathbb{Z}_{>0}$ erhalten, aber diese ist nur ein Spezialfall eines wesentlich allgemeineren Schemas, denn Gleichung (4.1) stellt den einfachsten (eindimensionalen) Fall eines *Reziprozitätsgesetzes* dar. Solche Gesetze bilden den Kern der Ehrhart-Theorie. Sei $\mathcal{I} := [0, 1/a] \subset \mathbb{R}$, ein rationales 1-Polytop (siehe Abb. 4.1). Sein diskretes Volumen ist (wir erinnern uns an Aufgabe 1.3)

$$L_{\mathcal{I}}(t) = \left\lfloor \frac{t}{a} \right\rfloor + 1 \,.$$

Auf der anderen Seite ist der Gitterpunktzähler für das *Innere*, $\mathcal{I}^{\circ} = (0, 1/a)$, gleich

$$L_{\mathcal{I}^{\circ}}(t) = \left\lfloor \frac{t-1}{a} \right\rfloor \tag{4.2}$$

(siehe Aufgabe 4.1). Gleichung (4.1) besagt, dass, algebraisch,

$$L_{\mathcal{I}^{\circ}}(t) = -L_{\mathcal{I}}(-t) \,.$$

Abb. 4.1. Gitterpunkte in $t\mathcal{I}$.

In diesem Kapitel widmen wir uns dem Beweis, dass eine ähnliche Gleichung für Polytope in beliebigen Dimensionen gilt:

Satz 4.1 (Ehrhart-Macdonald-Reziprozität). *Sei $\mathcal{P}$ ein rationales konvexes Polytop. Dann liefert die Auswertung des Quasipolynoms $L_\mathcal{P}$ an negativen ganzen Zahlen*

$$L_\mathcal{P}(-t) = (-1)^{\dim \mathcal{P}} L_{\mathcal{P}^\circ}(t).$$

Dieser Satz gehört zu einer Klasse berühmter *Reziprozitätsgesetze*. Ein häufiges Vorgehen in Kombinatorik besteht darin, von einem interessanten Objekt P auszugehen und

1. eine Zählfunktion $f(t)$ zu P zu definieren, die einen physikalischen Sinn für positive ganzzahlige Werte von t ergibt;
2. die Funktion f als ein Polynom in t zu bestimmen;
3. negative ganzzahlige Werte für t in die Zählfunktion einzusetzen und in $f(-t)$ die Zählfunktion eines neuen mathematischen Objekts Q zu erkennen.

Für uns ist P der Abschluss eines Polytops und Q sein Inneres.

4.1 Erzeugendenfunktionen für ein wenig irrationale Kegel

Unser Ansatz zum Beweis von Satz 4.1 verläuft parallel zu den Schritten in Kapitel 3: Wir folgern Satz 4.1 aus einer Gleichung für rationale Kegel. Wir starten mit einem Reziprozitätsgesetz für simpliziale Kegel.

Satz 4.2. *Wir halten linear unabhängige Vektoren $\mathbf{w}_1, \mathbf{w}_2, \ldots, \mathbf{w}_d \in \mathbb{Z}^d$ fest und bilden $\mathcal{K} = \{\lambda_1 \mathbf{w}_1 + \lambda_2 \mathbf{w}_2 + \cdots + \lambda_d \mathbf{w}_d : \lambda_1, \ldots, \lambda_d \geq 0\}$, den von den $\mathbf{w}_j$ erzeugten simplizialen Kegel. Dann gilt für die $\mathbf{v} \in \mathbb{R}^d$, für die der Rand des verschobenen simplizialen Kegels $\mathbf{v} + \mathcal{K}$ keinen Gitterpunkt enthält, dass*

$$\sigma_{\mathbf{v}+\mathcal{K}}\left(\frac{1}{z_1}, \frac{1}{z_2}, \ldots, \frac{1}{z_d}\right) = (-1)^d \sigma_{-\mathbf{v}+\mathcal{K}}(z_1, z_2, \ldots, z_d).$$

Anmerkungen. Dieser Satz ist auf der Ebene formaler Potenzreihen bedeutungslos; allerdings gilt die Gleichung auf der Ebene von rationalen Funktionen. Wir werden feststellen, dass $\sigma_{\mathbf{v}+\mathcal{K}}$ eine rationale Funktion ist, während wir diesen Satz beweisen.

Beweis. Wie in den Beweisen von Satz 3.5 und Korollar 3.6 haben wir die Formel

$$\sigma_{\mathbf{v}+\mathcal{K}}(\mathbf{z}) = \frac{\sigma_{\mathbf{v}+\Pi}(\mathbf{z})}{(1 - \mathbf{z}^{\mathbf{w}_1})(1 - \mathbf{z}^{\mathbf{w}_2}) \cdots (1 - \mathbf{z}^{\mathbf{w}_d})},$$

wobei Π das offene Parallelepiped

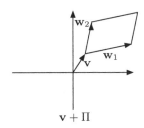

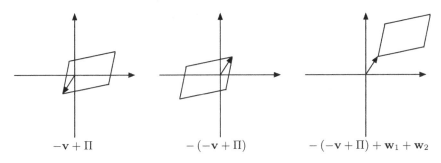

Abb. 4.2. Von $-\mathbf{v} + \Pi$ zu $\mathbf{v} + \Pi$.

$$\Pi = \{\lambda_1 \mathbf{w}_1 + \lambda_2 \mathbf{w}_2 + \cdots + \lambda_d \mathbf{w}_d : 0 < \lambda_1, \lambda_2, \ldots, \lambda_d < 1\} \qquad (4.3)$$

ist. Dies beweist auch, dass $\sigma_{\mathbf{v}+\mathcal{K}}$ eine rationale Funktion ist. Man beachte, dass nach Voraussetzung $\mathbf{v} + \Pi$ keine Gitterpunkte auf dem Rand enthält. Natürlich gilt

$$\sigma_{-\mathbf{v}+\mathcal{K}}(\mathbf{z}) = \frac{\sigma_{-\mathbf{v}+\Pi}(\mathbf{z})}{\left(1 - \mathbf{z}^{\mathbf{w}_1}\right)\left(1 - \mathbf{z}^{\mathbf{w}_2}\right)\cdots\left(1 - \mathbf{z}^{\mathbf{w}_d}\right)},$$

also müssen wir die Parallelepipede $\mathbf{v} + \Pi$ und $-\mathbf{v} + \Pi$ zueinander in Beziehung setzen. Diese Beziehung ist in Abb. 4.2 für den Fall $d = 2$ dargestellt; die Gleichung für allgemeine d ist (siehe Aufgabe 4.2)

$$\mathbf{v} + \Pi = -(-\mathbf{v} + \Pi) + \mathbf{w}_1 + \mathbf{w}_2 + \cdots + \mathbf{w}_d. \qquad (4.4)$$

Jetzt übersetzen wir die Geometrie von (4.4) in Erzeugendenfunktionen:

$$\sigma_{\mathbf{v}+\Pi}(\mathbf{z}) = \sigma_{-(-\mathbf{v}+\Pi)}(\mathbf{z})\, \mathbf{z}^{\mathbf{w}_1} \mathbf{z}^{\mathbf{w}_2} \cdots \mathbf{z}^{\mathbf{w}_d}$$

$$= \sigma_{-\mathbf{v}+\Pi}\left(\frac{1}{z_1}, \frac{1}{z_2}, \ldots, \frac{1}{z_d}\right) \mathbf{z}^{\mathbf{w}_1} \mathbf{z}^{\mathbf{w}_2} \cdots \mathbf{z}^{\mathbf{w}_d}$$

(die letzte Gleichung folgt aus Aufgabe 3.6). Wir kürzen den Vektor $\left(\frac{1}{z_1}, \frac{1}{z_2}, \ldots, \frac{1}{z_d}\right)$ durch $\frac{1}{\mathbf{z}}$ ab. Dann ist die letzte Gleichung äquivalent zu

$$\sigma_{\mathbf{v}+\Pi}\left(\frac{1}{\mathbf{z}}\right) = \sigma_{-\mathbf{v}+\Pi}(\mathbf{z})\, \mathbf{z}^{-\mathbf{w}_1} \mathbf{z}^{-\mathbf{w}_2} \cdots \mathbf{z}^{-\mathbf{w}_d},$$

und folglich

$$
\begin{aligned}
\sigma_{\mathbf{v}+\mathcal{K}}\left(\frac{1}{\mathbf{z}}\right) &= \frac{\sigma_{\mathbf{v}+\Pi}\left(\frac{1}{\mathbf{z}}\right)}{\left(1-\mathbf{z}^{-\mathbf{w}_1}\right)\left(1-\mathbf{z}^{-\mathbf{w}_2}\right)\cdots\left(1-\mathbf{z}^{-\mathbf{w}_d}\right)} \\[2mm]
&= \frac{\sigma_{-\mathbf{v}+\Pi}(\mathbf{z})\,\mathbf{z}^{-\mathbf{w}_1}\mathbf{z}^{-\mathbf{w}_2}\cdots\mathbf{z}^{-\mathbf{w}_d}}{\left(1-\mathbf{z}^{-\mathbf{w}_1}\right)\left(1-\mathbf{z}^{-\mathbf{w}_2}\right)\cdots\left(1-\mathbf{z}^{-\mathbf{w}_d}\right)} \\[2mm]
&= \frac{\sigma_{-\mathbf{v}+\Pi}(\mathbf{z})}{\left(\mathbf{z}^{\mathbf{w}_1}-1\right)\left(\mathbf{z}^{\mathbf{w}_2}-1\right)\cdots\left(\mathbf{z}^{\mathbf{w}_d}-1\right)} \\[2mm]
&= (-1)^d\frac{\sigma_{-\mathbf{v}+\Pi}(\mathbf{z})}{\left(1-\mathbf{z}^{\mathbf{w}_1}\right)\left(1-\mathbf{z}^{\mathbf{w}_2}\right)\cdots\left(1-\mathbf{z}^{\mathbf{w}_d}\right)} \\[2mm]
&= (-1)^d\,\sigma_{-\mathbf{v}+\mathcal{K}}(\mathbf{z})\,. \qquad\qquad\qquad\square
\end{aligned}
$$

4.2 Stanleys Reziprozitätsgesetz für rationale Kegel

Für das allgemeine Reziprozitätsgesetz für Kegel setzen wir die simplizialen Kegel einer Triangulierung zusammen, ähnlich wie in unserem Beweis von Satz 3.12.

Satz 4.3 (Stanley-Reziprozität). *Sei $\mathcal{K}$ ein rationaler d-Kegel mit Spitze im Koordinatenursprung. Dann gilt*

$$
\sigma_{\mathcal{K}}\left(\frac{1}{z_1},\frac{1}{z_2},\dots,\frac{1}{z_d}\right) = (-1)^d\,\sigma_{\mathcal{K}^\circ}\left(z_1,z_2,\dots,z_d\right).
$$

Beweis. Wir triangulieren $\mathcal{K}$ in die simplizialen Kegel $\mathcal{K}_1,\mathcal{K}_2,\dots,\mathcal{K}_m$. Dann stellt Aufgabe 3.14 sicher, dass ein Vektor $\mathbf{v}\in\mathbb{R}^d$ existiert, für den der verschobene Kegel $\mathbf{v}+\mathcal{K}$ gerade die *inneren* Gitterpunkt von $\mathcal{K}$ enthält, also

$$
\mathcal{K}^\circ\cap\mathbb{Z}^d = (\mathbf{v}+\mathcal{K})\cap\mathbb{Z}^d, \tag{4.5}
$$

und so, dass keine Gitterpunkte auf dem Rand eines der Kegel der Triangulierung liegen:

$$
\partial\left(\mathbf{v}+\mathcal{K}_j\right)\cap\mathbb{Z}^d = \varnothing \qquad \text{für alle } j=1,\dots,m \tag{4.6}
$$

sowie

$$
\partial\left(-\mathbf{v}+\mathcal{K}_j\right)\cap\mathbb{Z}^d = \varnothing \qquad \text{für alle } j=1,\dots,m. \tag{4.7}
$$

Wir laden den Leser ein (Aufgabe 4.3) sich klarzumachen, dass (4.5)-(4.7) die Gleichung

$$
\mathcal{K}\cap\mathbb{Z}^d = (-\mathbf{v}+\mathcal{K})\cap\mathbb{Z}^d \tag{4.8}
$$

implizieren. Jetzt folgt mit Satz 4.2, dass

$$\sigma_{\mathcal{K}}\left(\tfrac{1}{\mathbf{z}}\right) = \sigma_{-\mathbf{v}+\mathcal{K}}\left(\tfrac{1}{\mathbf{z}}\right) = \sum_{j=1}^{m} \sigma_{-\mathbf{v}+\mathcal{K}_j}\left(\tfrac{1}{\mathbf{z}}\right) = \sum_{j=1}^{m}(-1)^d\,\sigma_{\mathbf{v}+\mathcal{K}_j}\left(\mathbf{z}\right)$$

$$= (-1)^d\,\sigma_{\mathbf{v}+\mathcal{K}}\left(\mathbf{z}\right) = (-1)^d\,\sigma_{\mathcal{K}^\circ}\left(\mathbf{z}\right).$$

Man beachte, dass die Gültigkeit der zweiten und vierten Gleichung aus der Gültigkeit von (4.7) bzw. (4.6) folgen.   □

4.3 Ehrhart-Macdonald-Reziprozität für rationale Polytope

Als Vorbereitung für den Beweis von Satz 4.1 definieren wir die **Ehrhart-Reihe** für das *Innere* des rationalen Polytops $\mathcal{P}$ als

$$\mathrm{Ehr}_{\mathcal{P}^\circ}(z) := \sum_{t \geq 1} L_{\mathcal{P}^\circ}(t)\,z^t.$$

Unsere Vereinbarung, die Reihe mit $t = 1$ beginnen zu lassen, ergibt sich aus der Tatsache, dass diese Erzeugendenfunktion eine Auswertung der Gitterpunkttransformation des offenen Kegels $(\mathrm{cone}(\mathcal{P}))^\circ$ ist: Analog zu Lemma 3.10 haben wir

$$\mathrm{Ehr}_{\mathcal{P}^\circ}(z) = \sigma_{(\mathrm{cone}(\mathcal{P}))^\circ}(1, 1, \ldots, 1, z). \tag{4.9}$$

Wir sind nun soweit, dass wir das Gegenstück für Ehrhart-Reihen zu Satz 4.1 beweisen können.

Satz 4.4. *Sei $\mathcal{P}$ ein konvexes rationales Polytop. Dann liefert die Auswertung der rationalen Funktion $\mathrm{Ehr}_{\mathcal{P}}$ bei $1/z$ die Gleichung*

$$\mathrm{Ehr}_{\mathcal{P}}\left(\frac{1}{z}\right) = (-1)^{\dim \mathcal{P}+1}\,\mathrm{Ehr}_{\mathcal{P}^\circ}(z).$$

Beweis. Sei $\mathcal{P}$ ein d-Polytop. Wir erinnern uns an Lemma 3.10, welches besagt, dass die Erzeugendenfunktion des Ehrhart-Polynoms von $\mathcal{P}$ eine Auswertung der Erzeugendenfunktion von $\mathrm{cone}(\mathcal{P})$ ist:

$$\mathrm{Ehr}_{\mathcal{P}}(z) = \sum_{t \geq 0} L_{\mathcal{P}}(t)\,z^t = \sigma_{\mathrm{cone}(\mathcal{P})}(1, 1, \ldots, 1, z).$$

Gleichung (4.9) oben gibt eine analoge Auswertung von $\sigma_{(\mathrm{cone}(\mathcal{P}))^\circ}$, die $\mathrm{Ehr}_{\mathcal{P}^\circ}$ liefert. Jetzt wenden wir Satz 4.3 auf den $(d+1)$-Kegel $\mathcal{K} = \mathrm{cone}(\mathcal{P})$ an:

$$\sigma_{(\mathrm{cone}(\mathcal{P}))^\circ}(1, 1, \ldots, 1, z) = (-1)^{d+1}\,\sigma_{\mathrm{cone}(\mathcal{P})}\left(1, 1, \ldots, 1, \frac{1}{z}\right). \qquad □$$

Satz 4.1 folgt nun mühelos.

Beweis der Ehrhart-Macdonald-Reziprozität (Satz 4.1). Wir wenden zunächst Aufgabe 4.5 auf die Ehrhart-Reihe von $\mathcal{P}$ an: Es gilt nämlich, als rationale Funktionen, dass

$$\mathrm{Ehr}_{\mathcal{P}}\left(\frac{1}{z}\right) = \sum_{t \leq 0} L_{\mathcal{P}}(-t)\, z^t = -\sum_{t \geq 1} L_{\mathcal{P}}(-t)\, z^t.$$

Jetzt kombinieren wir diese Gleichung mit Satz 4.4 und erhalten

$$\sum_{t \geq 1} L_{\mathcal{P}^\circ}(t)\, z^t = (-1)^{d+1} \mathrm{Ehr}_{\mathcal{P}}\left(\frac{1}{z}\right) = (-1)^d \sum_{t \geq 1} L_{\mathcal{P}}(-t)\, z^t.$$

Indem wir die Koeffizienten der beiden Potenzreihen vergleichen erhalten wir das Reziprozitätsgesetz. $\qquad\square$

Mithilfe der Ehrhart-Macdonald-Reziprozität können wir jetzt Satz 3.18 mit Ehrhart-Polynomen umformulieren:

Satz 4.5. *Sei $\mathcal{P}$ ein ganzzahliges d-Polytop mit Ehrhart-Reihe*

$$\mathrm{Ehr}_{\mathcal{P}}(z) = \frac{h_d\, z^d + h_{d-1}\, z^{d-1} + \cdots + h_1\, z + 1}{(1-z)^{d+1}}.$$

Dann gilt $h_d = h_{d-1} = \cdots = h_{k+1} = 0$ und $h_k \neq 0$ genau dann, wenn $(d-k+1)\mathcal{P}$ die kleinste ganzzahlige Streckung von $\mathcal{P}$ ist, die einen inneren Gitterpunkt enthält.

Beweis. Satz 3.18 besagt, dass h_k genau dann der höchste von null verschiedene Koeffizient ist, wenn $L_{\mathcal{P}}(-1) = L_{\mathcal{P}}(-2) = \cdots = L_{\mathcal{P}}\left(-(d-k)\right) = 0$ und $L_{\mathcal{P}}\left(-(d-k+1)\right) \neq 0$. Jetzt benutzen wir Ehrhart-Macdonald-Reziprozität. (Satz 4.1). $\qquad\square$

Das größte k, für das $h_k \neq 0$ gilt, nennen wir den **Grad** von $\mathcal{P}$. Der obige Satz besagt, dass der Grad von $\mathcal{P}$ genau dann k ist, wenn $(d-k+1)\mathcal{P}$ die kleinste ganzzahlige Streckung von $\mathcal{P}$ ist, die einen Gitterpunkt enthält.

4.4 Die Ehrhart-Reihe eines reflexiven Polytops

Als eine Anwendung von Satz 4.4 untersuchen wir jetzt eine spezielle Klasse von ganzzahligen Polytopen, deren Ehrhart-Reihen eine zusätzliche Symmetrie aufweisen. Wir nennen ein Polytop $\mathcal{P}$, das den Koordinatenursprung enthält, **reflexiv**, wenn es ganzzahlig ist und die $\mathcal{H}$-Beschreibung

$$\mathcal{P} = \left\{ \mathbf{x} \in \mathbb{R}^d : \mathbf{A}\mathbf{x} \leq \mathbf{1} \right\}$$

hat, wobei $\mathbf{A}$ eine ganzzahlige Matrix ist. (Hier steht $\mathbf{1}$ für den Vektor, dessen Koordinaten alle 1 sind.) Der folgende Satz liefert eine Charakterisierung reflexiver Polytope über ihre Ehrhart-Reihen.

Satz 4.6 (Hibis Palindromsatz). *Sei $\mathcal{P}$ ein ganzzahliges d-Polytop, das den Koordinatenursprung in seinem Inneren enthält und die Ehrhart-Reihe*

$$\mathrm{Ehr}_{\mathcal{P}}(z) = \frac{h_d \, z^d + h_{d-1} \, z^{d-1} + \cdots + h_1 \, z + h_0}{(1-z)^{d+1}}$$

hat. Dann ist $\mathcal{P}$ genau dann reflexiv, wenn $h_k = h_{d-k}$ für alle $0 \leq k \leq \frac{d}{2}$ gilt.

Die beiden Hauptzutaten für den Beweis dieses Ergebnisses sind Satz 4.4 und das folgende Lemma:

Lemma 4.7. *Für $a_1, a_2, \ldots, a_d, b \in \mathbb{Z}$ gelte $\mathrm{ggT}(a_1, a_2, \ldots, a_d, b) = 1$ und $b > 1$. Dann gibt es positive ganze Zahlen c und t, so dass $tb < c < (t+1)b$ und $\{(m_1, m_2, \ldots, m_d) \in \mathbb{Z}^d : a_1 m_1 + a_2 m_2 + \cdots + a_d m_d = c\} \neq \varnothing$ gelten.*

Beweis. Sei $g = \mathrm{ggT}(a_1, a_2, \ldots, a_d)$; nach unserer Voraussetzung ist $\mathrm{ggT}(g, b) = 1$, also können wir ganze Zahlen k und t finden, für die

$$kg - tb = 1 \tag{4.10}$$

gilt. Ferner können wir k und t so wählen, dass $t > 0$. Sei $c = kg$; Gleichung (4.10) und die Bedingung $b > 1$ implizieren, dass $tb < c < (t+1)b$. Schließlich gibt es wegen $g = \mathrm{ggT}(a_1, a_2, \ldots, a_d)$ ganze Zahlen $m_1, m_2, \ldots, m_d \in \mathbb{Z}$, für die

$$a_1 m_1 + a_2 m_2 + \cdots + a_d m_d = kg = c$$

gilt. $\qquad\square$

Beweis von Satz 4.6. Wir erinnern uns, dass $\mathcal{P}$ genau dann reflexiv ist, wenn

$$\mathcal{P} = \{\mathbf{x} \in \mathbb{R}^d : \mathbf{A}\,\mathbf{x} \leq \mathbf{1}\} \quad \text{für eine ganzzahlige Matrix } \mathbf{A} \tag{4.11}$$

gilt. Wir behaupten, dass $\mathcal{P}$ genau dann eine derartige $\mathcal{H}$-Beschreibung hat, wenn

$$\mathcal{P}^\circ \cap \mathbb{Z}^d = \{\mathbf{0}\} \quad \text{und für alle } t \in \mathbb{Z}_{>0}, \; (t+1)\mathcal{P}^\circ \cap \mathbb{Z}^d = t\mathcal{P} \cap \mathbb{Z}^d. \tag{4.12}$$

Diese Bedingung besagt, dass die einzigen Gitterpunkte, die wir beim Übergang von $t\mathcal{P}$ zu $(t+1)\mathcal{P}$ gewinnen, diejenigen auf dem Rand von $(t+1)\mathcal{P}$ sind. Die Tatsache, dass (4.12) aus (4.11) folgt, ist Gegenstand von Aufgabe 4.11. Umgekehrt gibt es, falls $\mathcal{P}$ Gleichung (4.12) erfüllt, keine Gitterpunkte zwischen tH und $(t+1)H$, falls H eine Hyperebene ist, die eine Facette von $\mathcal{P}$ definiert (Aufgabe 4.12). Das heißt, wenn eine Facettenhyperebene durch $H = \{\mathbf{x} \in \mathbb{R}^d : a_1 x_1 + a_2 x_2 + \cdots + a_d x_d = b\}$ gegeben ist, wobei wir $\mathrm{ggT}(a_1, a_2, \ldots, a_d, b) = 1$ annehmen dürfen, dann gilt

$$\{\mathbf{x} \in \mathbb{Z}^d : tb < a_1 x_1 + a_2 x_2 + \cdots + a_d x_d < (t+1)b\} = \varnothing \,.$$

Aber dann impliziert Lemma 4.7, dass $b = 1$, und daher hat $\mathcal{P}$ eine $\mathcal{H}$-Beschreibung der Form (4.11).

Wir haben also gezeigt, dass $\mathcal{P}$ genau dann reflexiv ist, wenn es (4.12) erfüllt. Nun gilt wegen Satz 4.4, dass

$$\mathrm{Ehr}_{\mathcal{P}^\circ}(z) = (-1)^{d+1}\, \mathrm{Ehr}_{\mathcal{P}}\left(\frac{1}{z}\right) = \frac{h_0\, z^{d+1} + h_1\, z^d + \cdots + h_{d-1}\, z^2 + h_d\, z}{(1-z)^{d+1}}\,.$$

Nach Bedingung (4.12) ist $\mathcal{P}$ genau dann reflexiv, wenn diese rationale Funktion gleich

$$\sum_{t\geq 1} L_{\mathcal{P}}(t-1)\, z^t = z \sum_{t\geq 0} L_{\mathcal{P}}(t)\, z^t = z\, \mathrm{Ehr}_{\mathcal{P}}(z)$$

$$= \frac{h_d\, z^{d+1} + h_{d-1}\, z^d + \cdots + h_1\, z^2 + h_0\, z}{(1-z)^{d+1}}$$

ist, also genau dann, wenn $h_k = h_{d-k}$ für alle $0 \leq k \leq \frac{d}{2}$ gilt. $\qquad\square$

4.5 Weitere „Reflexionen" über das Münzenproblem und die Sammlung aus Kapitel 2

Uns sind bereits mehrfach Spezialfälle der Ehrhart-Macdonald-Reziprozität begegnet. Bemerkenswert ist, dass wir mit Satz 4.1 folgern können, dass das Zählen der *inneren* Gitterpunkte in einem rationalen Polytop gleichbedeutend mit dem Zählen der Gitterpunkte in seinem *Abschluss* ist. Die Aufgaben 1.31, 2.1 und 2.7, sowie Teil (b) jedes Satzes in der Sammlung von Kapitel 2 bestätigen, dass

$$L_{\mathcal{P}}(-t) = (-1)^{\dim \mathcal{P}} L_{\mathcal{P}^\circ}(t)\,.$$

Anmerkungen

1. Ehrhart-Macdonald-Reziprozität (Satz 4.1) war bereits ein Jahrzent lang von Eugène Ehrhart vorausgesagt (und in Spezialfällen bewiesen) worden, als I. G. Macdonald 1971 einen allgemeinen Beweis fand [122]. Man kann die Bedingung für Ehrhart-Macdonald-Reziprozität sogar noch abschwächen: Sie gilt für polytopale Komplexe, die homöomorph zu einer d-Mannigfaltigkeit sind. Der Beweis, den wir hier geben (einschließlich des Beweises von Satz 4.3), ist in [29] erschienen.

2. Satz 4.3 geht auf Richard Stanley zurück [168], der allgemeinere Versionen dieses Satzes bewiesen hat. Der Leser erinnert sich vielleicht, dass die rationale Funktion, die die Ehrhart-Reihe eines rationalen Kegels darstellt, als seine meromorphe Fortsetzung aufgefasst werden kann. Stanley-Reziprozität (Satz 4.3) liefert uns eine Funktionalgleichung für solche meromorphen Fortsetzungen.

3. Der Ausdruck *reflexives Polytop* wurde von Victor Batyrev geprägt, der aufregende Anwendungen dieser Polytope auf Spiegelsymmetrie in physikalischer Stringtheorie gefunden hat [16]. Batyrev hat bewiesen, dass die von einem reflexiven Polytop $\mathcal{P}$ definierte torische Varietät $X_{\mathcal{P}}$ *Fano* ist, und dass jede generische Hyperfläche von $X_{\mathcal{P}}$ *Calabi-Yau* ist. Dass die Ehrhart-Reihe eines reflexiven Polytops eine unerwartete Symmetrie ausweist (Satz 4.6), wurde von Takayuki Hibi entdeckt [96]. Die Anzahl der reflexiven Polytope in Dimension d ist für $d \leq 4$ bekannt [116, 117]; es gibt zum Beispiel genau 16 reflexive Polytope in Dimension 2, bis auf Symmetrien (siehe auch [164, Sequence A090045]). Ein erstaunliches Resultat ist, dass die Summe der Anzahlen von Gitterpunkten auf den Rändern eines reflexiven Polygons und seines dualen Polygons immer gleich 12 ist [146]. Ein ähnliches Ergebnis gilt in Dimension 3 (mit 24 an Stelle von 12) [17], aber für letzteres ist kein elementarer Beweis bekannt [21, Section 4].

4. Es gibt eine äquivalente Definition reflexiver Polytope: $\mathcal{P}$ ist genau dann reflexiv, wenn sowohl $\mathcal{P}$ als auch sein duales Polytop $\mathcal{P}^*$ ganzzahlige Polytope sind. Das *duale Polytop* von $\mathcal{P}$ (oft auch *polares Polytop* genannt) ist durch $\mathcal{P}^* := \left\{ \mathbf{x} \in \mathbb{R}^d : \mathbf{x} \cdot \mathbf{y} \leq 1 \text{ für alle } \mathbf{y} \in \mathcal{P} \right\}$ definiert. Das Konzept (polarer) Dualität ist nicht auf Polytope beschränkt, sondern kann für jede nichtleere Teilmenge von $\mathbb{R}^d$ definiert werden. Dualität ist ein wesentliches Kapitel in der Theorie der Polytope, und eine seiner Anwendungen ist die Äquivalenz von $\mathcal{V}$- und $\mathcal{H}$-Beschreibungen eines Polytops. Für mehr über (polare) Dualität sei der Leser auf [12, Chapter IV] verwiesen.

5. Die Kreuzpolytope $\diamond$ aus Abschnitt 2.5 bilden eine spezielle Klasse reflexiver Polytope. Wir haben in den Anmerkungen zu Kapitel 2 erwähnt, dass die Nullstellen der Ehrhart-Polynome $L_\diamond$ alle Realteil $-\frac{1}{2}$ haben [50, 108]. Christian Bey, Martin Henk und Jörg Wills haben in [36] bewiesen, dass ein ganzzahliges Polytop $\mathcal{P}$ das unimodulare Bild eines reflexiven Polytops ist, falls alle Nullstellen von $L_{\mathcal{P}}$ Realteil $-\frac{1}{2}$ haben.

Aufgaben

4.1. ♣ Beweisen Sie (4.2): Für $a \in \mathbb{Z}_{>0}$ gilt $L_{(0,1/a)}(t) = \left\lfloor \dfrac{t-1}{a} \right\rfloor$.

4.2. ♣ Erklären Sie (4.4): Wenn $\mathbf{w}_1, \mathbf{w}_2, \ldots, \mathbf{w}_d \in \mathbb{R}^d$ linear unabhängig sind und

$$\Pi = \left\{ \lambda_1 \mathbf{w}_1 + \lambda_2 \mathbf{w}_2 + \cdots + \lambda_d \mathbf{w}_d : 0 < \lambda_1, \lambda_2, \ldots, \lambda_d < 1 \right\},$$

dann gilt $\mathbf{v} + \Pi = -(-\mathbf{v} + \Pi) + \mathbf{w}_1 + \mathbf{w}_2 + \cdots + \mathbf{w}_d$.

4.3. ♣ Zeigen Sie, dass (4.8) aus (4.5)-(4.7) folgt; das heißt, falls $\mathcal{K}$ ein rationaler spitzer d-Kegel mit Spitze im Koordinatenursprung ist, und $\mathbf{v} \in \mathbb{R}^d$ so gewählt ist, dass

$$K^\circ \cap \mathbb{Z}^d = (\mathbf{v} + K) \cap \mathbb{Z}^d,$$

$$\partial \left(\mathbf{v} + K_j\right) \cap \mathbb{Z}^d = \varnothing \qquad \text{für alle } j = 1, \ldots, m,$$

und

$$\partial \left(-\mathbf{v} + K_j\right) \cap \mathbb{Z}^d = \varnothing \qquad \text{für alle } j = 1, \ldots, m,$$

gilt, dann folgt

$$K \cap \mathbb{Z}^d = (-\mathbf{v} + K) \cap \mathbb{Z}^d.$$

4.4. Zeigen Sie die folgende Verallgemeinerung von Satz 4.3 auf rationale spitze Kegel mit beliebiger Spitze: Sei K ein rationaler spitzer d-Kegel mit Spitze im Koordinatenursprung und $\mathbf{v} \in \mathbb{R}^d$. Dann ist die Gitterpunkttransformation $\sigma_{\mathbf{v}+K}(\mathbf{z})$ des spitzen d-Kegels $\mathbf{v} + K$ eine rationale Funktion, für die

$$\sigma_{\mathbf{v}+K}\left(\frac{1}{\mathbf{z}}\right) = (-1)^d \sigma_{(-\mathbf{v}+K)^\circ}(\mathbf{z})$$

gilt.

4.5. ♣ Sei $Q \colon \mathbb{Z} \to \mathbb{C}$ ein Quasipolynom. Wir wissen, dass $R_Q^+(z) := \sum_{t \geq 0} Q(t) z^t$ eine rationale Funktion liefert.

(a) Zeigen Sie, dass auch $R_Q^-(z) := \sum_{t < 0} Q(t) z^t$ eine rationale Funktion liefert.

(b) Sei $Q(t) = 1$. Zeigen Sie, dass $R_Q^+(z) + R_Q^-(z) = 0$ als rationale Funktionen gilt.

(c) Sei Q ein Polynom. Zeigen Sie, dass $R_Q^+(z) + R_Q^-(z) = 0$ als rationale Funktionen gilt.

(d) Sei Q ein Quasipolynom. Zeigen Sie, dass $R_Q^+(z) + R_Q^-(z) = 0$ als rationale Funktionen gilt.

4.6. ♣ Sei $\mathcal{P}$ ein rationales d-Polytop, für das

$$L_{\mathcal{P}^\circ}(t) = L_{\mathcal{P}}(t - k) \qquad \text{und} \qquad L_{\mathcal{P}^\circ}(1) = L_{\mathcal{P}^\circ}(2) = \cdots = L_{\mathcal{P}^\circ}(k - 1) = 0$$

für eine ganze Zahl k gelten. (Dies ist bei einigen der Polytope aus der Sammlung in Kapitel 2 der Fall.) Zeigen Sie, dass

$$\mathrm{Ehr}_{\mathcal{P}}\left(\frac{1}{z}\right) = (-1)^{d+1} z^k \, \mathrm{Ehr}_{\mathcal{P}}(z).$$

4.7. Sei $\mathcal{P}$ ein ganzzahliges d-Polytop mit Ehrhart-Reihe

$$\mathrm{Ehr}_{\mathcal{P}}(z) = \frac{h_d z^d + h_{d-1} z^{d-1} + \cdots + h_1 z + 1}{(1 - z)^{d+1}}.$$

Zeigen Sie, dass $h_d = L_{\mathcal{P}^\circ}(1)$.

4.8. Sei $\mathcal{P}$ ein konvexes ganzzahliges d-Polytop. Zeigen Sie, dass die Streckung $(d+1)\mathcal{P}$ einen inneren Gitterpunkt enthält.

4.9. Sei $\mathcal{P}$ ein konvexes ganzzahliges Polytop. Wir bezeichnen den Rand von $\mathcal{P}$ mit $\partial\mathcal{P}$. Zeigen Sie, dass $L_{\partial\mathcal{P}}(t)$ ein Polynom ist, dass weder gerade noch ungerade ist. Bestimmen Sie seinen konstanten Term.

4.10. Wir erinnern uns an die eingeschränkte Partitionsfunktion

$$p_{\{a_1,a_2,\ldots,a_n\}}(t) := \#\left\{(m_1,\ldots,m_d) \in \mathbb{Z}_{\geq 0}^d : m_1 a_1 + \cdots + m_d a_d = t\right\}$$

aus Kapitel 1. Zeigen Sie, dass, als Quasipolynome,

$$p_{\{a_1,a_2,\ldots,a_n\}}(-t - a_1 - a_2 - \cdots - a_n) = (-1)^{n-1}\, p_{\{a_1,a_2,\ldots,a_n\}}(t)$$

und dass

$$\begin{aligned} p_{\{a_1,a_2,\ldots,a_n\}}(-1) = p_{\{a_1,a_2,\ldots,a_n\}}(-2) &= \cdots \\ &= p_{\{a_1,a_2,\ldots,a_n\}}(-a_1 - a_2 - \cdots - a_n + 1) = 0\,. \end{aligned}$$

4.11. ♣ Zeigen Sie, dass (4.12) aus (4.11) folgt, das heißt zeigen Sie, dass falls das Polytop $\mathcal{P}$ durch $\mathcal{P} = \left\{\mathbf{x} \in \mathbb{R}^d : \mathbf{A}\mathbf{x} \leq \mathbf{1}\right\}$ für eine ganzzahlige Matrix $\mathbf{A}$ gegeben ist, dann $\mathcal{P}^\circ \cap \mathbb{Z}^d = \{\mathbf{0}\}$ und $(t+1)\mathcal{P}^\circ \cap \mathbb{Z}^d = t\mathcal{P} \cap \mathbb{Z}^d$ für alle $t \in \mathbb{Z}_{>0}$ gilt.

4.12. ♣ Sei $\mathcal{P}$ ein ganzzahliges Polytop, das (4.12) erfüllt: $\mathcal{P}^\circ \cap \mathbb{Z}^d = \{\mathbf{0}\}$ und für alle $t \in \mathbb{Z}_{>0}$ gilt $(t+1)\mathcal{P}^\circ \cap \mathbb{Z}^d = t\mathcal{P} \cap \mathbb{Z}^d$. Dann gilt für jedes $t \in \mathbb{Z}$ und jede Facettenhyperebene H, dass keine Gitterpunkte zwischen tH und $(t+1)H$ existieren.

Offene Probleme

4.13. Sei $\mathcal{P}$ ein 3-dimensionales reflexives Polytop. Wir bezeichnen mit e^* die Kante des dualen Polytops $\mathcal{P}^*$, die der Kante e in $\mathcal{P}$ entspricht. Geben Sie einen elementaren Beweis dafür, dass

$$\sum_{\substack{e \text{ ist Kante} \\ \text{von } \mathcal{P}}} \text{Länge}\,(e) \cdot \text{Länge}\,(e^*) = 24\,.$$

4.14. Bestimmen Sie die Anzahl der reflexiven Polytope in Dimension $d \geq 5$.

Seitenzahlen und die Dehn-Sommerville-Gleichungen

„Data! Data! Data!" he cried, impatiently. „I can't make bricks without clay."

Sherlock Holmes („The Adventure of the Copper Beeches", Arthur Conan Doyle, 1859–1930)

Unser Ziel in diesem Kapitel ist zweigeteilt, oder genauer, es ist ein Ziel, das in zwei verschiedenen Gestalten auftritt. Zum einen wollen wir einige faszinierende Gleichungen beweisen, die lineare Beziehungen zwischen den Seitenzahlen f_k liefern. Sie heißen *Dehn-Sommerville-Gleichungen*, zu Ehren ihrer Entdecker Max Wilhelm Dehn (1878–1952)[1] und Duncan MacLaren Young Sommerville (1879–1934).[2] Unser zweites Ziel ist es, die Dehn-Sommerville-Gleichungen (Satz 5.1 unten) und die Ehrhart-Macdonald-Reziprozität aus Satz 4.1 zu vereinheitlichen.

5.1 Die Dehn-Sommerville-Gleichungen

Wir bezeichnen die Anzahl der k-dimensionalen Seite von $\mathcal{P}$ mit f_k. Für k zwischen 0 und d kodieren die **Seitenzahlen** f_k intrinsische Informationen über das Polytop $\mathcal{P}$. Das d-Polytop $\mathcal{P}$ ist **einfach**, wenn jede Ecke von $\mathcal{P}$ auf genau d der Kanten von $\mathcal{P}$ liegt.

Satz 5.1 (Dehn-Sommerville-Gleichungen). *Wenn $\mathcal{P}$ ein einfaches d-Polytop ist und $0 \leq k \leq d$, dann gilt*

$$f_k = \sum_{j=0}^{k} (-1)^j \binom{d-j}{d-k} f_j \,.$$

---

[1] Für mehr Informationen über Dehn siehe
http://www-groups.dcs.st-and.ac.uk/~history/Mathematicians/Dehn.html.

[2] Für mehr Informationen über Sommerville siehe
http://www-groups.dcs.st-and.ac.uk/~history/Mathematicians/Sommerville.html.

Dieser Satz nimmt für $k = d$ eine besonders schöne Form an, nämlich die der berühmten *Euler-Gleichung*, die für beliebige Polytope (nicht nur für einfache) gilt.

Satz 5.2 (Euler-Gleichung). *Wenn $\mathcal{P}$ ein konvexes d-Polytop ist, dann gilt*

$$\sum_{j=0}^{d} (-1)^j f_j = 1 \, .$$

Diese Gleichung ist weniger trivial als sie vielleicht aussieht. Wir geben einen kurzen Beweis für *rationale* Polytope, für die wir Ehrhart-Macdonald-Reziprozität (Satz 4.1) verwenden können.

Beweis von Satz 5.2, für rationale $\mathcal{P}$. Wir zählen die Gitterpunkte in $t\mathcal{P}$ über die (relativ) offenen Seiten, die sie enthalten:[3]

$$L_{\mathcal{P}}(t) = \sum_{\mathcal{F} \subseteq \mathcal{P}} L_{\mathcal{F}^\circ}(t) = \sum_{\mathcal{F} \subseteq \mathcal{P}} (-1)^{\dim \mathcal{F}} L_{\mathcal{F}}(-t) \, .$$

Hier und im Rest dieses Kapitels nehmen wir die Summe über alle *nichtleeren* Seiten. (Alternativ könnten wir $L_\varnothing(t) = 0$ vereinbaren.) Der konstante Term von $L_{\mathcal{F}}(t)$ ist 1 für jede Seite $\mathcal{F}$ (nach Aufgabe 3.27). Daher liefern die konstanten Terme der obigen Gleichung

$$1 = \sum_{\mathcal{F} \subseteq \mathcal{P}} (-1)^{\dim \mathcal{F}} = \sum_{j=0}^{d} (-1)^j f_j \, ,$$

was unsere Behauptung beweist.   □

Es gibt eine natürliche Struktur auf der Menge der Seiten eines Polytops $\mathcal{P}$, welche durch die mengentheoretische Inklusionsbeziehung $\mathcal{F} \subseteq \mathcal{G}$ bestimmt ist. Diese Relation gibt eine partielle Ordnung auf der Menge aller Seiten von $\mathcal{P}$, die wir den **Seitenverband** von $\mathcal{P}$ nennen. Eine nützliche Art, diese partiell geordnete Menge darzustellen, ist über einen Graph, dessen Ecken den Seiten von $\mathcal{P}$ entsprechen, und in dem zwei Ecken durch eine Kante verbunden sind, wenn eine der entsprechenden Seiten die andere enthält. In Abb. 5.1 geben wir den Seitenverband für ein Dreieck an. Aus Aufgabe 2.6 folgt, dass der Seitenverband eines beliebigen Simplexes ein *boolescher Verband* ist, also die partiell geordnete Menge, die alle Teilmengen einer endlichen Menge enthält, wiederum durch mengentheoretische Inklusion geordnet.

Wir haben bereits erwähnt, dass wir die Dehn-Sommerville-Gleichungen (Satz 5.1) und die Ehrhart-Macdonald-Reziprozität (Satz 4.1) vereinheitlichen werden. Dies ist der Grund, warum wir Satz 5.1 nur für *rationale* Polytope beweisen werden. Um die Konzepte der Seitenzahlen und der Gitterpunktzähler zu kombinieren, definieren wir

---

[3] Man beachte, dass das relative Innere einer Ecke gerade die Ecke selbst ist.

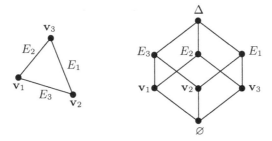

Abb. 5.1. Der Seitenverband eines Dreiecks.

$$F_k(t) := \sum_{\substack{\mathcal{F} \subseteq \mathcal{P} \\ \dim \mathcal{F} = k}} L_{\mathcal{F}}(t) \,,$$

wobei wir über alle k-Seiten von $\mathcal{P}$ summieren. Nach dem Satz von Ehrhart (Satz 3.23) ist F_k ein Quasipolynom. Wegen $L_{\mathcal{F}}(0) = 1$ für alle $\mathcal{F}$ gilt

$$F_k(0) = f_k \,,$$

die Anzahl aller k-Seiten von $\mathcal{P}$. Wir bemerken außerdem, dass der Leitkoeffizient von F_k das relative Volumen des k-**Skeletts** von $\mathcal{P}$ misst, d.h. der Vereinigung aller k-Seiten; siehe Abschnitt 5.4 für eine genaue Definition des relativen Volumens.

Unsere gemeinsame Erweiterung der Sätze 5.1 und 4.1 ist das Thema des nächsten Abschnitts.

5.2 Dehn-Sommerville Erweitert

Satz 5.3. *Falls $\mathcal{P}$ ein einfaches rationales d-Polytop ist und $0 \le k \le d$, dann gilt*

$$F_k(t) = \sum_{j=0}^{k} (-1)^j \binom{d-j}{d-k} F_j(-t) \,.$$

Die klassischen Dehn-Sommerville-Gleichungen (Satz 5.1) – wieder nur für rationale Polytope – erhält man aus den konstanten Termen der Zählfunktionen auf beiden Seiten der Gleichung. Auf der anderen Seite ergibt Satz 5.3 für $k = d$ (mit t durch $-t$ ersetzt)

$$L_{\mathcal{P}}(-t) = F_d(-t) = \sum_{j=0}^{d} (-1)^j F_j(t) = (-1)^d \sum_{j=0}^{d} (-1)^{d-j} F_j(t) \,.$$

Die Summe auf der rechten Seite ist eine Einschluss/Ausschluss-Formel für die Anzahl der Gitterpunkte im Inneren von $t\mathcal{P}$ (zähle alle Punkte in $\mathcal{P}$, subtrahiere diejenigen auf den Facetten, addiere die mehrfach gezählten usw.), so dass wir in gewisser Weise wieder die Ehrhart-Macdonald-Reziprozität erhalten.

Beweis. Sei $\mathcal{F}$ eine k-Seite von $\mathcal{P}$. Dann gilt, wieder durch abzählen der Gitterpunkte in $\mathcal{F}$ entsprechend der relativ offenen Seiten von $\mathcal{F}$, dass

$$L_{\mathcal{F}}(t) = \sum_{\mathcal{G} \subseteq \mathcal{F}} L_{\mathcal{G}^\circ}(t),$$

oder, nach Ehrhart-Macdonald-Reziprozität (Satz 4.1),

$$L_{\mathcal{F}}(t) = \sum_{\mathcal{G} \subseteq \mathcal{F}} (-1)^{\dim \mathcal{G}} L_{\mathcal{G}}(-t) = \sum_{j=0}^{k} (-1)^j \sum_{\substack{\mathcal{G} \subseteq \mathcal{F} \\ \dim \mathcal{G} = j}} L_{\mathcal{G}}(-t). \qquad (5.1)$$

Jetzt summieren wir sowohl die linken als auch die rechten Seiten über alle k-Seiten auf und ordnen die Summe auf der rechten Seite um:

$$\begin{aligned}
F_k(t) &= \sum_{\substack{\mathcal{F} \subseteq \mathcal{P} \\ \dim \mathcal{F} = k}} \sum_{j=0}^{k} (-1)^j \sum_{\substack{\mathcal{G} \subseteq \mathcal{F} \\ \dim \mathcal{G} = j}} L_{\mathcal{G}}(-t) \\
&= \sum_{j=0}^{k} (-1)^j \sum_{\substack{\mathcal{F} \subseteq \mathcal{P} \\ \dim \mathcal{F} = k}} \sum_{\substack{\mathcal{G} \subseteq \mathcal{F} \\ \dim \mathcal{G} = j}} L_{\mathcal{G}}(-t) \\
&= \sum_{j=0}^{k} (-1)^j \sum_{\substack{\mathcal{G} \subseteq \mathcal{P} \\ \dim \mathcal{G} = j}} f_k(\mathcal{P}/\mathcal{G}) L_{\mathcal{G}}(-t) \\
&= \sum_{j=0}^{k} (-1)^j \sum_{\substack{\mathcal{G} \subseteq \mathcal{P} \\ \dim \mathcal{G} = j}} \binom{d-j}{d-k} L_{\mathcal{G}}(-t) \\
&= \sum_{j=0}^{k} (-1)^j \binom{d-j}{d-k} F_j(-t).
\end{aligned}$$

Hier bezeichnet $f_k(\mathcal{P}/\mathcal{G})$ die Anzahl der k-Seiten von $\mathcal{P}$, die eine gegebene j-Seite $\mathcal{G}$ von $\mathcal{P}$ enthalten. Da $\mathcal{P}$ einfach ist, ist diese Zahl gleich $\binom{d-j}{d-k}$ (siehe Aufgabe 5.4). □

5.3 Anwendungen auf die Koeffizienten eines Ehrhart-Polynoms

Wir werden jetzt Satz 5.3 auf die Berechnung des Ehrhart-Polynoms eines ganzzahligen d-Polytops $\mathcal{P}$ anwenden. Der einzige Seiten-Gitterpunktzähler, der die Seite $\mathcal{P}$ mit einbezieht, ist $F_d(t)$, wofür Satz 5.3 sich zu

$$L_{\mathcal{P}}(t) = F_d(t) = \sum_{j=0}^{d} (-1)^j F_j(-t)$$

spezialisiert. Dabei müssen wir gar nicht annehmen, dass $\mathcal{P}$ einfach ist, da diese Gleichung lediglich seitenweise Gitterpunkte zählt. (Wir erinnern uns daran, dass $(-1)^j F_j(-t)$ die Gitterpunkte in den t-Streckungen des Inneren der j-Seiten zählt.)[4] Der letzte Term auf der rechten Seite ist

$$(-1)^d F_d(-t) = (-1)^d L_{\mathcal{P}}(-t) = L_{\mathcal{P}^\circ}(t)$$

nach Ehrhart-Macdonald-Reziprozität. Wenn wir diesen Term nach links verschieben, erhalten wir

$$L_{\mathcal{P}}(t) - L_{\mathcal{P}^\circ}(t) = \sum_{j=0}^{d-1} (-1)^j F_j(-t). \tag{5.2}$$

Die Differenz auf der linken Seite dieser Gleichung hat eine natürliche Interpretation: Sie zählt die Gitterpunkte auf dem *Rand* von $t\mathcal{P}$. (Und tatsächlich ist die rechte Seite wiedereinmal eine Einschluss/Ausschluss-Formel für diese Zahl.) Wir schreiben $L_{\mathcal{P}}(t) = c_d t^d + c_{d-1} t^{d-1} + \cdots + c_0$. Dann ist $L_{\mathcal{P}^\circ}(t) = c_d t^d - c_{d-1} t^{d-1} + \cdots + (-1)^d c_0$, so dass

$$L_{\mathcal{P}}(t) - L_{\mathcal{P}^\circ}(t) = 2c_{d-1} t^{d-1} + 2c_{d-3} t^{d-3} + \cdots,$$

wobei diese Summe mit $2c_0$ endet, falls d ungerade ist, und mit $2c_1$, falls d gerade ist (das sollte uns bekannt vorkommen; siehe Aufgabe 4.9). Wir kombinieren diesen Ausdruck mit (5.2) und erhalten das folgende Resultat.

Satz 5.4. *Sei* $L_{\mathcal{P}}(t) = c_d t^d + c_{d-1} t^{d-1} + \cdots + c_0$ *das Ehrhart-Polynom von* $\mathcal{P}$. *Dann gilt*

$$c_{d-1} t^{d-1} + c_{d-3} t^{d-3} + \cdots = \frac{1}{2} \sum_{j=0}^{d-1} (-1)^j F_j(-t). \qquad \square$$

Wir können die Aussage dieses Satzes präziser (allerdings auch komplizierter) machen, indem wir

$$F_j(t) = \sum_{\substack{\mathcal{F} \subseteq \mathcal{P} \\ \dim \mathcal{F} = j}} L_{\mathcal{F}}(t) = c_{j,j} t^j + c_{j,j-1} t^{j-1} + \cdots + c_{j,0}$$

schreiben. Dann erhalten wir, wenn wir die Koeffizienten von t^k in Satz 5.4 aufsammeln, die folgenden Gleichungen.

---

[4] Daher könnte man einwenden, dass wir die Dehn-Sommerville-Maschinerie für die Berechnungen in diesem Abschnitt gar nicht brauchen. Der Einwand ist korrekt, allerdings liefert Satz 5.3 eine starke Motivation.

Korollar 5.5. *Falls k und d von ungleicher Parität sind, gilt*

$$c_k = \frac{1}{2} \sum_{j=0}^{d-1} (-1)^{j+k} c_{j,k} \,. \qquad \qquad \Box$$

Falls k und d die gleiche Parität haben, muss die linke Seite durch 0 ersetzt werden.

Der erste Koeffizient c_k des Ehrhart-Polynoms eines d-Polytops $\mathcal{P}$, das die Paritätsbedingung erfüllt, ist c_{d-1}. In disem Fall sagt uns Korollar 5.5, dass c_{d-1} gerade $\frac{1}{2}$ mal die Summe der Leitterme der Ehrhart-Polynome der Facetten von $\mathcal{P}$ ist.

Der nächste interessante Koeffizient ist c_{d-3}. Zum Beispiel können wir für dim $\mathcal{P} = 4$ Korollar 5.5 benutzen, um c_1 ausschließlich aus den Ehrhart-Polynomen (bzw. ihren linearen Koeffizienten) der Seiten von Dimension ≤ 3 zu berechnen.

5.4 Relatives Volumen

Es ist an der Zeit, zum stetigen Volumen zurückzukehren. Wir erinnern uns an Lemma 3.19: Falls $S \subset \mathbb{R}^d$ eine d-dimensionale Teilmenge ist, dann gilt $\operatorname{vol} S = \lim_{t \to \infty} \frac{1}{t^d} \cdot \# \left(tS \cap \mathbb{Z}^d \right)$. In Kapitel 3 haben wir betont, wie wichtig es ist, dass S Dimension d hat, denn ansonsten (d.h. falls S zwar im d-Raum lebt, aber dennoch von niedrigerer Dimension ist) gilt nach unserer Definition $\operatorname{vol} S = 0$. Allerdings ist der Fall, dass $S \subset \mathbb{R}^d$ *nicht* von Dimension d ist, oft besonders interessant; ein Beispiel ist das Polytop $\mathcal{P}$, das uns im Zusammenhang mit dem Münzenproblem in Kapitel 1 begegnet ist. Wir würden auch in diesem Fall gerne das Volumen eines solchen Objekts ausrechnen, relativ gesehen. Das führt zu einigen Komplikationen. Sagen wir, $S \subset \mathbb{R}^d$ sei von Dimension $m < d$, und sei span $S = \{\mathbf{x} + \lambda(\mathbf{y} - \mathbf{x}) : \mathbf{x}, \mathbf{y} \in S, \lambda \in \mathbb{R}\}$ die affine Hülle von S. Nach dem gleichen Verfahren wie oben (nämlich durch Zählen von Quadern oder Gitterpunkten) berechnen wir das Volumen relativ zum Untergitter $(\operatorname{span} S) \cap \mathbb{Z}^d$; wir nennen dies das **relative Volumen** von S.

Der Geradenabschnitt L von $(0,0)$ nach $(4,2)$ in $\mathbb{R}^2$ zum Beispiel hat das relative Volumen 2, denn in span $L = \left\{ (x, y) \in \mathbb{R}^2 : y = x/2 \right\}$ wird l durch zwei Geradenabschnitte abgedeckt, die „Einheitslänge" in diesem Unterraum haben, wie in Abb. 5.2 dargestellt. Ein dreidimensionales Beispiel, das uns aus Kapitel 1 bekannt vorkommen sollte, ist in Abb. 5.3 gezeigt.

Falls $S \subseteq \mathbb{R}^d$ die volle Dimension d hat, ist das relative Volumen gleich dem „volldimensionalen" Volumen. Von jetzt an meinen wir mit $\operatorname{vol} S$ das relative Volumen von S. Mit dieser Vereinbarung können wir Lemma 3.19 umformulieren, damit es auch auf m-dimensionale Mengen $S \subset \mathbb{R}^d$ anwendbar wird: Für deren relatives Volumen gilt

$$\operatorname{vol} S = \lim_{t \to \infty} \frac{1}{t^m} \cdot \# \left(tS \cap \mathbb{Z}^d \right) \,.$$

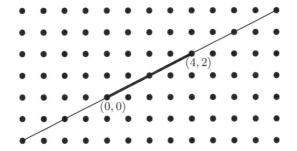

Abb. 5.2. Der Geradenabschnitt von $(0,0)$ nach $(4,2)$ und sein affines Untergitter.

Falls $\#\left(tS \cap \mathbb{Z}^d\right)$ die spezielle Form eines Polynoms annimmt – zum Beispiel, falls S ein ganzzahliges Polytop ist – können wir diesen Satz weiter vereinfachen. Sei $\mathcal{P} \subset \mathbb{R}^d$ ein ganzzahliges m-Polytop mit Ehrhart-Polynom

$$L_{\mathcal{P}}(t) = c_m\, t^m + c_{m-1}\, t^{m-1} + \cdots + c_1\, t + 1\,.$$

Dann gilt, aufgrund der obigen Diskussion und im Einklang mit Lemma 3.19, dass

$$\operatorname{vol}\mathcal{P} = \lim_{t\to\infty} \frac{1}{t^m} L_{\mathcal{P}}(t) = \lim_{t\to\infty} \frac{c_m\, t^m + c_{m-1}\, t^{m-1} + \cdots + c_1\, t + 1}{t^m} = c_m\,.$$

Das relative Volumen von $\mathcal{P}$ ist der Leitterm der entsprechenden Zählfunktion $L_{\mathcal{P}}$.

Im letzten Abschnitt haben wir beispielsweise herausgefunden, dass aus Korollar 5.5 folgt, dass der Leitkoeffizient c_{d-1} des Ehrhart-Polynoms eines d-Polytops $\mathcal{P}$ gerade gleich $\frac{1}{2}$ mal die Summe der Leitterme der Ehrhart-Polynome der Seiten von $\mathcal{P}$ ist. Der Leitterm für eine Facette ist einfach das relative Volumen dieser Facette:

Satz 5.6. *Sei* $L_{\mathcal{P}}(t) = c_d\, t^d + c_{d-1}\, t^{d-1} + \cdots + c_0$ *das Ehrhart-Polynom des ganzzahligen Polytops* $\mathcal{P}$. *Dann gilt*

$$c_{d-1} = \frac{1}{2} \sum_{\substack{\mathcal{F}\ \text{Facette} \\ \text{von}\ \mathcal{P}}} \operatorname{vol}\mathcal{F}\,. \qquad\qquad \square$$

Anmerkungen

1. Die Dehn-Sommerville-Gleichungen (Satz 5.1) traten zum ersten Mal in der Arbeit von Max Dehn zutage, der sie 1905 für Dimension 5 bewiesen hat [70]. (Die Dehn-Sommerville Gleichungen sind nicht sonderlich kompliziert für

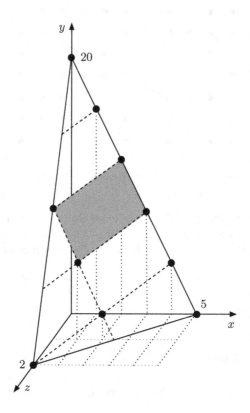

Abb. 5.3. Das durch $\frac{x}{5} + \frac{y}{20} + \frac{z}{2} = 1, x \geq 0, y \geq 0, z \geq 0$ definierte Dreieck. Der schattierte Bereich ist der Fundamentalbereich eines Untergitters, das im affinen Erzeugnis des Dreiecks liegt.

$d \leq 4$; siehe Aufgabe 5.3.) Einige Jahrzehnte später hat D. M. Y. Sommerville den allgemeinen Fall bewiesen [166]. Satz 5.1 war in der ersten Hälfte des zwanzigsten Jahrhunderts weder besonders bekannt noch wurde es häufig benutzt, das geschah erst nach seiner Wiederentdeckung durch Victor Klee [110] und seinem Auftreten in Branko Grünbaums berühmten und vielgelesenen Buch [89].

2. Die Euler-Gleichung (Satz 5.2) kann für $d = 3$ leicht direkt bewiesen werden (dieser Fall wird Euler zugeschrieben), aber für höhere Dimensionen muss man etwas vorsichtig sein, wie wir bereits im Text angemerkt haben. Der klassische Beweis für allgemeine d wurde 1852 von Ludwig Schläfli gefunden [157], allerdings setzt er (wie viele spätere Beweise) voraus, dass der Rand eines konvexen Polytops auf „gute" Art und Weise induktiv aufgebaut werden kann. Diese nichttriviale Tatsache – die *Schälung* eines Polytops genannt wird –

wurde 1971 von Heinz Bruggesser und Peter Mani bewiesen [49]. Schälbarkeit wird sehr schön in [192, Lecture 8] besprochen. Es gibt kurze Beweise der Euler-Gleichung, die keine Schälung eines Polytops benutzen (siehe z.B. [119, 138, 183]).

3. Der Leser könnte vermuten, dass der Beweis der Sätze 5.1 und 5.2 für *rationale* Polytope bereits für den allgemeinen Fall ausreicht, da es so scheint, als könnten wir ein Polytop mit irrationalen Ecken ein wenig verformen, um eines mit nur rationalen Ecken zu erhalten, ohne die Seitenstruktur des Polytops zu verändern. Das stimmt zwar in unserer Alltagswelt, schlägt aber in Dimension ≥ 4 fehl (siehe [155] für Dimension 4 und [192, pp. 172/173] für eine allgemeine Betrachtung).

4. Satz 5.3 geht auf Peter McMullen zurück [126], der dieses Ergebnis sogar in etwas größerer Allgemeinheit bewiesen hat. Eine weitere Verallgemeinerung von Satz 5.3 findet sich in [58].

Aufgaben

5.1. Wir betrachten ein einfaches 3-Polytop mit mindestens fünf Facetten. Zwei Spieler spielen das folgende Spiel: Jeder Spieler schreibt reihum seinen Namen auf eine bislang unbeschriebene Seite. Gewonnen hat der Spieler, dem es als erstem gelingt, drei Facetten zu beschriften, die eine gemeinsame Ecke haben. Zeigen Sie, dass der Spieler, der das Spiel beginnt, das Spiel stets gewinnen kann, wenn er optimal spielt.[5]

5.2. Zeigen Sie, dass für den d-Würfel $f_k = 2^{d-k}\binom{d}{k}$ gilt.

5.3. Geben Sie einen elementaren Beweis der Dehn-Sommerville Gleichungen (Satz 5.1) für $d \leq 4$.

5.4. ♣ Sei $\mathcal{P}$ ein einfaches d-Polytop. Zeigen Sie, dass die Anzahl der k-Seiten von $\mathcal{P}$, die eine gegebene j-Seite von $\mathcal{P}$ enthalten, gleich $\binom{d-j}{d-k}$ ist.

5.5. ♣ Zeigen Sie direkt, ohne Satz 5.2 zu benutzen, dass für einen d-Simplex gilt:

(a) $f_k = \binom{d+1}{k+1}$.

(b) $\displaystyle\sum_{k=0}^{d}(-1)^k f_k = 1$.

5.6. Beweisen Sie Satz 5.1 direkt (und damit ohne die Voraussetzung, dass $\mathcal{P}$ ein ganzzahliges Polytop ist). (*Hinweis:* Orientieren Sie sich am Beweis von Satz 5.3, aber beginnen Sie mit der Euler-Gleichung (Satz 5.2) für eine gegebene Seite $\mathcal{F}$ anstelle von (5.1).)

---

[5] Dies war eine der Aufgaben beim *Putnam-Wettbewerb* 2002.

5.7. Sei $\mathcal{F}$ eine Seite eines einfachen Polytops $\mathcal{P}$. Zeigen Sie, dass

$$\sum_{\mathcal{G} \supseteq \mathcal{F}} (-1)^{\dim \mathcal{G}} \binom{\dim \mathcal{G}}{k} = (-1)^d \binom{\dim \mathcal{F}}{d-k}, \quad k = 0, \dots, d.$$

5.8. Zeigen Sie, dass die Gleichungen in Satz 5.3 äquivalent zu den folgenden Gleichungen sind: Falls $\mathcal{P}$ ein einfaches d-Gitterpolytop ist und $k \leq d$, dann gilt

$$\sum_{j=0}^{k} (-1)^{k-j} \binom{d-j}{k-j} F_{d-j}(-n) = \sum_{i=k}^{d} (-1)^{i-k} \binom{i}{k} F_i(n).$$

5.9. Zeigen Sie, dass die Gleichungen aus der vorigen Aufgaben die folgenden Gleichungen implizieren, welche die Anzahl der Gitterpunkte in Seiten und relativen Inneren von Seiten des einfachen Polytops $\mathcal{P}$ vergleichen:

$$\sum_{j=0}^{k} (-1)^j \binom{d-j}{k-j} \sum_{\substack{\mathcal{F} \subseteq \mathcal{P} \\ \dim \mathcal{F} = d-j}} \# \left(\mathcal{F} \cap \mathbb{Z}^d\right) = \sum_{i=k}^{d} \binom{i}{k} \sum_{\substack{\mathcal{G} \subseteq \mathcal{P} \\ \dim \mathcal{G} = i}} \# \left(\mathcal{G}^{\circ} \cap \mathbb{Z}^d\right),$$

wobei $k = 0, \dots, d = \dim \mathcal{P}$. Für $k = 0$ erhalten wir zum Beispiel

$$\# (\mathcal{P} \cap \mathbb{Z}^d) = \sum_{\mathcal{G} \subseteq \mathcal{P}} \# \left(\mathcal{G}^{\circ} \cap \mathbb{Z}^d\right),$$

und für $k = d$ erhalten wir die Einschluss/Ausschluss-Formel

$$\# (\mathcal{P}^{\circ} \cap \mathbb{Z}^d) = \sum_{j=0}^{d} (-1)^{d-j} \sum_{\substack{\mathcal{F} \subseteq \mathcal{P} \\ \dim \mathcal{F} = j}} \# \left(\mathcal{F} \cap \mathbb{Z}^d\right).$$

5.10. Eine weitere schöne Formulierung von Satz 5.3 ist das folgende verallgemeinerte Reziprozitätsgesetz. Für ein ganzzahliges d-Polytop $\mathcal{P}$ definieren wir das *verallgemeinerte Ehrhart-Polynom* durch

$$E_k(t) := \sum_{j=0}^{k} (-1)^j \binom{d-j}{k-j} \sum_{\substack{\mathcal{F} \subseteq \mathcal{P} \\ \dim \mathcal{F} = d-j}} L_{\mathcal{F}}(t), \quad k = 0, \dots, d.$$

Beweisen Sie das verallgemeinerte Reziprozitätsgesetz

$$E_k(-t) = (-1)^d E_{d-k}(t), \quad k = 0, \dots, d,$$

welches für $k = 0$ die Ehrhart-Macdonald-Reziprozität (Satz 4.1) impliziert.

5.11. Was passiert, wenn $\mathcal{P}$ *nicht* einfach ist? Geben Sie ein Beispiel, für das Satz 5.3 nicht gilt.

5.12. Geben Sie einen alternativen Beweis von Satz 5.6, indem Sie $L_{\mathcal{P}}(t) - L_{\mathcal{P}^{\circ}}(t)$ als den Gitterpunktzähler des Rands von $\mathcal{P}$ auffassen.

6

Magische Quadrate

The peculiar interest of magic squares and all lusus numerorum *in general lies in the fact that they possess the charm of mystery.*

W. S. Andrews

Ausgerüstet mit einer soliden Grundlage an theoretischen Ergebnissen sind wir nun bereit, uns wieder Berechnungen zuzuwenden. Wir benutzen Ehrhart-Theorie als Hilfsmittel, um *magische Quadrate* zu zählen.

Abb. 6.1. Magisches Quadrat am *Temple de la Sagrada Família* (Barcelona, Spanien).

4	9	2
3	5	7
8	1	6

Abb. 6.2. Das Luò-Shū-Quadrat.

3	0	0
0	1	2
0	2	1

1	2	0
0	1	2
2	0	1

Abb. 6.3. Ein semimagisches und ein magisches Quadrat.

Grob gesagt ist ein magisches Quadrat eine $(n \times n)$-Matrix ganzer Zahlen (die üblicherweise als positiv vorausgesetzt und oft auf den Zahlenbereich $1, 2, \ldots, n^2$ eingeschränkt werden), deren Summe entlang jeder Zeile, Spalte und Hauptdiagonale den gleichen Wert, die sogenannte *magische Summe* ergibt. Magische Quadrate sind zu verschiedenen Zeiten immer wieder aufgetaucht, einige im Zusammenhang mit Mathematik, andere in philosophischen oder religiösen Kontexten. Einer Legende nach wurde das erste magische Quadrat (das antike *Luò-Shū-Quadrat*) in China irgendwann vor dem ersten Jahrhundert v.Chr. auf dem Rücken einer aus einem Fluss steigenden Schildkröte entdeckt. Es handelte sich um das in Abb. 6.2 dargestellte Quadrat.

Unsere Aufgabe in diesem Kapitel wird es sein, eine Theorie zum Zählen bestimmter Klassen magischer Quadrate zu entwickeln, welche wir im Folgenden einführen.

6.1 It's a Kind of Magic

Zunächst fällt uns auf, dass das Luò-Shū-Quadrat die verschiedenen Einträge $1, 2, \ldots, 9$ hat, also positive, verschiedene ganze Zahlen aus einer bestimmten Menge. Solche Beschränkungen sind zu restriktiv für unsere Zwecke. Wir definieren ein **semimagisches Quadrat** als eine quadratische Matrix, deren Einträge nichtnegative ganze Zahlen sind und deren Zeilen und Spalten (die wir in diesem Zusammenhang *Reihen* nennen) jeweils dieselbe Summe ergeben. Ein **magisches Quadrat** ist ein semimagisches Quadrat, dessen Hauptdiagonalen ebenfalls die Reihensumme ergeben. Abbildung 6.3 zeigt zwei Beispiele.

Vorsicht ist geboten, da in der Literatur teils unterschiedliche Definitionen verwendet werden. Zum Beispiel verwenden einige Autoren den Begriff „magisches Quadrat" nur für das, was wir **traditionelle magische Quadrate**

$\heartsuit$	$t - \heartsuit$
$t - \heartsuit$	$\heartsuit$

$\dfrac{t}{2}$	$\dfrac{t}{2}$
$\dfrac{t}{2}$	$\dfrac{t}{2}$

Abb. 6.4. Semimagische und magische Quadrate für $n = 2$.

nennen, nämlich Quadrate der Ordnung n, deren Einträge die verschiedenen ganzen Zahlen $1, 2, \ldots, n^2$ sind. (Das Luò-Shū-Quadrat ist ein Beispiel eines traditionellen magischen Quadrats). Andere sind etwas weniger restriktiv und benutzen den Ausdruck „magisches Quadrat" für magische Quadrate mit paarweise verschiedenen Einträgen. Wir betonen, dass wir das in diesem Kapitel nicht voraussetzen.

Unser Ziel ist es, semimagische und magische Quadrate zu zählen. Im traditionellen Fall ist das nicht sonderlich interessant:[1] Für jede Ordnung gibt es eine feste Anzahl traditioneller magischer Quadrate. Zum Beispiel gibt es 7040 traditionelle magische (4×4)-Quadrate.

Die Situation wird interessanter, wenn wir die Bedingung der Traditionalität weglassen und die Anzahl der magischen Quadrate als Funktion der Reihensumme untersuchen. Wir bezeichnen die Gesamtanzahl semimagischer und magischer Quadrate der Ordnung n mit Reihensumme t durch $H_n(t)$ bzw. $M_n(t)$.

Beispiel 6.1. Wir veranschaulichen diese Begriffe für den Fall $n = 2$, der nicht sonderlich kompliziert ist. Hier ist ein semimagisches Quadrat komplett bestimmt, sobald wir einen seiner Einträge kennen, etwa den linken oberen, den wir in Abb. 6.4 mit $\heartsuit$ bezeichnen. Aufgrund der oberen Zeilensumme muss der rechte obere Eintrag gleich $t - \heartsuit$ sein, genau wie der linke untere Eintrag (aufgrund der linken Spaltensumme). Aber dann muss der rechte untere Eintrag gleich $t - (t - \heartsuit) = \heartsuit$ sein (aus zwei Gründen: Wegen der unteren Zeilen- und oder rechten Spaltensumme). Der Eintrag $\heartsuit$ kann eine beliebige ganze Zahl zwischen 0 und t sein. Da es $t + 1$ solche ganzen Zahlen gibt, folgt

$$H_2(t) = t + 1 \,. \tag{6.1}$$

Im magischen Fall müssen wir auch die Diagonalen berücksichtigen. Wir wenden uns wieder unserem semimagischen Quadrat in Abb. 6.4 zu und erhalten für die Summe der ersten Diagonale $2 \cdot \heartsuit = t$ bzw. $\heartsuit = t/2$. In diesem Fall gilt $t - \heartsuit = t/2$, also muss ein magisches (2×2)-Quadrat identische Einträge in allen Positionen haben. Da wir verlangen, dass die Einträge ganze Zahlen

---

[1] Es ist allerdings nichtsdestotrotz ein unglaublich schwieriges Problem, alle traditionellen magischen Quadrate einer gegebenen Größe n zu zählen. Gegenwärtig sind diese Zahlen nur für $n \leq 5$ bekannt [164, Sequence A006052].

sind, ist das nur möglich, wenn t gerade ist, und in dem Fall erhalten wir genau eine Lösung, nämlich das Quadrat auf der rechten Seite von Abb. 6.4. Das heißt

$$M_2(t) = \begin{cases} 1 & \text{falls } t \text{ gerade ist,} \\ 0 & \text{falls } t \text{ ungerade ist.} \end{cases}$$

Diese einfachen Ergebnisse geben uns bereits einen Hinweis auf etwas: Nämlich darauf, dass die Zählfunktion H_n anders beschaffen ist als die Funktion M_n.

□

6.2 Semimagische Quadrate: Gitterpunkte im Birkhoff-von Neumann-Polytop

So wie das Frobenius-Problem intrinsisch mit Fragen über Gitterpunkte in Geradenabschnitten, Dreiecken und höherdimensionalen Simplexen verbunden war, haben auch magische Quadrate und ihre Verwandte ein Leben in der Welt der Geometrie. Das berühmteste Beispiel hängt mit semimagischen Quadraten zusammen.

Ein semimagisches $(n \times n)$-Quadrat hat n^2 nichtnegative Einträge, deren Summe entlang jeder Zeile oder Spalte den gleichen Wert ergibt. Wir betrachten daher das Polytop

$$\mathcal{B}_n := \left\{ \begin{pmatrix} x_{11} & \cdots & x_{1n} \\ \vdots & & \vdots \\ x_{n1} & \cdots & x_{nn} \end{pmatrix} \in \mathbb{R}^{n^2} : x_{jk} \geq 0, \begin{array}{l} \sum_j x_{jk} = 1 \text{ für alle } 1 \leq k \leq n \\ \sum_k x_{jk} = 1 \text{ für alle } 1 \leq j \leq n \end{array} \right\},$$

(6.2)

das aus nichtnegativen reellen Matrizen besteht, in denen alle Zeilen und Spalten die Summe eins ergeben. $\mathcal{B}_n$ heißt das n-te **Birkhoff-von Neumann-Polytop**, zu Ehren von Garrett Birkhoff (1911–1996)[2] und John von Neumann (1903–1957).[3] Da die im Birkhoff-von Neumann-Polytop enthaltenen Matrizen häufig in Wahrscheinlichkeitstheorie und Statistik auftreten (die Zeilensumme 1 entspricht der Wahrscheinlichkeit 1), wird $\mathcal{B}_n$ oft als Menge der *doppelt stochastischen* $(n \times n)$-Matrizen bezeichnet.

Geometrisch ist $\mathcal{B}_n$ eine Teilmenge von $\mathbb{R}^{n^2}$ und als solche schwer darstellbar, sobald n den Wert 1 übersteigt.[4] Wir können allerdings einen Blick auf $\mathcal{B}_2 \subset \mathbb{R}^4$ erhaschen, wenn wir uns überlegen, welche Form Punkte in $\mathcal{B}_2$ potenziell annehmen können. Im Einklang mit Abb. 6.4 ist ein solcher Punkt durch seinen linken oberen Eintrag $\heartsuit$ bestimmt, dargestellt in Abb. 6.5. Dieser Eintrag $\heartsuit$ ist eine reelle Zahl zwischen 0 und 1, was nahelegt, dass $\mathcal{B}_2$ wie ein

---

[2] Für mehr Informationen über Birkhoff siehe
http://www-groups.dcs.st-and.ac.uk/~history/Mathematicians/Birkhoff_Garrett.html.
[3] Für mehr Informationen über von Neumann siehe
http://www-groups.dcs.st-and.ac.uk/~history/Mathematicians/Von_Neumann.html.
[4] Der Fall $n = 1$ ist nicht besonders interessant: $\mathcal{B}_1 = \{1\}$ ist ein Punkt.

$$\begin{pmatrix} \heartsuit & 1 - \heartsuit \\ 1 - \heartsuit & \heartsuit \end{pmatrix}$$

Abb. 6.5. Ein Punkt in $\mathcal{B}_2$.

Geradenabschnitt im vierdimensionalen Raum aussehen sollte. In der Tat sollten die Ecken von $\mathcal{B}_2$ durch $\heartsuit = 0$ und $\heartsuit = 1$ gegeben sein, also durch die Punkte

$$\begin{pmatrix} 1 & 0 \\ 0 & 1 \end{pmatrix}, \begin{pmatrix} 0 & 1 \\ 1 & 0 \end{pmatrix} \in \mathcal{B}_2.$$

Diese Ergebnisse lassen sich verallgemeinern: $\mathcal{B}_n$ ist ein $(n-1)^2$-Polytop (siehe Aufgabe 6.3), dessen Ecken (Aufgabe 6.5) die **Permutationsmatrizen** sind, also jene $(n \times n)$-Matrizen, die genau eine 1 in jeder Zeile und Spalte haben (und deren weitere Einträge gleich null sind). Aufgrund der Dimension können wir vom stetigen Volumen von $\mathcal{B}_n$ nur im relativen Sinn reden, entsprechend der Definition aus Abschnitt 5.4.

Die Verbindung der semimagischen Zählfunktion $H_n(t)$ mit dem Birkhoff-von Neumann-Polytop $\mathcal{B}_n$ wird klar, wenn wir den Gitterpunktzähler für $\mathcal{B}_n$ betrachten: Die Zählfunktion $H_n(t)$ zählt gerade die Gitterpunkte in $t\mathcal{B}_n$, das heißt

$$H_n(t) = \# \left(t\mathcal{B}_n \cap \mathbb{Z}^{n^2} \right) = L_{\mathcal{B}_n}(t).$$

Wir können mehr aussagen, wenn wir beachten, dass die Permutationsmatrizen (also die Ecken) *Gitterpunkte* in $\mathcal{B}_n$ sind, und wir deshalb den Satz von Ehrhart (Satz 3.8) anwenden können:

Satz 6.2. $H_n(t)$ *ist ein Polynom in t vom Grad $(n-1)^2$.*   □

Die Tatsache, dass H_n ein Polynom ist, ist nicht nur mathematisch äußerst ansprechend, sondern hat auch die gleiche nützliche algorithmische Konsequenz, die wir in Abschnitt 3.6 ausgenutzt haben: Wir können diese Zählfunktion durch Interpolation berechnen. Um zum Beispiel H_2, ein lineares Polynom, zu berechnen, müssen wir nur zwei Werte kennen. Da wir darüberhinaus wissen, dass der konstante Term von H_2 gleich 1 ist (nach Korollar 3.15), brauchen wir nur einen Wert. Es ist nicht schwer, sogar einen Laien davon zu überzeugen, dass $H_2(1) = 2$ gilt (welche beiden semimagischen Quadrate sind das?), und wir interpolieren

$$H_2(t) = t + 1.$$

Um das Polynom H_3 zu interpolieren, müssen wir neben $H_3(0) = 1$ noch vier weitere Werte kennen. Tatsächlich reichen uns aber noch weniger Werte, da Ehrhart-Macdonald-Reziprozität (Satz 4.1) uns bei den Berechnungen hilft. Um das zu sehen, bezeichnen wir mit $H_n^\circ(t)$ die Anzahl der $(n \times n)$-Matrizen mit *positiven* ganzzahligen Einträgen, deren Summe entlang jeder Zeile und Spalte t ergibt. Kurzes Nachdenken ergibt (Aufgabe 6.6), dass

$$H_n^\circ(t) = H_n(t - n)\,. \tag{6.3}$$

Aber es gibt einen zweiten Zusammenhang zwischen H_n und H_n°, denn $H_n^\circ(t)$ zählt, nach Definition, die Gitterpunkte im *relativen Inneren* des Birkhoff-von Neumann-Polytops $\mathcal{B}_n$, das heißt $H_n^\circ(t) = L_{\mathcal{B}_n^\circ}(t)$. Jetzt liefert Ehrhart-Macdonald-Reziprozität (Satz 4.1)

$$H_n^\circ(-t) = (-1)^{(n-1)^2} H_n(t)\,.$$

Wenn wir diese Gleichung mit (6.3) kombinieren, erhalten wir eine Symmetriegleichung für die Zählfunktion für semimagische Quadrate:

Satz 6.3. *Das Polynom H_n erfüllt*

$$H_n(-n - t) = (-1)^{(n-1)^2} H_n(t)$$

und

$$H_n(-1) = H_n(-2) = \cdots = H_n(-n + 1) = 0\,. \qquad \square$$

Die Nullstellen von H_n bei den ersten $n-1$ negativen ganzen Zahlen folgen aus (Aufgabe 6.7)

$$H_n^\circ(1) = H_n^\circ(2) = \cdots = H_n^\circ(n - 1) = 0\,.$$

Satz 6.3 liefert uns den Grad von $\mathcal{B}_n$ und impliziert, dass der Nenner der Ehrhart-Reihe des Birkhoff-von Neumann-Polytops palindromisch ist:

Korollar 6.4. *Die Ehrhart-Reihe des Birkhoff-von Neumann-Polytops $\mathcal{B}_n$ hat die Form*

$$\mathrm{Ehr}_{\mathcal{B}_n}(z) = \frac{h_{(n-1)(n-2)}\, z^{(n-1)(n-2)} + \cdots + h_0}{(1 - z)^{(n-1)^2 + 1}}\,,$$

wobei $h_0, h_1, \ldots, h_{(n-1)(n-2)} \in \mathbb{Z}_{\geq 0}$ die Gleichung $h_k = h_{(n-1)(n-2)-k}$ für $0 \leq k \leq \frac{(n-1)(n-2)}{2}$ erfüllen.

Beweis. Wir bezeichnen die Ehrhart-Reihe von $\mathcal{B}_n$ mit

$$\mathrm{Ehr}_{\mathcal{B}_n}(z) = \frac{h_{(n-1)^2}\, z^{(n-1)^2} + \cdots + h_0}{(1 - z)^{(n-1)^2 + 1}}\,.$$

Dass $h_{(n-1)^2} = \cdots = h_{(n-1)^2-(n-2)} = 0$ gilt, folgt aus dem zweiten Teil von Satz 6.3 und Satz 4.5. Die Palindromeigenschaft der Nennerkoeffizienten folgt aus dem ersten Teil von Satz 6.3 und Aufgabe 4.6: Diese impliziert

$$\mathrm{Ehr}_{\mathcal{B}_n}\left(\frac{1}{z}\right) = (-1)^{(n-1)^2+1} z^n\, \mathrm{Ehr}_{\mathcal{B}_n}(z)\,,$$

was $h_k = h_{(n-1)(n-2)-k}$ ergibt, wenn wir beide Seiten der Gleichung vereinfachen. $\qquad \square$

Wir kehren zur Interpolation von H_3 zurück: Satz 6.3 gibt uns, neben $H_3(0) = 1$, die Werte

$$H_3(-3) = 1 \qquad \text{und} \qquad H_3(-1) = H_3(-2) = 0\,.$$

Diese vier Werte, zusammen mit $H_3(1) = 6$ (siehe Aufgabe 6.1), genügen zur Interpolation des quartischen Polynoms H_3, und wir berechnen

$$H_3(t) = \frac{1}{8}\,t^4 + \frac{3}{4}\,t^3 + \frac{15}{8}\,t^2 + \frac{9}{4}\,t + 1\,. \tag{6.4}$$

Dieses Interpolationsbeispiel legt den Einsatz eines Computers nahe; wir lassen diesen genügend Werte von H_n berechnen und interpolieren dann einfach. Was Berechnungen angeht sollten wir uns aber nicht allzu sehr davon beeindrucken lassen, dass wir H_2 und H_3 so mühelos berechnen konnten. Im Allgemeinen hat das Polynom H_n den Grad $(n-1)^2$, also müssen wir $(n-1)^2 + 1$ Werte von H_n berechnen, um interpolieren zu können. Von diesen kennen wir n (den konstanten Term und die durch Satz 6.3 gegebenen Nullstellen), also bleiben $n^2 - 3n + 1$ Werte von H_n zu berechnen. Ehrhart-Macdonald-Reziprozität reduziert die Anzahl der zu berechnenden Werte auf $(n^2 - 3n)/2 + 1$. Das ist immer noch eine Menge, wie jeder bestätigen kann, der versucht hat, mit einem Computer alle semimagischen (7×7)-Quadrate mit Reihensumme 15 aufzuzählen. Trotzdem ist es eine interessante Tatsache, dass wir H_n für kleine n durch Interpolation berechnen können. Es ist unterhaltsam, seinen Computer gegen die Berechnung über den konstanten Term, die wir unten skizzieren, antreten zu lassen, und wir ermuntern den Leser, beides auszuprobieren. Für kleine n ist Interpolation klar der Berechnung über den konstanten Term à la Kapitel 1 überlegen. Der Wendepunkt scheint ungefähr bei $n = 5$ zu liegen: Der Computer benötigt, wenn t wächst, mehr und mehr Zeit, um die Werte $H_n(t)$ zu berechnen. Stärkere Methoden als die Interpolation sind nötig.

6.3 Magische Erzeugendenfunktionen und Konsttanttermgleichungen

Jetzt werden wir eine Erzeugendenfunktion für H_n konstruieren, wofür wir Satz 2.13 benötigen. Die semimagische Zählfunktion H_n ist das Ehrhart-Polynom des n-ten Birkhoff-von Neumann-Polytops $\mathcal{B}_n$, welches wiederum durch (6.2) als eine Menge von Matrizen definiert ist. Wir schreiben zunächst die Definition von $\mathcal{B}_n$ um, damit sie zur allgemeinen Beschreibung (2.23) eines Polytops passt. Wenn wir die Punkte in $\mathcal{B}_n$ als Spaltenvektoren in $\mathbb{R}^{n^2}$ auffassen (und nicht als Matrizen in $\mathbb{R}^{n \times n}$), dann gilt

$$\mathcal{B}_n = \left\{ \mathbf{x} \in \mathbb{R}^{n^2}_{\geq 0} : \mathbf{A}\,\mathbf{x} = \mathbf{b} \right\}\,,$$

wobei

$$\mathbf{A} = \begin{pmatrix} 1 \cdots 1 & & & \\ & 1 \cdots 1 & & \\ & & \ddots & \\ & & & 1 \cdots 1 \\ 1 & 1 & & 1 \\ \ddots & \ddots & \cdots & \ddots \\ 1 & 1 & & 1 \end{pmatrix} \in \mathbb{Z}^{2n \times n^2} \tag{6.5}$$

(wir lassen wieder Nulleinträge weg) und

$$\mathbf{b} = \begin{pmatrix} 1 \\ 1 \\ \vdots \\ 1 \end{pmatrix} \in \mathbb{Z}^{2n}.$$

Aus dieser Beschreibung von $\mathcal{B}_n$ können wir leicht die Erzeugendenfunktion für H_n ableiten. Nach Satz 2.13 gilt für ein allgemeines rationales Polytop $\mathcal{P} = \left\{ \mathbf{x} \in \mathbb{R}^d_{\geq 0} : \mathbf{A}\,\mathbf{x} = \mathbf{b} \right\}$, dass

$$L_{\mathcal{P}}(t) = \text{const} \left(\frac{1}{(1 - \mathbf{z}^{\mathbf{c}_1})(1 - \mathbf{z}^{\mathbf{c}_2}) \cdots (1 - \mathbf{z}^{\mathbf{c}_d})\,\mathbf{z}^{t\mathbf{b}}} \right),$$

wobei $\mathbf{c}_1, \mathbf{c}_2, \ldots, \mathbf{c}_d$ die Spalten von $\mathbf{A}$ bezeichnen. In unserem speziellen Fall haben die Spalten von $\mathbf{A}$ eine einfache Form: Sie enthalten genau zwei 1en und überall sonst 0en. Wir benötigen in der Erzeugendenfunktion eine Variable für jede Zeile von $\mathbf{A}$. Um die Dinge so klar wie möglich zu halten, benutzen wir $z_1, z_2, \ldots, z_n$ für die ersten n Zeilen von $\mathbf{A}$ (diese stellen die Zeilenbedingungen von $\mathcal{B}_n$ dar) und $w_1, w_2, \ldots, w_n$ für die letzten n Zeilen von $\mathbf{A}$ (diese stellen die Spaltenbedingungen von $\mathcal{B}_n$ dar). Mit dieser Notation liefert uns Satz 2.13, angewandt auf $\mathcal{B}_n$, den folgenden Ausgangspunkt für unsere Berechnungen:

Satz 6.5. *Die Anzahl $H_n(t)$ der semimagischen $(n \times n)$-Quadrate mit Reihensumme t erfüllt*

$$H_n(t) = \text{const} \left(\frac{1}{\prod_{1 \leq j,k \leq n}(1 - z_j w_k) \left(\prod_{1 \leq j \leq n} z_j \prod_{1 \leq k \leq n} w_k \right)^t} \right). \qquad \square$$

Diese Gleichung ist sowohl von theoretischem als auch von praktischem Nutzen. Man kann sie benutzen, um H_3 und sogar H_4 von Hand zu berechnen. Vorerst arbeiten wir daran, sie weiter zu verfeinern, am Beispiel des Falls $n = 2$.

Wir bemerken zunächst, dass in der Formel für H_2 die Variablen w_1 und w_2 getrennt sind, und zwar in dem Sinn, dass wir die Formel als Produkt zweier Faktoren schreiben können, von denen einer nur w_1 und der andere nur w_2 enthält:

$$H_2(t) = \text{const} \left(\frac{1}{z_1^t z_2^t} \frac{1}{(1 - z_1 w_1)(1 - z_2 w_1) w_1^t} \frac{1}{(1 - z_1 w_2)(1 - z_2 w_2) w_2^t} \right).$$

Wir legen jetzt eine Reihenfolge für die Berechnung des konstanten Terms fest: Wir berechnen erst den konstanten Term bezüglich w_2, dann den bezüglich w_1. (Wir führen Vorerst keine Reihenfolge für die Berechnungen bezüglich z_1 und z_2 ein.) Da wir z_1, z_2 und w_1 als Konstanten ansehen, während wir den konstanten Term bezüglich w_2 berechnen, können wir wie folgt vereinfachen:

$$H_2(t) = \text{const}_{z_1, z_2} \left(\frac{1}{z_1^t z_2^t} \text{const}_{w_1} \left(\frac{1}{(1 - z_1 w_1)(1 - z_2 w_1) w_1^t} \right. \right.$$
$$\left. \left. \times \text{const}_{w_2} \left(\frac{1}{(1 - z_1 w_2)(1 - z_2 w_2) w_2^t} \right) \right) \right).$$

Wir sehen jetzt den Effekt des getrennten Auftretens von w_1 und w_2: Die Gleichung in konstanten Termen *zerfällt* in Faktoren. Ein ähnlicher Effekt kann bei Integralen in mehreren Variablen auftreten. Wir schreiben unsere Gleichung um, damit der Effekt deutlicher wird:

$$H_2(t) = \text{const}_{z_1, z_2} \left(\frac{1}{z_1^t z_2^t} \text{const}_{w_1} \left(\frac{1}{(1 - z_1 w_1)(1 - z_2 w_1) w_1^t} \right) \right.$$
$$\left. \times \text{const}_{w_2} \left(\frac{1}{(1 - z_1 w_2)(1 - z_2 w_2) w_2^t} \right) \right).$$

Aber jetzt sind die Ausdrücke in den letzten beiden Paaren von Klammern identisch, außer dass die Variable, bezüglich der wir den konstanten Term berechnen, im einen Fall w_1 und im anderen Fall w_2 heißt. Da dies nur „Platzhalter" sind, können wir sie auch w nennen und zusammenfassen:

$$H_2(t) = \text{const}_{z_1, z_2} \left(\frac{1}{z_1^t z_2^t} \left(\text{const}_w \frac{1}{(1 - z_1 w)(1 - z_2 w) w^t} \right)^2 \right).$$

(Man beachte das Quadrat!) Natürlich funktionert dieses Ausklammern auch im allgemeinen Fall, und wir laden den Leser ein, das zu beweisen (Aufgabe 6.8):

$$H_n(t) = \text{const}_{z_1, \ldots, z_n} \left((z_1 \cdots z_n)^{-t} \left(\text{const}_w \frac{1}{(1 - z_1 w) \cdots (1 - z_n w) w^t} \right)^n \right).$$
$$(6.6)$$

Wir können noch weiter gehen, indem wir den innersten konstanten Term

$$\text{const}_w \frac{1}{(1 - z_1 w) \cdots (1 - z_n w) w^t}$$

ausrechnen. Es sollte nicht überraschen, dass wir dazu eine Partialbruch-zerlegung verwenden. Die w-Pole unserer rationalen Funktion sind bei $w = 1/z_1$, $w = 1/z_2$, $\ldots$, $w = 1/z_n$, und daher zerlegen wir in

$$\frac{1}{(1 - z_1 w) \cdots (1 - z_n w) w^t} = \frac{A_1}{w - \frac{1}{z_1}} + \frac{A_2}{w - \frac{1}{z_2}} + \cdots + \frac{A_n}{w - \frac{1}{z_n}} + \sum_{k=1}^{t} \frac{B_k}{w^k}. \quad (6.7)$$

Genau wie in Kapitel 1 können wir die B_k-Terme ignorieren, da sie nicht zum konstanten Term beitragen, d.h.

$$\mathrm{const}_w \frac{1}{(1 - z_1 w) \cdots (1 - z_n w) w^t}$$

$$= \mathrm{const}_w \left(\frac{A_1}{w - \frac{1}{z_1}} + \frac{A_2}{w - \frac{1}{z_2}} + \cdots + \frac{A_n}{w - \frac{1}{z_n}} \right)$$

$$= -A_1 z_1 - A_2 z_2 - \cdots - A_n z_n \,.$$

Wir laden den Leser ein, zu zeigen, dass (Aufgabe 6.9)

$$A_k = -\frac{z_k^{t-1}}{\left(1 - \frac{z_1}{z_k}\right) \cdots \left(1 - \frac{z_{k-1}}{z_k}\right) \left(1 - \frac{z_{k+1}}{z_k}\right) \cdots \left(1 - \frac{z_n}{z_k}\right)}$$

$$= -\frac{z_k^{t+n-2}}{\prod_{j \neq k}(z_k - z_j)} \,. \quad (6.8)$$

Wenn wir diese Koeffizienten wieder in die Partialbruchzerlegung einsetzen, erhalten wir die folgende Gleichung:

Satz 6.6. *Die Anzahl $H_n(t)$ semimagischer $(n \times n)$-Quadrate mit Reihensumme t erfüllt*

$$H_n(t) = \mathrm{const} \left((z_1 \cdots z_n)^{-t} \left(\sum_{k=1}^{n} \frac{z_k^{t+n-1}}{\prod_{j \neq k}(z_k - z_j)} \right)^n \right). \qquad \square$$

Bei all dieser Allgemeinheit haben wir beinahe vergessen, H_2 mit unserem Partialbruchansatz zu berechnen. Der letzte Satz besagt, dass

$$H_2(t) = \mathrm{const} \left((z_1 z_2)^{-t} \left(\frac{z_1^{t+1}}{z_1 - z_2} + \frac{z_2^{t+1}}{z_2 - z_1} \right)^2 \right)$$

$$= \mathrm{const} \left(\frac{z_1^{t+2} z_2^{-t}}{(z_1 - z_2)^2} - 2 \frac{z_1 z_2}{(z_1 - z_2)^2} + \frac{z_1^{-t} z_2^{t+2}}{(z_1 - z_2)^2} \right). \quad (6.9)$$

An dieser Stelle müssen wir die Reihenfolge, in der wir die konstanten Terme berechnen, genauer festlegen. Berechnen wir also zunächst den konstanten Term bezüglich z_1 und danach den bezüglich z_2. Also müssen wir zuerst

$$\text{const}_{z_1}\left(\frac{z_1^{t+2}z_2^{-t}}{(z_1-z_2)^2}\right), \ \text{const}_{z_1}\left(\frac{z_1 z_2}{(z_1-z_2)^2}\right) \ \text{und} \ \text{const}_{z_1}\left(\frac{z_1^{-t}z_2^{t+2}}{(z_1-z_2)^2}\right)$$

berechnen. Um diese konstanten Terme zu erhalten, müssen wir die Funktion $\frac{1}{(z_1-z_2)^2}$ zerlegen. Wie wir aus der Analysis wissen, hängt die Zerlegung von der Anordnung der Absolutbeträge von z_1 und z_2 ab. Falls z.B. $|z_1| < |z_2|$ gilt, dann ist

$$\frac{1}{z_1-z_2} = \frac{1}{z_2}\frac{1}{\frac{z_1}{z_2}-1} = -\frac{1}{z_2}\sum_{k\geq 0}\left(\frac{z_1}{z_2}\right)^k = -\sum_{k\geq 0}\frac{1}{z_2^{k+1}}z_1^k,$$

und daher

$$\frac{1}{(z_1-z_2)^2} = -\frac{d}{dz_1}\left(\frac{1}{z_1-z_2}\right) = \sum_{k\geq 1}\frac{k}{z_2^{k+1}}z_1^{k-1} = \sum_{k\geq 0}\frac{k+1}{z_2^{k+2}}z_1^k.$$

Also wollen wir vorläufig annehmen, dass $|z_1| < |z_2|$ gilt. Das mag komisch klingen, da z_1 und z_2 *Variablen* sind, als solche sind sie aber einfach Hilfsmittel, die es uns erlauben, eine Größe zu berechnen, welche von z_1 und z_2 unabhängig ist. Vor diesem Hintergrund dürfen wir über die Anordnung der Beträge der Variablen beliebige Annahmen machen. In Aufgabe 6.11 werden wir prüfen, dass die Anordnung in der Tat unerheblich ist. Jetzt erhalten wir

$$\begin{aligned}
\text{const}_{z_1}\left(\frac{z_1^{t+2}z_2^{-t}}{(z_1-z_2)^2}\right) &= z_2^{-t}\,\text{const}_{z_1}\left(\frac{z_1^{t+2}}{(z_1-z_2)^2}\right) \\
&= z_2^{-t}\,\text{const}_{z_1}\left(z_1^{t+2}\sum_{k\geq 0}\frac{k+1}{z_2^{k+2}}z_1^k\right) \\
&= z_2^{-t}\,\text{const}_{z_1}\left(\sum_{k\geq 0}\frac{k+1}{z_2^{k+2}}z_1^{k+t+2}\right) \\
&= 0,
\end{aligned} \tag{6.10}$$

da nur positive Potenzen von z_1 vorkommen (wir erinnern uns an $t \geq 0$). Analog (siehe Aufgabe 6.10) überprüft man, dass

$$\text{const}_{z_1}\left(\frac{z_1 z_2}{(z_1-z_2)^2}\right) = 0 \tag{6.11}$$

gilt. Für den letzten konstanten Term berechnen wir

$$\begin{aligned}
\text{const}_{z_1}\left(\frac{z_1^{-t}z_2^{t+2}}{(z_1-z_2)^2}\right) &= z_2^{t+2}\,\text{const}_{z_1}\left(z_1^{-t}\sum_{k\geq 0}\frac{k+1}{z_2^{k+2}}z_1^k\right) \\
&= z_2^{t+2}\,\text{const}_{z_1}\left(\sum_{k\geq 0}\frac{k+1}{z_2^{k+2}}z_1^{k-t}\right).
\end{aligned}$$

Der konstante Term auf der rechten Seite ist der Term mit $k = t$, also

$$\text{const}_{z_1} \left(\frac{z_1^{-t} z_2^{t+2}}{(z_1 - z_2)^2} \right) = z_2^{t+2} \frac{t+1}{z_2^{t+2}} = t + 1 \,.$$

Von den drei konstanten Term überlebt also nur einer, und mit $\text{const}_{z_2}(t+1) = t + 1$ erhalten wir wieder, was wir bereits seit dem Anfang dieses Kapitels wissen:

$$H_2(t) = \text{const} \left(\frac{z_1^{t+2} z_2^{-t}}{(z_1 - z_2)^2} - 2 \frac{z_1 z_2}{(z_1 - z_2)^2} + \frac{z_1^{-t} z_2^{t+2}}{(z_1 - z_2)^2} \right) = t + 1 \,.$$

Das war eine Menge Arbeit für dieses scheinbar triviale Polynom. Wir erinnern beispielsweise daran, dass wir das gleiche Ergebnis durch eine einfache Interpolation bekommen können. Um allerdings eine ähnliche Interpolation z.B. für H_4 durchzuführen, würden wir wahrscheinlich einen Computer benötigen (um die Interpolationswerte zu bekommen). Die Berechnung von H_4 als konstantem Term läuft dagegen auf nur fünf iterierte konstante Terme hinaus, die in der Tat von Hand berechnen werden können (siehe Aufgabe 6.14). Das Ergebnis ist

$$H_4(t) = \frac{11}{11340} t^9 + \frac{11}{630} t^8 + \frac{19}{135} t^7 + \frac{2}{3} t^6 + \frac{1109}{540} t^5 + \frac{43}{10} t^4 + \frac{35117}{5670} t^3$$
$$+ \frac{379}{63} t^2 + \frac{65}{18} t + 1 \,.$$

6.4 Die Aufzählung magischer Quadrate

Was passiert, wenn wir die Diagonalbedingungen, die im semimagischen Fall fehlen, mit hinzunehmen? In der Einleitung zu diesem Kapitel haben wir bereits ein Beispiel gesehen, nämlich die Anzahl der (2×2)-Quadrate:

$$M_2(t) = \begin{cases} 1 & \text{falls } t \text{ gerade ist,} \\ 0 & \text{falls } t \text{ ungerade ist.} \end{cases}$$

Dies ist ein sehr einfaches Beispiel eines Quasipolynoms. Die Zählfunktion M_n ist nämlich, genau wie H_n, durch ganzzahlige lineare Gleichungen und Ungleichungen definiert, also ist sie der Gitterpunktzähler eines rationalen Polytops, und Satz 3.23 gibt uns sofort das folgende Ergebnis.

Satz 6.7. *Die Zählfunktion $M_n(t)$ ist ein Quasipolynom in t.*   □

Wir laden den Leser ein, zu zeigen, dass der Grad von M_n gleich $n^2 - 2n - 1$ ist (Aufgabe 6.16).

Wir wollen sehen, was im ersten nichttrivialen Fall, nämlich (3×3)-Quadrate, passiert. Wir folgen unserem Rezept und ordnen den Einträgen unserer (3×3)-Quadrate Variablen $m_1, m_2, \ldots, m_9$ zu, wie in Abb. 6.6.

m_1	m_2	m_3
m_4	m_5	m_6
m_7	m_8	m_9

Abb. 6.6. Variablen in einem magischen (3×3)-Quadrat.

Die magischen Bedingungen fordern nun, dass $m_1, m_2, \ldots, m_9 \in \mathbb{Z}_{\geq 0}$ und

$$m_1 + m_2 + m_3 = t,$$
$$m_4 + m_5 + m_6 = t,$$
$$m_7 + m_8 + m_9 = t,$$
$$m_1 + m_4 + m_7 = t,$$
$$m_2 + m_5 + m_8 = t,$$
$$m_3 + m_6 + m_9 = t,$$
$$m_1 + m_5 + m_9 = t,$$
$$m_3 + m_5 + m_7 = t,$$

was aus den Zeilensummen (die ersten drei Gleichungen), Spaltensummen (die nächsten drei Gleichungen) und den Diagonalsummen (die letzten beiden Gleichungen) folgt. Inzwischen sind wir geübt darin, dieses Gleichungssystem in eine Erzeugendenfunktion zu übersetzen: Wir benötigen eine Variable für jede Gleichung, also nehmen wir z_1, z_2, z_3 für die ersten drei, w_1, w_2, w_3 für die nächsten drei und y_1, y_2 für die letzten beiden Gleichungen. Die Funktion $M_3(t)$ ist der konstante Term von

$$\frac{1}{(1 - z_1 w_1 y_1)(1 - z_1 w_2)(1 - z_1 w_3 y_2)(1 - z_2 w_1)(1 - z_2 w_2 y_1 y_2)(1 - z_2 w_3)}$$
$$\times \frac{1}{(1 - z_3 w_1 y_2)(1 - z_3 w_2)(1 - z_3 w_3 y_1)(z_1 z_2 z_3 w_1 w_2 w_3 y_1 y_2)^t}. \tag{6.12}$$

Es ist ein ziemlicher Aufwand, aber es lohnt sich, diesen konstanten Term zu berechnen (versuchen Sie es einfach!). Das Ergebnis ist

$$M_3(t) = \begin{cases} \frac{2}{9} t^2 + \frac{2}{3} t + 1 & \text{falls } 3 | t, \\ 0 & \text{sonst.} \end{cases} \tag{6.13}$$

Wie von Satz 6.7 vorausgesagt, ist M_3 ein Quasipolynom. Es hat Grad 2 und Periode 3. Das wird vielleicht deutlicher, wenn wir es als

$$M_3(t) = \begin{cases} \frac{2}{9} t^2 + \frac{2}{3} t + 1 & \text{falls } t \equiv 0 \pmod 3, \\ 0 & \text{falls } t \equiv 1 \pmod 3, \\ 0 & \text{falls } t \equiv 2 \pmod 3, \end{cases}$$

umschreiben, und wir sehen dabei die Bestandteile des Quasipolynoms M_3. Es gibt eine alternative Beschreibungsmöglichkeit für M_3; wir setzen dafür

$$c_2(t) = \begin{cases} \frac{2}{9} & \text{falls } t \equiv 0 \pmod 3, \\ 0 & \text{falls } t \equiv 1 \pmod 3, \\ 0 & \text{falls } t \equiv 2 \pmod 3, \end{cases}$$

$$c_1(t) = \begin{cases} \frac{2}{3} & \text{falls } t \equiv 0 \pmod 3, \\ 0 & \text{falls } t \equiv 1 \pmod 3, \\ 0 & \text{falls } t \equiv 2 \pmod 3, \end{cases}$$

$$c_0(t) = \begin{cases} 1 & \text{falls } t \equiv 0 \pmod 3, \\ 0 & \text{falls } t \equiv 1 \pmod 3, \\ 0 & \text{falls } t \equiv 2 \pmod 3. \end{cases}$$

Dann kann das Quasipolynom M_3 als

$$M_3(t) = c_2(t)\, t^2 + c_1(t)\, t + c_1(t)$$

geschrieben werden.

Anmerkungen

1. Magische Quadrate reichen ins China des ersten Jahrtausends vor Christus zurück [52]; sie durchliefen deutliche Weiterentwicklungen in der muslimischen Welt im späten ersten Jahrtausend nach Christus und im darauf folgenden (oder früher, die Daten fehlen) in Indien [53]. Über den Islam sind sie im späten Mittelalter ins christliche Europa gelangt, wahrscheinlich ursprünglich über die jüdische Gemeinschaft [53, Part II, pp. 290ff.], später evtl. nach Byzanz [53, Part I, p. 198] und spätestens im frühen achtzehnten Jahrhundert (die Daten liegen in kaum erschlossenen Archiven begraben) ins Afrika südlich der Sahara [190, Chapter 12]. Die Inhalte magischer Quadrate schwanken je nach Zeit und Autor; üblicherweise waren sie die ersten n^2 aufeinanderfolgenden natürlichen Zahlen, aber oft auch arithmetische Folgen oder beliebige natürliche Zahlen. Im letzten Jahrhundert haben Mathematiker einige Vereinfachungen vorgenommen, um Ergebnisse über die Anzahl der Quadrate mit festgelegter magischer Summe zu erhalten. Insbesondere wurden, wie in diesem Kapitel, wiederholte Einträge zugelassen.

2. Das Problem, magische Quadrate (außer traditionelle magische Quadrate) zu zählen, scheint überhaupt erst im zwanzigsten Jahrhundert aufgetaucht zu sein, zweifellos deshalb, weil es bis dahin keine Möglichkeit gegeben hatte, sich dieser Frage zu nähern. Die ersten nichttrivialen Formeln zu diesem Zählproblem, nämlich (6.4) und (6.13) für H_3 und M_3, wurden von Percy Macmahon

$(1854–1929)^5$ [123] im Jahre 1915 aufgestellt. In letzter Zeit ist einiges an Literatur zu exakten Formeln entstanden (siehe z.B. [79, 167] für semimagische Quadrate; für magische Quadrate siehe [1, 22]; für magische Quadrate mit paarweise verschiedenen Einträgen siehe [30, 188]).

3. Eine weitere berühmte Klassen von Quadraten bilden die *lateinischen Quadrate* (siehe z.B. [71]). Hier hat jede Zeile und jede Spalte n verschiedene Zahlen, und zwar die selben n Zahlen in jeder Zeile und Spalte (üblicherweise die ersten n natürlichen Zahlen). Es gibt Zählprobleme im Zusammenhang mit lateinischen Quadraten, die mit Ehrhart-Theorie bearbeitet werden können [30] (siehe auch [164, Sequence A002860]).

4. Neuere Arbeiten beinhalten auch mathematikhistorische Forschung, wie z.B. die Entdeckung unveröffentlichter magischer Quadrate von Benjamin Franklin [2, 140]. Abseits mathematischer Forschung sind magische Quadrate natürlich auch nach wie vor eine hervorragende Quelle von Themen für populärwissenschaftliche Mathematikbücher (siehe z.B. [4] oder [143]).

5. Das Birkhoff-von Neumann-Polytop $\mathcal{B}_n$ besitzt faszinierende kombinatorische Eigenschaften [37, 47, 48, 57, 191] und steht zu vielen Gebieten der Mathematik in Beziehung [73, 111]. Seinen Namen trägt es zu Ehren von Garrett Birkhoff und John von Neumann, die bewiesen haben, dass die Extrempunkte von $\mathcal{B}_n$ die Permutationsmatrizen sind [38, 185] (siehe Aufgabe 6.5). Ein seit langem offenes Problem ist die Bestimmung des relativen Volumens von $\mathcal{B}_n$, das nur für $n \leq 10$ bekannt ist [164, Sequence A037302]. Die letzten beiden Rekorde ($n = 9$ und 10) bei der Berechnung von $\mathrm{vol}\,\mathcal{B}_n$ stützen sich übrigens auf die Theorie von Zählfunktionen, die in diesem Buch vorgestellt wird, genauer gesagt auf Satz 6.6 [27].

6. Eine wichtige Verallgemeinerung der Birkhoff-von Neumann-Polytope sind die *Transportpolytope*, die aus *Kontingenztafeln* bestehen. Sie haben Anwendungen in der Statistik und insbesondere auf die Anonymisierung von Daten (*disclosure limitation procedures*, [67]). Die Birkhoff-von Neumann-Polytope sind spezielle Transportpolytope, die aus Zweiweg-Kontingenztafeln mit gegebenen eindimensionalen Randverteilungen bestehen.

7. Die Polynomialität von H_n (Satz 6.2) und seine Symmetrie (Satz 6.3) wurden 1966 von Harsh Anand, Vishwa Dumir und Hansraj Gupta vermutet [3] und sieben Jahre später unabhängig voneinander von Eugène Ehrhart [79] und Richard Stanley [167] bewiesen. Stanley vermutete darüberhinaus, dass die Nennerkoeffizienten in Korollar 6.4 unimodal seien, was erst 2005 von Christos Athanasiadis bewiesen wurde [8]. Die Quasipolynomialität von M_n (Satz 6.7) und sein Grad werden in [22] behandelt. Die Periode von M_n im

---

[5] Für mehr Informationen über MacMahon siehe
http://www-groups.dcs.st-and.ac.uk/~history/Mathematicians/MacMahon.html.

Allgemeinen ist unbekannt. In [22] wird vermutet, dass sie für $n > 1$ stets nichttrivial ist. Die Arbeit in [1] stützt diese Behauptung, indem sie beweist, dass das Polytop der magischen $(n \times n)$-Quadrate *nicht* ganzzahlig ist für $n \geq 2$.

8. Wir schließen mit einer Geschichte über Cornelius Agrippas *De Occulta Philosophia*, das er 1510 geschrieben hat. Darin beschreibt er die spirituellen Kräfte magischer Quadrate und konstruiert einige Quadrate von Ordnungen zwischen drei und neun. Seiner Arbeit war, obwohl sie in der mathematischen Gemeinschaft einigen Einfluss hatte, nur kurzer Erfolg beschert, da die Gegenreformation und die Hexenjagden der Inquisition kurz darauf begannen: Agrippa selbst wurde beschuldigt, mit dem Teufel verbündet zu sein.

Aufgaben

6.1. ♣ Finden und beweisen Sie eine Formel für $H_n(1)$.

6.2. Sei $(x_{ij})_{1 \leq i,j \leq 3}$ ein magisches (3×3)-Quadrat.

(a) Zeigen Sie, dass der mittlere Eintrag x_{22} der Durchschnitt aller x_{ij} ist.
(b) Zeigen Sie, dass $M_3(t) = 0$ gilt, falls 3 kein Teiler von t ist.

6.3. ♣ Zeigen Sie, dass $\dim \mathcal{B}_n = (n-1)^2$.

6.4. Beweisen Sie die folgende Charakterisierung der Ecken eines konvexen Polytops $\mathcal{P}$: Ein Punkt $\mathbf{v} \in \mathcal{P}$ ist eine Ecke von $\mathcal{P}$, wenn für jede Gerade L durch $\mathbf{v}$ und jede Umgebung N von $\mathbf{v}$ ein Punkt in $L \cap N$ existiert, der nicht in $\mathcal{P}$ ist.

6.5. ♣ Zeigen Sie, dass die Ecken von $\mathcal{B}_n$ die $(n \times n)$-Permutationsmatrizen sind.

6.6. ♣ Sei $H_n^\circ(t)$ die Anzahl der $(n \times n)$-Matrizen mit *positiven* ganzzahligen Einträgen, deren Summe entlang jeder Zeile und Spalte gleich t ist. Zeigen Sie, dass $H_n^\circ(t) = H_n(t - n)$ für $t > n$.

6.7. ♣ Zeigen Sie, dass $H_n^\circ(1) = H_n^\circ(2) = \cdots = H_n^\circ(n-1) = 0$.

6.8. ♣ Zeigen Sie (6.6):

$$H_n(t) = \mathrm{const}_{z_1,\ldots,z_n} \left((z_1 \cdots z_n)^{-t} \left(\mathrm{const}_w \frac{1}{(1 - z_1 w) \cdots (1 - z_n w) w^t} \right)^n \right).$$

6.9. ♣ Berechnen Sie die Partialbruchkoeffizienten (6.8).

6.10. ♣ Überprüfen Sie (6.11).

6.11. Wiederholen Sie die Berechnung des konstanten Terms von H_2 ausgehend von (6.9), aber diesmal, indem Sie erst den konstanten Term bezüglich z_2 berechnen und danach den bezüglich z_1.

6.12. Benutzen Sie Ihr bevorzugtes Computerprogramm, um die Formel für $H_3(t)$, $H_4(t)$, ... durch Interpolation zu berechnen.

6.13. Berechnen Sie H_3 unter Benutzung von Satz 6.6.

6.14. Berechnen Sie H_4 unter Benutzung von Satz 6.6.

6.15. Zeigen Sie, dass

$$\sum_{k=1}^{n} \frac{z_k^{t+n-1}}{\prod_{j \neq k}(z_k - z_j)} = \sum_{m_1 + \cdots + m_n = t} z_1^{m_1} \cdots z_n^{m_n}$$

und benutzen Sie diese Gleichung für einen alternativen Beweis von Satz 6.6.

6.16. ♣ Zeigen Sie, dass für $n \geq 3$ der Grad von M_n gleich $n^2 - 2n - 1$ ist.

6.17. Berechnen Sie die Ecken des Polytops magischer (3×3)-Quadrate.

6.18. ♣ Überprüfen Sie Gleichung (6.12) und benutzen Sie sie, um M_3 zu berechnen.

6.19. Berechnen Sie M_3 durch Interpolation. (*Hinweis:* Benutzen Sie die Aufgaben 6.2 und 6.17.)

6.20. Ein symmetrisches semimagisches Quadrat ist ein semimagisches Quadrat, das eine symmetrische Matrix ist. Zeigen Sie, dass die Anzahl der *symmetrischen* semimagischen $(n \times n)$-Quadrate mit Reihensumme t ein Quasipolynom in t ist. Bestimmen Sie seinen Grad und seine Periode.

Offene Probleme

6.21. Berechnen Sie die Anzahl *traditioneller* magischer $(n \times n)$-Quadrate für $n > 5$.

6.22. Berechnen Sie $\text{vol}\,\mathcal{B}_n$ für $n > 10$. Berechnen Sie H_n für $n > 9$.

6.23. Beweisen Sie, dass die Periode von M_n nichttrivial ist für $n > 1$.

6.24. Die Ecken des Birkhoff-von Neumann-Polytops stehen in eins-zu-eins-Beziehung zu den Elementen der symmetrischen Gruppe S_n. Betrachten Sie eine Untergruppe von S_n und nehmen Sie die konvexe Hülle der entsprechenden Permutationsmatrizen. Berechnen Sie die Ehrhart-Polynome dieses Polytops. (Die Seitenzahlen des Polytops, das zur Untergruppe A_n der geraden Permutationen gehört, wurden in [101] untersucht.)

6.25. Beweisen Sie, dass der von den Ecken und Kanten eines beliebigen 2-weg Transportpolytops erzeugte Graph hamiltonsch ist.

Teil II

Jenseits der Grundlagen

7

Endliche Fourier-Analysis

God created infinity, and man, unable to understand infinity, created finite sets.

Gian-Carlo Rota (1932–1999)

Wir betrachten jetzt den Vektorraum aller komplexwertigen periodischen Funktionen auf den ganzen Zahlen mit Periode b. Es stellt sich heraus, dass jede solche Funktion $a(n)$ auf den ganzen Zahlen als ein Polynom in den b-ten Einheitswurzeln $\xi^n := e^{2\pi i n/b}$ geschrieben werden kann. Eine solche Darstellung für $a(n)$ wird **endliche Fourier-Reihe** genannt. Wir entwickeln die endliche Fourier-Theorie hier mithilfe rationaler Funktionen und ihrer Partialbruchzerlegungen. Wir definieren die Fourier-Transformation und die Faltung endlicher Fourier-Reihen und zeigen, wie man diese Ideen dazu benutzen kann, Gleichungen über trigonometrischen Funktionen zu beweisen und Verbindungen zu klassischen Dedekind-Summen zu finden.

Je mehr wir über Einheitswurzeln und ihre verschiedenen Summen wissen, desto tiefgehender sind die Ergebnisse, die wir beweisen können (siehe Aufgabe 7.19); tatsächlich implizieren einige Aussagen über Summen von Einheitswurzeln sogar die Riemann'sche Vermutung! Allerdings ist dieses Kapitel elementar und stellt Verbindungen zu Sägezahnfunktionen und Dedekind-Summen her, den beiden grundlegenden Summen von Einheitswurzeln. Die zugrundeliegende Philosophie dabei ist, dass endliche Summen rationaler Funktionen von Einheitswurzeln die Grundzutaten für viele mathematische Strukturen sind.

7.1 Ein motivierendes Beispiel

Um den Leser langsam an die allgemeine Theorie heranzuführen, wollen wir zunächst die endliche Fourier-Reihe eines einfachen Beispiels ausrechnen, nämlich die einer arithmetischen Funktion mit Periode 3.

Beispiel 7.1. Wir betrachten die folgende arithmetische Funktion mit Periode 3:

$$n : 0, 1, 2, 3, 4, 5, \ldots$$
$$a(n) : 1, 5, 2, 1, 5, 2, \ldots$$

Zunächst betten wir diese Folge wie folgt in eine Erzeugendenfunktion ein:

$$F(z) := 1 + 5z + 2z^2 + z^3 + 5z^4 + 2z^5 + \cdots = \sum_{n \geq 0} a(n)\, z^n.$$

Da die Folge periodisch ist, können wir $F(z)$ vereinfachen, indem wir mit der geometrischen Reihe argumentieren:

$$
\begin{aligned}
F(z) &= \sum_{n \geq 0} a(n)\, z^n \\
&= 1 + 5z + 2z^2 + z^3 \left(1 + 5z + 2z^2\right) + z^6 \left(1 + 5z + 2z^2\right) + \cdots \\
&= \left(1 + 5z + 2z^2\right) \sum_{k \geq 0} z^{3k} \\
&= \frac{1 + 5z + 2z^2}{1 - z^3}.
\end{aligned}
$$

Wir wenden jetzt die gleiche Technik an wie in Kapitel 1, nämlich die Zerlegung einer rationalen Funktion in ihre Partialbrüche. In diesem Fall sind alle Polstellen einfach und liegen bei den drei Kubikwurzeln der 1, so dass

$$F(z) = \frac{\hat{a}(0)}{1 - z} + \frac{\hat{a}(1)}{1 - \rho z} + \frac{\hat{a}(2)}{1 - \rho^2 z}, \tag{7.1}$$

wobei die Konstanten $\hat{a}(0)$, $\hat{a}(1)$ und $\hat{a}(2)$ noch bestimmt werden müssen, und wobei $\rho := e^{2\pi i/3}$ eine dritte Einheitswurzel ist. Wenn wir jeden der drei Terme einzeln als geometrische Reihe erweitern, erhalten wir

$$F(z) = \sum_{n \geq 0} \left(\hat{a}(0) + \hat{a}(1)\rho^n + \hat{a}(2)\rho^{2n}\right) z^n,$$

und sind damit bei der endlichen Fourier-Reihe unserer Folge $a(n)$ angelangt! Die einzige Information, die uns noch fehlt, ist die Berechnung der Konstanten $\hat{a}(j)$ für $j = 0, 1, 2$. Dies stellt sich ebenfalls als recht einfach heraus. Aus (7.1) oben erhalten wir die Gleichung

$$
\begin{aligned}
&\hat{a}(0) \left(1 - \rho z\right) \left(1 - \rho^2 z\right) + \hat{a}(1) \left(1 - z\right) \left(1 - \rho^2 z\right) + \hat{a}(2) \left(1 - z\right) \left(1 - \rho z\right) \\
&= 1 + 5z + 2z^2,
\end{aligned}
$$

die für alle $z \in \mathbb{C}$ gilt. Wenn wir für z die Werte 1, ρ^2 bzw. ρ einsetzen, erhalten wir

$$3\,\hat{a}(0) = 1 + 5 + 2\,,$$
$$3\,\hat{a}(1) = 1 + 5\rho^2 + 2\rho^4\,,$$
$$3\,\hat{a}(2) = 1 + 5\rho + 2\rho^2\,,$$

wobei wir die Gleichung $(1-\rho)(1-\rho^2) = 3$ benutzt haben (siehe Aufgabe 7.2). Wir können ein wenig vereinfachen und erhalten $\hat{a}(0) = \frac{8}{3}$, $\hat{a}(1) = \frac{-4-3\rho}{3}$ und $\hat{a}(2) = \frac{-1+3\rho}{3}$. Also ist die endliche Fourier-Reihe unserer Folge gleich

$$a(n) = \frac{8}{3} + \left(-\frac{4}{3} - \rho\right)\rho^n + \left(-\frac{1}{3} + \rho\right)\rho^{2n}. \qquad \square$$

Im folgenden Abschnitt wollen wir zeigen, dass dieser einfache Prozess ebenso leicht für jede beliebige periodische Funktion auf $\mathbb{Z}$ funktioniert. Die anschließenden Abschnitte enthalten einige Anwendungen von endlichen Fourier-Reihen periodischer Funktionen.

7.2 Endliche Fourier-Reihen periodischer Funktionen auf $\mathbb{Z}$

Die allgemeine Theorie ist konzeptuell genauso einfach wie das obige Beispiel, und wir entwickeln sie jetzt. Wir betrachten eine beliebige periodische Folge auf $\mathbb{Z}$, definiert durch $\{a(n)\}_{n=0}^{\infty}$, mit Periode b. Wir halten für das gesamte Kapitel die b-te Einheitswurzel $\xi := e^{2\pi i/b}$ fest. Wie bisher betten wir unsere periodische Funktion $\{a(n)\}_{n=0}^{\infty}$ in eine Erzeugendenfunktion

$$F(z) := \sum_{n \geq 0} a(n)\, z^n$$

ein und benutzen die Periodizität der Folge, um sofort die Gleichung

$$F(z) = \left(\sum_{k=0}^{b-1} a(k)\, z^k\right) + \left(\sum_{k=0}^{b-1} a(k)\, z^k\right) z^b + \left(\sum_{k=0}^{b-1} a(k)\, z^k\right) z^{2b} + \cdots$$
$$= \frac{\sum_{k=0}^{b-1} a(k)\, z^k}{1 - z^b} = \frac{P(z)}{1 - z^b}$$

zu erhalten, wobei der letzte Schritt einfach das Polynom $P(z) = \sum_{k=0}^{b-1} a(k)\, z^k$ definiert. Jetzt zerlegen wir die rationale Erzeugendenfunktion $F(z)$ wie zuvor in Partialbrüche:

$$F(z) = \frac{P(z)}{1 - z^b} = \sum_{m=0}^{b-1} \frac{\hat{a}(m)}{1 - \xi^m z}\,.$$

Wie im Beispiel aus dem vorigen Abschnitt erweitern wir jeden der Terme $\frac{1}{1-\xi^m z}$ in eine geometrische Reihe, setzen in die obige Summe ein und erhalten

$$F(z) = \sum_{n \geq 0} a(n)\, z^n = \sum_{m=0}^{b-1} \frac{\hat{a}(m)}{1 - \xi^m z}$$

$$= \sum_{m=0}^{b-1} \hat{a}(m) \sum_{n \geq 0} \xi^{mn} z^n = \sum_{n \geq 0} \left(\sum_{m=0}^{b-1} \hat{a}(m)\, \xi^{mn} \right) z^n.$$

Koeffizientenvergleich für ein festes z^n liefert uns die endliche Fourier-Reihe zu $a(n)$, nämlich

$$a(n) = \sum_{m=0}^{b-1} \hat{a}(m)\, \xi^{mn}.$$

Wir suchen jetzt eine Formel für die Fourier-Koeffizienten $\hat{a}(n)$ wie im Beispiel. Zusammengefasst haben wir bisher gezeigt, dass

$$P(z) = \sum_{m=0}^{b-1} \hat{a}(m) \frac{1 - z^b}{1 - \xi^m z} = \sum_{m=0}^{b-1} \hat{a}(m) \prod_{1 \leq k \leq b, k \neq m} \left(1 - \xi^k z\right),$$

wobei wir die Faktorisierung $1 - z^b = \prod_{k=1}^{b}(1 - \xi^k z)$ aus Aufgabe 7.1 verwendet haben. Um nach $P(\xi^{-n})$ aufzulösen, benutzen wir, dass

$$\lim_{z \to \xi^{-n}} \frac{1 - z^b}{1 - \xi^m z} = 0 \qquad \text{falls } m - n \not\equiv 0 \pmod{b},$$

und

$$\lim_{z \to \xi^{-n}} \frac{1 - z^b}{1 - \xi^m z} = \lim_{z \to \xi^{-n}} \frac{b z^{b-1}}{\xi^m} = b\, \xi^{n-m} = b \qquad \text{falls } m - n \equiv 0 \pmod{b}.$$

Also ist $P(\xi^{-n}) = b\hat{a}(n)$, und daher

$$\hat{a}(n) = \frac{1}{b} P(\xi^{-n}) = \frac{1}{b} \sum_{k=0}^{b-1} a(k)\, \xi^{-nk}.$$

Wir haben soeben den Hauptsatz über endliche Fourier-Reihen bewiesen, und dabei nur elementare Eigenschaften rationaler Funktionen verwendet:

Satz 7.2 (Endliche Fourier-Reihenentwicklung und Fourier-Umkehrung). *Sei $a(n)$ eine beliebige periodische Funktion auf $\mathbb{Z}$ mit Periode b. Dann haben wir die folgende Darstellung als endliche Fourier-Reihe:*

$$a(n) = \sum_{k=0}^{b-1} \hat{a}(k)\, \xi^{nk},$$

wobei die Fourier-Koeffizienten gleich

$$\hat{a}(n) = \frac{1}{b} \sum_{k=0}^{b-1} a(k)\, \xi^{-nk} \tag{7.2}$$

mit $\xi = e^{2\pi i/b}$ sind. □

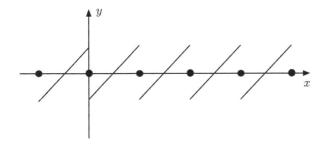

Abb. 7.1. Die Sägezahnfunktion $y = ((x))$.

Die Koeffizienten $\hat{a}(m)$ sind als **Fourier-Koeffizienten** der Funktion $a(n)$ bekannt, und im Fall $\hat{a}(m) \neq 0$ sagen wir, die Funktion **habe Frequenz** m. Die endliche Fourier-Reihe einer periodischen Funktion gibt uns erstaunliche Kontrolle und Einsicht in ihre Struktur. Wir können die Funktion allein auf Grundlage ihrer (nur endlich vielen) Frequenzen untersuchen, und dieses Fenster in den Frequenzraum wird unverzichtbar für Berechnungen und Vereinfachungen sein.

Wir stellen fest, dass die Fourier-Koeffizienten $\hat{a}(n)$ und die ursprünglichen Folgenelemente $a(n)$ durch eine lineare Transformation zusammenhängen, die durch die Matrix

$$L = \left(\xi^{(i-1)(j-1)} \right) \tag{7.3}$$

mit $1 \leq i, j \leq b$ gegeben ist, was aus (7.2) im obigen Beweis ersichtlich ist. Wir bemerken außerdem, dass die zweite Hälfte des Beweises, nämlich das Auflösen nach Fourier-Koeffizienten $\hat{a}(n)$, gleichbedeutend zum Invertieren dieser Matrix L ist.

Einer der wesentlichen Bausteine unserer Gitterpunkt-Aufzählungsformeln in Polytopen ist die **Sägezahnfunktion**, die durch

$$((x)) := \begin{cases} \{x\} - \frac{1}{2} & \text{falls } x \notin \mathbb{Z}, \\ 0 & \text{falls } x \in \mathbb{Z} \end{cases} \tag{7.4}$$

definiert ist. (Zur Erinnerung: $\{x\} = x - \lfloor x \rfloor$ ist der Nachkommaanteil von x.) Der Graph dieser Funktion ist in Abb. 7.1 dargestellt. Wir haben bereits eine eng verwandte Funktion in Kapitel 1 kennengelernt, als wir das Münzenproblem betrachtet haben. Gleichung (1.8) gab uns die endliche Fourier-Reihe für im Wesentlichen diese Funktion aus der diskret-geometrischen Sichtweise des Münzenproblems; allerdings werden wir die endliche Fourier-Reihe für diese Funktion jetzt direkt berechnen und dabei so tun, als wüssten wir nichts über ihr anderes Leben als Zählfunktion.

Lemma 7.3. *Die endliche Fourier-Reihe der diskreten Sägezahnfunktion $\left(\left(\frac{a}{b}\right)\right)$, einer periodischen Funktion von $a \in \mathbb{Z}$ mit Periode b, ist durch*

$$\left(\!\left(\frac{a}{b}\right)\!\right) = \frac{1}{2b} \sum_{k=1}^{b-1} \frac{1+\xi^k}{1-\xi^k}\, \xi^{ak} = \frac{i}{2b} \sum_{k=1}^{b-1} \cot\frac{\pi k}{b}\, \xi^{ak}$$

gegeben.

Hier folgt die zweite Gleichung aus $\frac{1+e^{2\pi i x}}{1-e^{2\pi i x}} = i\cot(\pi x)$, nach der Definition des Kotangens.

Beweis. Aus Satz 7.2 wissen wir, dass unsere periodische Funktion eine endliche Fourier-Reihe $\left(\!\left(\frac{a}{b}\right)\!\right) = \sum_{k=0}^{b-1} \hat{a}(k)\, \xi^{ak}$ hat, wobei

$$\hat{a}(k) = \frac{1}{b} \sum_{m=0}^{b-1} \left(\!\left(\frac{m}{b}\right)\!\right) \xi^{-mk}.$$

Wir berechnen zunächst $\hat{a}(0) = \frac{1}{b} \sum_{m=0}^{b-1} \left(\!\left(\frac{m}{b}\right)\!\right) = 0$, nach Aufgabe 7.14. Für $k \neq 0$ haben wir

$$\hat{a}(k) = \frac{1}{b} \sum_{m=1}^{b-1} \left(\frac{m}{b} - \frac{1}{2}\right) \xi^{-mk} = \frac{1}{b^2} \sum_{m=1}^{b-1} m\, \xi^{-mk} + \frac{1}{2b}$$

$$= \frac{1}{b}\left(\frac{\xi^k}{1-\xi^k} + \frac{1}{2}\right) = \frac{1}{2b}\frac{1+\xi^k}{1-\xi^k},$$

wobei wir Aufgabe 7.5 in der vorletzten Gleichung benutzt haben. $\square$

Wir definieren die **Dedekind-Summe** durch

$$s(a,b) = \sum_{k=0}^{b-1} \left(\!\left(\frac{ka}{b}\right)\!\right) \left(\!\left(\frac{k}{b}\right)\!\right)$$

für beliebige teilerfremde ganze Zahlen a und $b > 0$. Man beachte, dass die Dedekind-Summe eine periodische Funktion der Variablen a mit Periode b ist, wegen der Periodizität der Sägezahnfunktion. Das heißt

$$s(a + jb, b) = s(a, b) \qquad \text{für alle } j \in \mathbb{Z}. \tag{7.5}$$

Mit der endlichen Fourier-Reihe der Sägezahnfunktion können wir jetzt leicht die Dedekind-Summen als endliche Summen b-ter Einheitswurzeln und Kontangens umformulieren:

Lemma 7.4.

$$s(a,b) = \frac{1}{4b} \sum_{\mu=1}^{b-1} \frac{1+\xi^\mu}{1-\xi^\mu} \frac{1+\xi^{-\mu a}}{1-\xi^{-\mu a}} = \frac{1}{4b} \sum_{\mu=1}^{b-1} \cot\frac{\pi\mu}{b} \cot\frac{\pi\mu a}{b}.$$

Beweis.

$$s(a,b) = \sum_{k=0}^{b-1} \left(\left(\frac{ka}{b}\right)\right)\left(\left(\frac{k}{b}\right)\right)$$

$$= \frac{1}{4b^2} \sum_{k=0}^{b-1} \left(\left(\sum_{\mu=1}^{b-1} \frac{1+\xi^\mu}{1-\xi^\mu}\, \xi^{\mu k a}\right)\left(\sum_{\nu=1}^{b-1} \frac{1+\xi^\nu}{1-\xi^\nu}\, \xi^{\nu k}\right)\right)$$

$$= \frac{1}{4b^2} \sum_{\mu=1}^{b-1} \sum_{\nu=1}^{b-1} \frac{1+\xi^\mu}{1-\xi^\mu}\frac{1+\xi^\nu}{1-\xi^\nu} \left(\sum_{k=0}^{b-1} \xi^{k(\nu+\mu a)}\right).$$

Wir beachten, dass die letzte Summe $\sum_{k=0}^{b-1} \xi^{k(\nu+\mu a)}$ verschwindet, sofern nicht $\nu \equiv -\mu a \pmod{b}$ gilt (Aufgabe 7.6). In dem Fall ist die Summe gleich b, und wir erhalten

$$s(a,b) = \frac{1}{4b} \sum_{\mu=1}^{b-1} \frac{1+\xi^\mu}{1-\xi^\mu}\frac{1+\xi^{-\mu a}}{1-\xi^{-\mu a}}.$$

Wenn wir die rechte Seite als Kotangens formulieren, erhalten wir

$$s(a,b) = \frac{i^2}{4b} \sum_{\mu=1}^{b-1} \cot\frac{\pi\mu}{b} \cot\frac{-\pi\mu a}{b} = \frac{1}{4b} \sum_{\mu=1}^{b-1} \cot\frac{\pi\mu}{b} \cot\frac{\pi\mu a}{b},$$

da der Kontangens eine ungerade Funktion ist.   □

7.3 Die endliche Fourier-Transformation und ihre Eigenschaften

Zu einer gegebenen periodischen Funktion f auf $\mathbb{Z}$ existiert, wie wir gesehen haben, eine endliche Fourier-Reihe mit einer endlichen Sammlung von Fourier-Koeffizienten, die wir $\hat{f}(0)$, $\hat{f}(1)$, ..., $\hat{f}(b-1)$ genannt haben. Wir fassen f nun als eine Funktion auf der endlichen Menge $G = \{0,1,2,\ldots,b-1\}$ auf und bezeichnen mit V_G den Vektorraum aller komplexwertigen Funktion auf G. Äquivalent dazu können wir V_G als den Vektorraum aller komplexwertigen **periodischen Funktionen auf $\mathbb{Z}$** mit Periode b auffassen.

Wir definieren die **Fourier-Transformation** von f, geschrieben $\mathbf{F}(f)$, als die durch die Folge eindeutig bestimmter Werte

$$\hat{f}(0),\ \hat{f}(1),\ \ldots,\ \hat{f}(b-1)$$

definierte periodische Funktion auf $\mathbb{Z}$. Also gilt

$$\mathbf{F}(f)(m) = \hat{f}(m).$$

Satz 7.2 oben gibt uns diese Koeffizienten als Linearkombinationen der Werte $f(k)$ für $k = 0,1,2,\ldots,b-1$. Also ist $\mathbf{F}(f)$ eine lineare Transformation der Funktion f, aufgefasst als Vektor in V_G. Wir haben mit anderen Worten gezeigt, dass $\mathbf{F}(f)$ eine bijektive lineare Abbildung auf V_G ist.

Der Vektorraum V_G ist ein Vektorraum der Dimension b; eine explizite Basis von V_G kann leicht mithilfe der „Deltafunktionen" (siehe Aufgabe 7.7) angegeben werden, die durch

$$\delta_m(x) := \begin{cases} 1 & \text{falls } x = m + kb \text{ für eine ganze Zahl } k, \\ 0 & \text{sonst} \end{cases}$$

definiert werden. Mit anderen Worten ist $\delta_m(x)$ die periodische Funktion auf $\mathbb{Z}$, welche die arithmetische Folge $\{m + kb : k \in \mathbb{Z}\}$ herauspickt.

Aber es gibt eine weitere natürliche Basis für V_G. Für jede feste ganze Zahl a können die Einheitswurzeln $\{\mathbf{e}_a(x) := e^{2\pi i a x/b} : x \in \mathbb{Z}\}$ als eine Funktion $\mathbf{e}_a(x) \in V_G$ aufgefasst werden, da sie auf $\mathbb{Z}$ periodisch sind. Wie wir in Satz 7.2 gesehen haben, bilden die Funktionen $\{\mathbf{e}_1(x), \ldots, \mathbf{e}_b(x)\}$ eine Basis für den Vektorraum V_G von Funktionen. Eine naheliegende Frage stellt sich: Wie hängen diese beiden Basen zusammen? Eine erste Beobachtung ist

$$\widehat{\delta_a}(n) = \frac{1}{b}\, e^{-2\pi i a n/b},$$

was einfach aus der Berechnung

$$\widehat{\delta_a}(n) = \frac{1}{b} \sum_{k=0}^{b-1} \delta_a(k)\, \xi^{-kn} = \frac{1}{b}\, \xi^{-an} = \frac{1}{b}\, e^{-2\pi i a n/b}$$

folgt. Um also von der ersten zur zweiten Basis zu gelangen, benötigen wir gerade die endliche Fourier-Transformation!

Es erweist sich als extrem nützlich, das folgende **Skalarprodukt** auf diesem Vektorraum zu definieren:

$$\langle f, g \rangle = \sum_{k=0}^{b-1} f(k)\, \overline{g(k)} \tag{7.6}$$

für beliebige Funktionen $f, g \in V_G$. Der Balken steht hier für die komplexe Konjugation. Die folgenden elementaren Eigenschaften zeigen, dass $\langle f, g \rangle$ ein Skalarprodukt ist (siehe Aufgabe 7.8):

1. $\langle f, f \rangle \geq 0$, mit Gleichheit genau dann, wenn $f = 0$, die Nullfunktion.
2. $\langle f, g \rangle = \overline{\langle g, f \rangle}$.

Ausgestattet mit diesem Skalarprodukt kann V_G nun als ein metrischer Raum aufgefasst werden. Wir können jetzt *Abstände* zwischen beliebigen Funktionen und insbesondere zwischen je zwei Basiselementen $\mathbf{e}_a(x) := e^{2\pi i a x/b}$ und $\mathbf{e}_c(x) := e^{2\pi i c x/b}$ messen. Jedes positiv definite Skalarprodukt induziert eine Abstandsfunktion $d(f, g) = \langle f - g, f - g \rangle$.

Lemma 7.5 (Orthogonalitätsbeziehungen).

$$\frac{1}{b}\langle \mathbf{e}_a, \mathbf{e}_c \rangle = \delta_a(c) = \begin{cases} 1 & \text{falls } b \mid (a-c), \\ 0 & \text{sonst.} \end{cases}$$

Beweis. Wir berechnen das Skalarprodukt

$$\langle \mathbf{e}_a, \mathbf{e}_c \rangle = \sum_{m=0}^{b-1} \mathbf{e}_a(m) \, \overline{\mathbf{e}_c(m)} = \sum_{m=0}^{b-1} e^{2\pi i (a-c)m/b}.$$

Falls $b \mid (a-c)$, dann ist jeder Summand in der letzten Summe gleich 1, also ist die Summe gleich b. Damit ist der erste Fall des Lemmas gezeigt.

Falls $b \nmid (a-c)$, dann ist $\mathbf{e}_{a-c}(m) = e^{2\pi i m(a-c)/b}$ eine nichttriviale Einheitswurzel, und wir haben die endliche geometrische Reihe

$$\sum_{m=0}^{b-1} e^{\frac{2\pi i (a-c)m}{b}} = \frac{e^{b\frac{2\pi i m(a-c)}{b}} - 1}{e^{\frac{2\pi i m(a-c)}{b}} - 1} = 0,$$

was den zweiten Fall des Lemmas beweist. □

Beispiel 7.6. Wir erinnern uns wieder an die Sägezahnfunktion, da sie einer der Bausteine der Gitterpunktaufzählung ist, und berechnen ihre Fourier-Transformation. Und zwar definieren wir

$$B(k) := \left(\!\left(\frac{k}{b}\right)\!\right) = \begin{cases} \{\frac{k}{b}\} - \frac{1}{2} & \text{falls } \frac{k}{b} \notin \mathbb{Z}, \\ 0 & \text{falls } \frac{k}{b} \in \mathbb{Z}, \end{cases}$$

eine periodische Funktion auf den ganzen Zahlen mit Periode b. Was ist ihre Fourier-Transformation? Wir haben die Antwort bereits gesehen, im Verlauf des Beweises von Lemma 7.3:

$$\widehat{B}(n) = \frac{1}{2b}\frac{1+\xi^n}{1-\xi^n} = \frac{i}{2b}\cot\frac{\pi n}{b}$$

für $n \neq 0$, und $\widehat{B}(0) = 0$. Wie immer ist $\xi = e^{2\pi i/b}$. □

Im nächsten Abschnitt tauchen wir tiefer in das Verhalten dieses Skalarprodukts ein und beweisen die Parseval-Gleichung.

7.4 Die Parseval-Gleichung

Eine nichttriviale Eigenschaft des oben definierten Skalarprodukts ist die folgende Gleichung, die die „Norm einer Funktion" mit der „Norm ihrer Fourier-Transformation" in Verbindung bringt. Sie ist als Parseval-Gleichung bekannt, und wird auch als Satz von Plancherel bezeichnet.

Satz 7.7 (Parseval-Gleichung). *Für alle* $f \in V_G$ *gilt*

$$\langle f, f \rangle = b \langle \hat{f}, \hat{f} \rangle .$$

Beweis. Mit der Definition $\mathbf{e}_m(x) = \xi^{mx}$ und der Gleichung

$$\hat{f}(x) = \frac{1}{b} \sum_{m=0}^{b-1} f(m) \, \overline{\mathbf{e}_m(x)}$$

aus Satz 7.2 erhalten wir

$$
\begin{aligned}
\langle \hat{f}, \hat{f} \rangle &= \left\langle \frac{1}{b} \sum_{m=0}^{b-1} f(m) \, \overline{\mathbf{e}_m} \, , \, \frac{1}{b} \sum_{n=0}^{b-1} f(n) \, \overline{\mathbf{e}_n} \right\rangle \\
&= \frac{1}{b^2} \sum_{k=0}^{b-1} \sum_{m=0}^{b-1} f(m) \, \overline{\mathbf{e}_m(k)} \sum_{n=0}^{b-1} \overline{f(n)} \, \mathbf{e}_n(k) \\
&= \frac{1}{b^2} \sum_{m=0}^{b-1} \sum_{n=0}^{b-1} f(m) \, \overline{f(n)} \, \langle \mathbf{e}_m, \mathbf{e}_n \rangle \\
&= \frac{1}{b} \sum_{m=0}^{b-1} \sum_{n=0}^{b-1} f(m) \, \overline{f(n)} \, \delta_m(n) \\
&= \frac{1}{b} \langle f, f \rangle ,
\end{aligned}
$$

wobei der wesentliche Schritt im Beweis die Anwendung der Orthogonalitäts-beziehungen (Lemma 7.5) in der vierten Gleichung oben war.   □

Ein im Wesentlichen identischer Beweis liefert das folgende stärkere Ergebnis, das zeigt, dass der „Abstand zwischen zwei beliebigen Funktionen" im Grunde gleich dem „Abstand zwischen ihren Fourier-Transformierten" ist.

Satz 7.8. *Für alle* $f, g \in V_G$ *gilt*

$$\langle f, g \rangle = b \langle \hat{f}, \hat{g} \rangle .$$ □

Beispiel 7.9. Eine schöne Anwendung der verallgemeinerten Parseval-Gleichung oben gibt uns jetzt sehr schnell Lemma 7.4, die Umformulierung der Dedekind-Summen als Summen von Einheitswurzeln. Dazu halten wir zunächst eine ganze Zahl a teilerfremd zu b fest und definieren $f(k) = \left(\!\left(\frac{k}{b}\right)\!\right)$ und $g(k) = \left(\!\left(\frac{ka}{b}\right)\!\right)$. Dann gilt, mit Beispiel 7.6, dass $\hat{f}(n) = \frac{i}{2b} \cot \frac{\pi n}{b}$. Um die Fourier-Transformation von g zu finden, müssen wir einen weiteren Kniff anwenden. Da

$$\left(\!\left(\frac{ka}{b}\right)\!\right) = \frac{i}{2b} \sum_{m=1}^{b-1} \cot \frac{\pi m}{b} \, \xi^{mka}$$

gilt, können wir jeden Index m mit a^{-1}, dem multiplikativen Inversen von a modulo b, multiplizieren (man beachte, dass wir a und b zur Umformulierung der Dedekind-Summen als teilerfremd voraussetzen). Da a^{-1} teilerfremd zu b ist, permutiert diese Multiplikation lediglich $m = 1, 2, \ldots, b-1$ modulo b, so dass die Summe unverändert bleibt (siehe Aufgabe 1.9):

$$\sum_{m=1}^{b-1} \cot \frac{\pi m}{b} \, \xi^{mka} = \sum_{m=1}^{b-1} \cot \frac{\pi m a^{-1}}{b} \, \xi^{ma^{-1}ka} = \sum_{m=1}^{b-1} \cot \frac{\pi m a^{-1}}{b} \, \xi^{mk},$$

das heißt

$$\hat{g}(n) = \frac{i}{2b} \sum_{m=1}^{b-1} \cot \frac{\pi m a^{-1}}{b} \, \xi^{mk}.$$

Also liefert uns Satz 7.8 unmittelbar die folgende Umformulierung der Dedekind-Summe:

$$s(a,b) := \sum_{k=0}^{b-1} \left(\left(\frac{k}{b} \right) \right) \left(\left(\frac{ka}{b} \right) \right)$$

$$= b \sum_{m=1}^{b-1} \left(\frac{i}{2b} \cot \frac{\pi m}{b} \right) \overline{\left(\frac{i}{2b} \cot \frac{\pi m a^{-1}}{b} \right)}$$

$$= \frac{1}{4b} \sum_{m=1}^{b-1} \cot \frac{\pi m}{b} \cot \frac{\pi m a^{-1}}{b}$$

$$= \frac{1}{4b} \sum_{m=1}^{b-1} \cot \frac{\pi m a}{b} \cot \frac{\pi m}{b}.$$

Für die letzte Gleichung haben wir wieder den Trick, m durch ma zu ersetzen, angewendet. $\qquad\square$

7.5 Die Faltung endlicher Fourier-Reihen

Ein weiteres grundlegendes Hilfsmittel in der endlichen Fourier-Analysis ist die Faltung zweier endlicher Fourier-Reihen. Dazu sei $f(t) = \frac{1}{b} \sum_{k=0}^{b-1} a_k \, \xi^{kt}$ und $g(t) = \frac{1}{b} \sum_{k=0}^{b-1} c_k \xi^{kt}$, wobei $\xi = e^{2\pi i/b}$. Wir definieren die **Faltung** von f und g durch

$$(f * g)(t) = \sum_{m=0}^{b-1} f(t-m)g(m).$$

Es ist gerade dieses Faltungs-Hilfsmittel (der Beweis des Faltungssatzes unten ist beinahe trivial!), das für den schnellsten bekannten Algorithmus zur Multiplikation zweier Polynome vom Grad b in $O(b \log(b))$ Schritten verantwortlich ist (siehe die Anmerkungen am Ende dieses Kapitels).

Satz 7.10 (Faltungssatz für endliche Fourier-Reihen). *Seien*

$$f(t) = \frac{1}{b} \sum_{k=0}^{b-1} a_k \, \xi^{kt} \quad und \quad g(t) = \frac{1}{b} \sum_{k=0}^{b-1} c_k \, \xi^{kt},$$

wobei $\xi = e^{2\pi i/b}$. *Dann gilt für die Faltung*

$$(f * g)(t) = \frac{1}{b} \sum_{k=0}^{b-1} a_k c_k \, \xi^{kt}.$$

Beweis. Der Beweis ist ganz direkt: Wir berechnen einfach die linke Seite und erhalten

$$
\begin{aligned}
\sum_{m=0}^{b-1} f(t-m)g(m) &= \frac{1}{b^2} \sum_{m=0}^{b-1} \left(\sum_{k=0}^{b-1} a_k \, \xi^{k(t-m)} \right) \left(\sum_{l=0}^{b-1} c_l \, \xi^{lm} \right) \\
&= \frac{1}{b^2} \sum_{k=0}^{b-1} \sum_{l=0}^{b-1} a_k c_l \left(\sum_{m=0}^{b-1} \xi^{kt+(l-k)m} \right) \\
&= \frac{1}{b} \sum_{k=0}^{b-1} a_k c_k \, \xi^{kt},
\end{aligned}
$$

da die Summe $\sum_{m=0}^{b-1} \xi^{(l-k)m}$ verschwindet, sofern nicht $l = k$ gilt (siehe Aufgabe 7.6). Im Fall $l = k$ haben wir $\sum_{m=0}^{b-1} \xi^{(l-k)m} = b$. $\qquad\square$

Es ist eine leichte Übung (Aufgabe 7.22), zu zeigen, dass dieser Faltungssatz äquivalent zu folgender Aussage ist:

$$\mathbf{F}(f * g) = b \, \mathbf{F}(f) \mathbf{F}(g).$$

Man beachte, dass der Beweis von Satz 7.10 im Wesentlichen mit dem Beweis von Lemma 7.4 übereinstimmt; in der Tat hätten wir das Lemma durch Anwendung des Faltungssatzes beweisen können. Wir zeigen jetzt, wie Satz 7.10 benutzt werden kann, um Gleichungen in trigonometrischen Funktionen herzuleiten.

Beispiel 7.11. Wir behaupten, dass

$$\sum_{k=1}^{b-1} \cot^2 \left(\frac{\pi k}{b} \right) = \frac{(b-1)(b-2)}{3}$$

gilt. Die Summe legt die Anwendung des Faltungssatzes nahe, mit einer Funktion, deren Fourier-Koeffizienten gleich $a_k = c_k = \cot \frac{\pi k}{b}$ sind. Aber wir kennen bereits eine solche Funktion! Es ist gerade die Sägezahnfunktion $\frac{2b}{i} \left(\left(\frac{m}{b} \right) \right)$. Also gilt

$$-\frac{1}{4b}\sum_{k=1}^{b-1}\cot^2\left(\frac{\pi k}{b}\right)\xi^{kt}=\sum_{m=1}^{b-1}\left(\!\!\left(\frac{t-m}{b}\right)\!\!\right)\left(\!\!\left(\frac{m}{b}\right)\!\!\right),$$

wobei die Gleichheit aus Satz 7.10 folgt. Wir setzen $t=0$ und erhalten

$$\sum_{m=1}^{b-1}\left(\!\!\left(\frac{-m}{b}\right)\!\!\right)\left(\!\!\left(\frac{m}{b}\right)\!\!\right)=-\sum_{m=1}^{b-1}\left(\!\!\left(\frac{m}{b}\right)\!\!\right)\left(\!\!\left(\frac{m}{b}\right)\!\!\right)$$

$$=-\frac{1}{b^2}\sum_{m=1}^{b-1}m^2+\frac{1}{b}\sum_{m=1}^{b-1}m-\frac{1}{4}(b-1)$$

$$=-\frac{(b-1)(b-2)}{12b},$$

wie gewünscht. Wir haben die Gleichung $\left(\!\!\left(\frac{-m}{b}\right)\!\!\right)=-\left(\!\!\left(\frac{m}{b}\right)\!\!\right)$ in der ersten Gleichung oben benutzt, und etwas Algebra wurde in der letzten Gleichung angewandt. Man beachte allerdings, dass uns der Faltungssatz mehr liefert als wir gefordert haben, nämlich eine Gleichung für jeden beliebigen Wert von t.

$\square$

Anmerkungen

1. Endliche Fourier-Analysis bietet eine Fülle von Anwendungen und ist, zum Beispiel, eines der wesentlichen Hilfsmittel der Quanten-Informationstheorie. Lesern, die über die in diesem Kapitel skizzierten bescheidenen Anfänge hinausgehen möchten, empfehlen wir wärmstens Audrey Terras Monographie [179].

2. Die Dedekind-Summen sind unser wichtigster Beweggrund, endliche Fourier-Reihen zu betrachten, und daher ist Kapitel 8 einer genauen Untersuchung dieser Summen gewidmet, wobei auch die Fourier-Dedekind-Summen aus Kapitel 1 endlich wieder auftreten.

3. Der Leser findet in [115, p. 501] einen Beweis, dass zwei Polynome vom Grad N in $O(N\log N)$ Schritten multipliziert werden können. Der Beweis besteht aus den folgenden Schritten: Es seien $f(x)=\sum_{n=0}^{N}a(n)x^n$ und $g(x)=\sum_{n=0}^{N}b(n)x^n$ die beiden gegebenen Polynome vom Grad N. Dann wissen wir, dass $f(\xi)$ und $g(\xi)$ zwei endliche Fourier-Reihen sind, die wir durch f bzw. g abkürzen. Wir beachten, dass $fg=\mathbf{F}(\mathbf{F}^{-1}(f)*\mathbf{F}^{-1}(g))$. Wenn wir die Fourier-Transformation (und ihre Umkehrung) schnell berechnen können, dann zeigt dieses Argument, dass wir zwei Polynome schnell multiplizieren können. Es ist eine Tatsache, dass wir die Fourier-Transformation einer periodischen Funktion mit Periode N tatsächlich in $O(N\log N)$ berechnen können, mit einem Algorithmus, der als *schnelle Fourier-Transformation* bekannt ist (siehe wieder [115] für eine vollständige Beschreibung).

4. Die stetige Fourier-Transformation, die durch $\int_{-\infty}^{\infty} f(t)e^{-2\pi itx}dt$ definiert ist, kann mit der endlichen Fourier-Transformation wie folgt in Verbindung gebracht werden: Wir approximieren das stetige Integral, indem wir ein großes Intervall $[0, a]$ diskretisieren. Genauer setzen wir $\Delta := \frac{a}{b}$ und $t_k := k\Delta = \frac{ka}{b}$. Dann gilt

$$\int_0^a f(t)e^{-2\pi itx}dt \approx \sum_{k=1}^b f(t_k)e^{-2\pi it_k x}t_k \,,$$

eine endliche Fourier-Reihe für die Funktion $f(\frac{a}{b}x)$ als Funktion von $x \in \mathbb{Z}$. Auf diese Weise finden endliche Fourier-Reihen eine Anwendung in der stetigen Fourier-Analysis als ein Näherungshilfsmittel.

Aufgaben

Für sämtliche Aufgaben halten wir eine ganze Zahl $b > 1$ fest und setzen $\xi = e^{2\pi i/b}$.

7.1. ♣ Zeigen Sie, dass $1 - x^b = \prod_{k=1}^b (1 - \xi^k x)$.

7.2. ♣ Zeigen Sie, dass $\prod_{k=1}^{b-1}(1 - \xi^k) = b$.

7.3. Betrachten Sie die Matrix, die im Beweis von Satz 7.2 aufkam, nämlich $L = (a_{ij})$ mit $a_{ij} := \xi^{(i-1)(j-1)}$ und mit $1 \leq i,j \leq b$. Zeigen Sie, dass die Matrix $\frac{1}{\sqrt{b}}L$ eine unitäre Matrix ist. (Eine Matrix U heißt unitär, falls $U^*U = I$, wobei U^* die Konjugiert-transponierte von U ist.) Also zeigt diese Aufgabe, dass die Fourier-Transformation einer periodischen Funktion stets durch eine unitäre Transformation gegeben ist.

7.4. Zeigen Sie, dass $\left|\det\left(\frac{1}{\sqrt{b}}L\right)\right| = 1$, wobei $|z|$ den Betrag der komplexen Zahl z bezeichnet. (Es zeigt sich, dass $\det(L)$ manchmal eine komplexe Zahl sein kann, aber wir werden diese Tatsache hier nicht gebrauchen.)

7.5. ♣ Zeigen Sie, dass für eine beliebige zu b teilerfremde Zahl a gilt

$$\frac{1}{b}\sum_{k=1}^{b-1} k\,\xi^{-ak} = \frac{\xi^a}{1 - \xi^a}\,.$$

7.6. ♣ Sei n eine ganze Zahl. Zeigen Sie, dass die Summe $\sum_{k=0}^{b-1}\xi^{kn}$ verschwindet, sofern nicht $n \equiv 0 \pmod{b}$. In dem Fall ist die Summe gleich b.

7.7. ♣ Für eine ganze Zahl m definieren wir die Deltafunktion $\delta_m(x)$ durch

$$\delta_m(x) = \begin{cases} 1 & \text{falls } x = m + ab, \text{ für eine ganze Zahl } a, \\ 0 & \text{sonst.} \end{cases}$$

Die b Funktionen $\delta_1(x), \ldots, \delta_b(x)$ sind offensichtlich im Vektorraum V_G enthalten, da sie periodisch auf $\mathbb{Z}$ mit Periode b sind. Zeigen Sie, dass sie eine Basis von V_G bilden.

7.8. ♣ Zeigen Sie, dass für alle $f, g \in V_G$ folgendes gilt:

(a) $\langle f, f \rangle \geq 0$, mit Gleichheit genau dann, wenn $f = 0$, die Nullfunktion.
(b) $\langle f, g \rangle = \overline{\langle g, f \rangle}$.

7.9. Zeigen Sie, dass $\sum_{k=1}^{b-1} \frac{1}{1-\xi^k} = \frac{b-1}{2}$.

7.10. Zeigen Sie, dass $\langle \delta_a, \delta_c \rangle = \delta_a(c)$.

7.11. Beweisen Sie, dass $(f * \delta_a)(x) = f(x - a)$.

7.12. Beweisen Sie, dass $\delta_a * \delta_c = \delta_{a+c(\mathrm{mod}\, b)}$.

7.13. Beweisen Sie, dass $\widehat{f(x-a)} = \widehat{f}(x)\, e^{\frac{2\pi i a x}{b}}$.

7.14. ♣ Beweisen Sie, dass für eine beliebige reelle Zahl x gilt $((x)) = \sum_{k=0}^{b-1} \left(\left(\frac{x+k}{b}\right)\right)$.

7.15. Zeigen Sie, dass für ein x, das keine ganze Zahl ist, gilt $\sum_{n=0}^{b-1} \cot\left(\pi \frac{n+x}{b}\right) = b \cot(\pi x)$.

7.16. Zeigen Sie, dass für eine beliebige zu b teilerfremde Zahl a gilt

$$\sum_{\xi} \frac{\xi^{a+1} - 1}{(\xi^a - 1)(\xi - 1)} = 0,$$

wobei die Summe über alle b-ten Einheitswurzeln ξ außer $\xi = 1$ genommen wird.

7.17. Wir nennen eine Einheitswurzel $e^{2\pi i a/b}$ eine **primitive** b-te Einheitswurzel, falls a und b teilerfremd sind. Sei $\Phi_b(x)$ das Polynom mit Leitkoeffizient 1 und Grad $\phi(b)$[1], deren Nullstellen die $\phi(b)$ verschiedenen primitiven b-ten Einheitswurzeln sind. Dieses Polynom ist als b-tes *Kreisteilungspolynom* bekannt. Zeigen Sie, dass

$$\prod_{d|b} \Phi_d(x) = x^b - 1,$$

wobei das Produkt über alle positiven Teiler d von b genommen wird.

7.18. Wir definieren die Möbius'sche μ-Funktion für positive ganze Zahlen n durch

$$\mu(n) = \begin{cases} 1 & \text{falls } n = 1, \\ 0 & \text{falls } n \text{ durch eine Quadratzahl teilbar ist,} \\ (-1)^k & \text{falls } n \text{ quadratfrei ist und } k \text{ Primteiler hat.} \end{cases}$$

---

[1] $\phi(b) := \#\{k \in [1, b-1] : (k, b) = 1\}$ ist die Euler'sche ϕ-Funktion.

Folgern Sie aus der vorhergehenden Aufgabe, dass

$$\Phi_b(x) = \prod_{d \mid b} \left(x^d - 1\right)^{\mu(b/d)}.$$

7.19. Zeigen Sie, dass für jede positive ganze Zahl b gilt

$$\sum_{1 \le a \le b, (a,b)=1} e^{2\pi i a / b} = \mu(b),$$

die Möbius'sche μ-Funktion.

7.20. Zeigen Sie, dass für jede positive ganze Zahl k gilt $s(1,k) = -\frac{1}{4} + \frac{1}{6k} + \frac{k}{12}$.

7.21. Zeigen Sie, dass $\sum_{k=1}^{b-1} \tan^2\left(\frac{\pi k}{b}\right) = b(b-1)$.

7.22. ♣ Zeigen Sie, dass Satz 7.10 äquivalent zu folgender Aussage ist:

$$\mathbf{F}(f * g) = b \, \mathbf{F}(f) \mathbf{F}(g).$$

7.23. Betrachten Sie die Spur der linearen Abbildung $L = \left(\xi^{(i-1)(j-1)}\right)$, die in (7.3) definiert wurde. Die Spur von L ist $G(b) := \sum_{m=0}^{b-1} \xi^{m^2}$, bekannt als eine *Gauß'sche Summe*. Zeigen Sie, dass $|G(b)| = \sqrt{b}$ gilt, falls b eine ungerade Primzahl ist.

8

Dedekind-Summen, die Bausteine der Gitterpunkt-Aufzählung

If things are nice there is probably a good reason why they are nice: and if you don't know at least one reason for this good fortune, then you still have work to do.

Richard Askey

Uns sind Dedekind-Summen bei unserem Studium der endlichen Fourier-Analysis begegnet, und wir haben uns eng mit ihnen vertraut gemacht, als wir das Münzenproblem in Kapitel 1 behandelt haben. Sie haben jedoch einen Nachteil (den wir beseitigen werden): Die Definition von $s(a, b)$ erfordert es, dass wir über b Terme aufsummieren, was recht langsam wird, wenn z.B. $b = 2^{100}$ ist. Glücklicherweise gibt es ein magisches *Reziprozitätsgesetz* für die Dedekind-Summen $s(a, b)$, das es uns erlaubt, sie in ungefähr $\log_2(b) = 100$ Schritten zu berechnen. Es ist diese Art von Magie, die uns rettet, wenn wir versuchen, Gitterpunkte in ganzzahligen Polytopen von Dimension $d \leq 4$ zu zählen. Die Suche nach Wegen, diese Ideen auf höhere Dimensionen zu erweitern, dauert an, aber es gibt noch viel Raum für Verbesserungen. In diesem Kapitel konzentrieren wir uns auf die komplexitätstheoretischen Fragen, die auftreten, wenn wir versuchen, Dedekind-Summen explizit zu berechnen.

8.1 Fourier-Dedekind-Summen und wieder das Münzenproblem

Wir erinnern uns aus Kapitel 1 an die Fourier-Dedekind-Summen (definiert in (1.13))

$$s_n(a_1, a_2, \ldots, a_d; b) = \frac{1}{b} \sum_{k=1}^{b-1} \frac{\xi_b^{kn}}{\left(1 - \xi_b^{ka_1}\right)\left(1 - \xi_b^{ka_2}\right) \cdots \left(1 - \xi_b^{ka_d}\right)},$$

die als Hauptakteur in der Analyse des Frobenius'schen Münzenproblems auftraten. Wir erkennen in den Fourier-Dedekind-Summen jetzt echte Fourier-Reihen mit Periode b. Die Fourier-Dedekind-Summen vereinheitlichen viele Varianten der Dedekind-Summen, die in der Literatur aufgetaucht sind, und bilden die Bausteine der Ehrhart-Quasipolynome. Zum Beispiel haben wir in Kapitel 1 gezeigt, dass $s_n(a_1, a_2, \ldots, a_d; b)$ im Ehrhart-Quasipolynom des d-Simplex

$$\left\{ (x_1, \ldots, x_{d+1}) \in \mathbb{R}_{\geq 0}^{d+1} : a_1 x_1 + \cdots + a_d x_d + b x_{d+1} = 1 \right\}$$

auftaucht.

Beispiel 8.1. Wir bemerken zunächst, dass für $n = 0$ und $d = 2$ die Fourier-Dedekind-Summen zu klassischen Dedekind-Summen werden (was – endlich – den Namen erklärt): Für teilerfremde ganze Zahlen a und b gilt

$$s_0(a, 1; b) = \frac{1}{b} \sum_{k=1}^{b-1} \frac{1}{\left(1 - \xi_b^{ka}\right)\left(1 - \xi_b^{k}\right)}$$

$$= \frac{1}{b} \sum_{k=1}^{b-1} \left(\frac{1}{1 - \xi_b^{ka}} - \frac{1}{2} \right) \left(\frac{1}{1 - \xi_b^{k}} - \frac{1}{2} \right)$$

$$+ \frac{1}{2b} \sum_{k=1}^{b-1} \frac{1}{1 - \xi_b^{k}} + \frac{1}{2b} \sum_{k=1}^{b-1} \frac{1}{1 - \xi_b^{ka}} - \frac{1}{b} \sum_{k=1}^{b-1} \frac{1}{4}$$

$$= \frac{1}{4b} \sum_{k=1}^{b-1} \left(\frac{1 + \xi_b^{ka}}{1 - \xi_b^{ka}} \right) \left(\frac{1 + \xi_b^{k}}{1 - \xi_b^{k}} \right) + \frac{1}{b} \sum_{k=1}^{b-1} \frac{1}{1 - \xi_b^{k}} - \frac{b-1}{4b} .$$

Im letzten Schritt haben wir ausgenutzt, dass die Multiplikation des Index k mit a die mittlere Summe nicht verändert. Diese mittlere Summe können wir weiter vereinfachen, wenn wir uns an Gleichung (1.8) erinnern:

$$\frac{1}{b} \sum_{k=1}^{b-1} \frac{1}{\left(1 - \xi_b^{k}\right) \xi_b^{kn}} = -\left\{ \frac{n}{b} \right\} + \frac{1}{2} - \frac{1}{2b} ,$$

also

$$s_0(a, 1; b) = \frac{1}{4b} \sum_{k=1}^{b-1} \left(\frac{1 + \xi_b^{ka}}{1 - \xi_b^{ka}} \right) \left(\frac{1 + \xi_b^{k}}{1 - \xi_b^{k}} \right) + \frac{1}{2} - \frac{1}{2b} - \frac{b-1}{4b}$$

$$= -\frac{1}{4b} \sum_{k=1}^{b-1} \cot\left(\frac{\pi k a}{b} \right) \cot\left(\frac{\pi k}{b} \right) + \frac{b-1}{4b} \tag{8.1}$$

$$= -s(a, b) + \frac{b-1}{4b} . \qquad \square$$

Beispiel 8.2. Die nächste spezielle Auswertung einer Fourier-Dedekind-Summe ist der obigen Berechnung sehr ähnlich, so dass wir es dem Leser überlassen, zu beweisen (Aufgabe 8.5), dass für zu b teilerfremde a_1 und a_2 folgendes gilt:

$$s_0 \left(a_1, a_2; b \right) = -s \left(a_1 a_2^{-1}, b \right) + \frac{b-1}{4b} , \tag{8.2}$$

wobei $a_2^{-1} a_2 \equiv 1 \pmod{b}$. □

Wir kehren zu allgemeinen Fourier-Dedekind-Summen zurück und beweisen das erste aus einer Reihe von *Reziprozitätsgesetzen*: Gleichungen in gewissen Summen von Fourier-Dedekind-Summen. Wir erinnern uns zunächst, wie diese Summen in Kapitel 1 aufkamen, nämlich als Partialbruchzerlegung der Funktion

$$f(z) = \frac{1}{(1 - z^{a_1}) \cdots (1 - z^{a_d}) z^n}$$

$$= \frac{A_1}{z} + \frac{A_2}{z^2} + \cdots + \frac{A_n}{z^n} + \frac{B_1}{z-1} + \frac{B_2}{(z-1)^2} + \cdots + \frac{B_d}{(z-1)^d} \tag{8.3}$$

$$+ \sum_{k=1}^{a_1-1} \frac{C_{1k}}{z - \xi_{a_1}^k} + \sum_{k=1}^{a_2-1} \frac{C_{2k}}{z - \xi_{a_2}^k} + \cdots + \sum_{k=1}^{a_d-1} \frac{C_{dk}}{z - \xi_{a_d}^k} .$$

(Hier nehmen wir an, dass $a_1, a_2, \ldots, a_d$ paarweise teilerfremd sind.) Satz 1.7 besagt, dass wir mithilfe der Partialbruchkoeffizienten $B_1, \ldots, B_d$ und der Fourier-Dedekind-Summen die eingeschränkte Partitionsfunktion für $A = \{a_1, a_2, \ldots, a_d\}$ berechnen können:

$$p_A(n) = -B_1 + B_2 - \cdots + (-1)^d B_d + s_{-n} \left(a_2, a_3, \ldots, a_d; a_1 \right)$$
$$+ s_{-n} \left(a_1, a_3, a_4, \ldots, a_d; a_2 \right) + \cdots + s_{-n} \left(a_1, a_2, \ldots, a_{d-1}; a_d \right) .$$

Man beachte, dass $B_1, B_2, \ldots, B_d$ Polynome in n sind (Aufgabe 8.6), daher nennen wir

$$\mathrm{poly}_A(n) := -B_1 + B_2 - \cdots + (-1)^d B_d$$

den **polynomiellen Anteil** der eingeschränkten Partitionsfunktion $p_A(n)$.

Beispiel 8.3. Die ersten paar Ausdrücke für $\mathrm{poly}_{\{a_1,\ldots,a_d\}}(n)$ sind

$$\mathrm{poly}_{\{a_1\}}(n) = \frac{1}{a_1} ,$$

$$\mathrm{poly}_{\{a_1,a_2\}}(n) = \frac{n}{a_1 a_2} + \frac{1}{2} \left(\frac{1}{a_1} + \frac{1}{a_2} \right) ,$$

$$\mathrm{poly}_{\{a_1,a_2,a_3\}}(n) = \frac{n^2}{2 a_1 a_2 a_3} + \frac{n}{2} \left(\frac{1}{a_1 a_2} + \frac{1}{a_1 a_3} + \frac{1}{a_2 a_3} \right) \tag{8.4}$$

$$+ \frac{1}{12} \left(\frac{3}{a_1} + \frac{3}{a_2} + \frac{3}{a_3} + \frac{a_1}{a_2 a_3} + \frac{a_2}{a_1 a_3} + \frac{a_3}{a_1 a_2} \right) ,$$

$$\text{poly}_{\{a_1,a_2,a_3,a_4\}}(n) = \frac{n^3}{6a_1a_2a_3a_4}$$

$$+ \frac{n^2}{4}\left(\frac{1}{a_1a_2a_3} + \frac{1}{a_1a_2a_4} + \frac{1}{a_1a_3a_4} + \frac{1}{a_2a_3a_4}\right)$$

$$+ \frac{n}{4}\left(\frac{1}{a_1a_2} + \frac{1}{a_1a_3} + \frac{1}{a_1a_4} + \frac{1}{a_2a_3} + \frac{1}{a_2a_4} + \frac{1}{a_3a_4}\right)$$

$$+ \frac{n}{12}\left(\frac{a_1}{a_2a_3a_4} + \frac{a_2}{a_1a_3a_4} + \frac{a_3}{a_1a_2a_4} + \frac{a_4}{a_1a_2a_3}\right)$$

$$+ \frac{1}{24}\left(\frac{a_1}{a_2a_3} + \frac{a_1}{a_2a_4} + \frac{a_1}{a_3a_4} + \frac{a_2}{a_1a_3} + \frac{a_2}{a_1a_4} + \frac{a_2}{a_3a_4}\right.$$

$$\left. + \frac{a_3}{a_1a_2} + \frac{a_3}{a_1a_4} + \frac{a_3}{a_2a_4} + \frac{a_4}{a_1a_2} + \frac{a_4}{a_1a_3} + \frac{a_4}{a_2a_3}\right)$$

$$+ \frac{1}{8}\left(\frac{1}{a_1} + \frac{1}{a_2} + \frac{1}{a_3} + \frac{1}{a_4}\right). \qquad \square$$

Wir werden jetzt die Ehrhart'schen Ergebnisse aus Kapitel 3 mit den Partialbruchzerlegungen aus Kapitel 1 kombinieren, die zu den Fourier-Dedekind-Summen geführt haben.

Satz 8.4 (Zagier-Reziprozität). *Für beliebige paarweise teilerfremde ganze Zahlen* $a_1, a_2, \ldots, a_d$ *gilt*

$$s_0\left(a_2, a_3, \ldots, a_d; a_1\right) + s_0\left(a_1, a_3, a_4, \ldots, a_d; a_2\right) + \cdots$$
$$+ s_0\left(a_1, a_2, \ldots, a_{d-1}; a_d\right)$$
$$= 1 - \text{poly}_{\{a_1, a_2, \ldots, a_d\}}(0).$$

Auf den ersten Blick sollte uns dieses Reziprozitätsgesetzt überraschen. Die Fourier-Dedekind-Summen können komplizierte, lange Summen werden, aber wenn wir sie auf diese Art kombinieren, addieren sie sich zu einer einfachen rationalen Funktion in $a_1, a_2, \ldots, a_d$.

Beweis. Wir berechnen den konstanten Term des Quasipolynoms $p_A(n)$:

$$p_A(0) = \text{poly}_A(0) + s_0\left(a_2, a_3, \ldots, a_d; a_1\right)$$
$$+ s_0\left(a_1, a_3, a_4, \ldots, a_d; a_2\right) + \cdots + s_0\left(a_1, a_2, \ldots, a_{d-1}; a_d\right).$$

Auf der anderen Seite besagt Aufgabe 3.27 (die Erweiterung von Korollar 3.15 auf Ehrhart-Quasipolynome), dass $p_A(0) = 1$ gilt, so dass

$$1 = \text{poly}_A(0) + s_0\left(a_2, a_3, \ldots, a_d; a_1\right)$$
$$+ s_0\left(a_1, a_3, a_4, \ldots, a_d; a_2\right) + \cdots + s_0\left(a_1, a_2, \ldots, a_{d-1}; a_d\right). \qquad \square$$

8.2 Die Dedekind-Summe, ihre Reziprozität und Berechnungskomplexität

Wir haben in (8.1) die klassische Dedekind-Summe $s(a, b)$ als spezielle Auswertung der Fourier-Dedekind-Summe hergeleitet. Natürlich nimmt Satz 8.4 eine besondere Form an, wenn wir dieses Reziprozitätsgesetz auf klassische Dedekind-Summen spezialisieren.

Korollar 8.5 (Dedekinds Reziprozitätsgesetz). *Für beliebige teilerfremde positive ganze Zahlen a und b gilt*

$$s(a, b) + s(b, a) = \frac{1}{12}\left(\frac{a}{b} + \frac{b}{a} + \frac{1}{ab}\right) - \frac{1}{4}.$$

Beweis. Ein Spezialfall von Satz 8.4 ist

$$s_0(a, 1; b) + s_0(b, a; 1) + s_0(1, b; a) = 1 - \mathrm{poly}_{\{a,1,b\}}(0)$$

$$= 1 - \frac{1}{12}\left(\frac{3}{a} + 3 + \frac{3}{b} + \frac{a}{b} + \frac{1}{ab} + \frac{b}{a}\right)$$

$$= \frac{3}{4} - \frac{1}{12}\left(\frac{a}{b} + \frac{b}{a} + \frac{1}{ab}\right) - \frac{1}{4a} - \frac{1}{4b}.$$

Jetzt benutzen wir, dass $s_0(b, a; 1) = 0$ ist, und Gleichung (8.1):

$$s_0(a, 1; b) = -s(a, b) + \frac{1}{4} - \frac{1}{4b}. \qquad \square$$

Dedekinds Reziprozitätsgesetz erlaubt es uns, die Dedekind-Summe $s(a, b)$ genauso schnell zu berechnen, wie der euklidische Algorithmus zur Berechnung von $\mathrm{ggT}(a, b)$. Wir wollen ein Gefühl für diese Art der Berechnung von Dedekind-Summen bekommen, indem wir ein Beispiel ausrechnen. Wir erinnern den Leser an eine wesentliche Eigenschaft der Dedekind-Summen, die wir bereits in (7.5) hervorgehoben haben: $s(a, b)$ bleibt unverändert, wenn wir a durch seinen Rest modulo b ersetzen, das heißt

$$s(a, b) = s(a \bmod b, b). \qquad (8.5)$$

Beispiel 8.6. Seien $a = 100$ und $b = 147$. Wir wenden jetzt abwechselnd Korollar 8.5 und die Reduktionsgleichung (8.5) an:

$$s(100,147) = \frac{1}{12}\left(\frac{100}{147} + \frac{147}{100} + \frac{1}{14700}\right) - \frac{1}{4} - s(147,100)$$

$$= -\frac{1249}{17640} - s(47,100)$$

$$= -\frac{1249}{17640} - \left(\frac{1}{12}\left(\frac{47}{100} + \frac{100}{47} + \frac{1}{4700}\right) - \frac{1}{4} - s(100,47)\right)$$

$$= -\frac{773}{20727} + s(6,47)$$

$$= -\frac{773}{20727} + \frac{1}{12}\left(\frac{6}{47} + \frac{47}{6} + \frac{1}{282}\right) - \frac{1}{4} - s(47,6)$$

$$= \frac{166}{441} - s(5,6)$$

$$= \frac{166}{441} - \left(\frac{1}{12}\left(\frac{5}{6} + \frac{6}{5} + \frac{1}{30}\right) - \frac{1}{4} - s(6,5)\right)$$

$$= \frac{2003}{4410} + s(1,5)$$

$$= \frac{2003}{4410} - \frac{1}{4} + \frac{1}{30} + \frac{5}{12}$$

$$= \frac{577}{882}.$$

Im letzten Schritt haben wir Aufgabe 7.20 benutzt: $s(1,k) = -\frac{1}{4} + \frac{1}{6k} + \frac{k}{12}$. Die direkte Berechnung von $s(100,147)$ benötigt 147 Schritte, während wir diesen Wert hier in neun Schritten unter Benutzung von Dedekinds Reziprozitätsgesetz und (8.5) berchnen konnten. □

Als ein zweites Korollar zu Satz 8.4 erwähnen wir das folgende dreigliedrige Reziprozitätsgesetz für die spezielle Fourier-Dedekind-Summe $s_0(a,b;c)$. Dieses Reziprozitätsgesetz kann auch mithilfe von Gleichung 8.2 in klassischen Dedekind-Summen ausgedrückt werden.

Korollar 8.7. *Für paarweise teilerfremde positive ganze Zahlen a, b und c gilt*

$$s_0(a,b;c) + s_0(c,a;b) + s_0(b,c;a) = 1 - \frac{1}{12}\left(\frac{3}{a} + \frac{3}{b} + \frac{3}{c} + \frac{a}{bc} + \frac{b}{ca} + \frac{c}{ab}\right).$$

□

8.3 Rademacher-Reziprozität für Fourier-Dedekind-Summen

Das nächste Reziprozitätsgesetz bezieht sich wieder auf allgemeine Fourier-Dedekind-Summen. Es erweitert Satz 8.4 über $n = 0$ hinaus.

Satz 8.8 (Rademacher-Reziprozität). *Seien* $a_1, a_2, \ldots, a_d$ *paarweise teilerfremde positive ganze Zahlen. Dann gilt für* $n = 1, 2, \ldots, (a_1 + \cdots + a_d - 1)$, *dass*

$$s_n (a_2, a_3, \ldots, a_d; a_1) + s_n (a_1, a_3, a_4, \ldots, a_d; a_2) + \cdots$$
$$+ s_n (a_1, a_2, \ldots, a_{d-1}; a_d) = - \mathrm{poly}_{\{a_1, a_2, \ldots, a_d\}}(-n).$$

Beweis. Wir erinnern uns an die Definition

$$p_A^\circ(n) = \# \left\{ (m_1, \ldots, m_d) \in \mathbb{Z}^d : \text{ alle } m_j > 0, \ m_1 a_1 + \cdots + m_d a_d = n \right\}$$

aus Aufgabe 1.31, d.h. $p_A^\circ(n)$ zählt die Anzahl der Zerlegungen von n unter Verwendungen von Elementen von A als Bestandteile, *wobei jedes Element von A mindestens einmal verwendet wird.* Diese Zählfunktion hängt natürlich mit p_A über die Ehrhart-Macdonald-Reziprozität zusammen (Satz 4.1):

$$p_A^\circ(n) = (-1)^{d-1} p_A(-n),$$

das heißt

$$(-1)^{d-1} p_A^\circ(n) = \mathrm{poly}_A(-n) + s_n (a_2, a_3, \ldots, a_d; a_1)$$
$$+ s_n (a_1, a_3, a_4, \ldots, a_d; a_2) + \cdots + s_n (a_1, a_2, \ldots, a_{d-1}; a_d).$$

Auf der anderen Seite folgt direkt aus der Definition, dass

$$p_A^\circ(n) = 0 \qquad \text{für} \quad n = 1, 2, \ldots, (a_1 + \cdots + a_d - 1),$$

so dass für diese n gilt

$$0 = \mathrm{poly}_A(-n) + s_n (a_2, a_3, \ldots, a_d; a_1)$$
$$+ s_n (a_1, a_3, a_4, \ldots, a_d; a_2) + \cdots + s_n (a_1, a_2, \ldots, a_{d-1}; a_d). \qquad \square$$

Genau wie die Zagier-Reziprozität eine besondere Form für die klassischen Dedekind-Summen annimmt, spezialisiert sich die Rademacher-Reziprozität für $d = 2$ zu einem Reziprozitätssatz für die **Dedekind-Rademacher-Summe**

$$r_n(a, b) := \sum_{k=0}^{b-1} \left(\left(\frac{ka + n}{b} \right) \right) \left(\left(\frac{k}{b} \right) \right).$$

Die klassische Dedekind-Summe ist natürlich die Spezialisierung $r_0(a, b) = s(a, b)$. Um das Reziprozitätsgesetz für Dedekind-Rademacher-Summen formulieren zu können, definieren wir die Funktion

$$\chi_a(n) := \begin{cases} 1 & \text{falls } a \mid n, \\ 0 & \text{sonst}, \end{cases}$$

die uns helfen wird, den Überblick zu behalten.

Korollar 8.9 (Reziprozitätsgesetz für Dedekind-Rademacher-Summen). *Seien a und b teilerfremde positive ganze Zahlen. Dann gilt für* $n = 1, 2, \ldots, a + b$, *dass*

$$r_n(a, b) + r_n(b, a) = \frac{n^2}{2ab} - \frac{n}{2}\left(\frac{1}{ab} + \frac{1}{a} + \frac{1}{b}\right) + \frac{1}{12}\left(\frac{a}{b} + \frac{b}{a} + \frac{1}{ab}\right)$$

$$+ \frac{1}{2}\left(\left(\left(\frac{a^{-1}n}{b}\right)\right) + \left(\left(\frac{b^{-1}n}{a}\right)\right) + \left(\left(\frac{n}{a}\right)\right) + \left(\left(\frac{n}{b}\right)\right)\right)$$

$$+ \frac{1}{4}\left(1 + \chi_a(n) + \chi_b(n)\right),$$

wobei $a^{-1}a \equiv 1 \pmod{b}$ *und* $b^{-1}b \equiv 1 \pmod{a}$.

Diese Gleichung folgt beinahe unmittelbar, sobald wir in der Lage sind, die Dedekind-Rademacher-Summen über Fourier-Dedekind-Summen auszudrücken.

Lemma 8.10. *Seien a und b teilerfremde positive ganze Zahlen und* $n \in \mathbb{Z}$. *Dann gilt*

$$r_n(a, b) = -s_n(a, 1; b) + \frac{1}{2}\left(\left(\frac{n}{b}\right)\right) + \frac{1}{2}\left(\left(\frac{na^{-1}}{b}\right)\right) - \frac{1}{4b} + \frac{1}{4}\chi_b(n),$$

wobei $a^{-1}a \equiv 1 \pmod{b}$.

Beweis. Wir schreiben zunächst die endliche Fourier-Reihe (1.8) der Sägezahnfunktion $((x))$ um:

$$\frac{1}{b}\sum_{k=1}^{b-1} \frac{\xi_b^{kn}}{1 - \xi_b^k} = -\left\{\frac{-n}{b}\right\} + \frac{1}{2} - \frac{1}{2b}$$

$$= -\left(\left(\frac{-n}{b}\right)\right) + \frac{1}{2}\chi_b(n) - \frac{1}{2b}$$

$$= \left(\left(\frac{n}{b}\right)\right) + \frac{1}{2}\chi_b(n) - \frac{1}{2b}.$$

Also gilt auch

$$\frac{1}{b}\sum_{k=1}^{b-1} \frac{\xi_b^{kn}}{1 - \xi_b^{ka}} = \frac{1}{b}\sum_{k=1}^{b-1} \frac{\xi_b^{ka^{-1}n}}{1 - \xi_b^k}$$

$$= \left(\left(\frac{a^{-1}n}{b}\right)\right) + \frac{1}{2}\chi_b\left(a^{-1}n\right) - \frac{1}{2b}$$

$$= \left(\left(\frac{a^{-1}n}{b}\right)\right) + \frac{1}{2}\chi_b\left(n\right) - \frac{1}{2b}.$$

Jetzt wenden wir den Faltungssatz für endliche Fourier-Reihen (Satz 7.10) auf die Funktionen

$$f(n) := \frac{1}{b} \sum_{k=1}^{b-1} \frac{\xi_b^{kn}}{1 - \xi_b^k} \qquad \text{und} \qquad g(n) := \frac{1}{b} \sum_{k=1}^{b-1} \frac{\xi_b^{kn}}{1 - \xi_b^{ka}}$$

an. Das liefert uns

$$\frac{1}{b} \sum_{k=1}^{b-1} \frac{\xi_b^{kn}}{\left(1 - \xi_b^k\right)\left(1 - \xi_b^{ka}\right)} = \sum_{m=0}^{b-1} f(n-m)\, g(m) =$$

$$\sum_{m=0}^{b-1} \left(\left(\!\!\left(\frac{n-m}{b}\right)\!\!\right) + \frac{1}{2}\chi_b(n-m) - \frac{1}{2b} \right) \left(\left(\!\!\left(\frac{a^{-1}m}{b}\right)\!\!\right) + \frac{1}{2}\chi_b(m) - \frac{1}{2b} \right).$$

Wir laden den Leser ein, zu überprüfen (Aufgabe 8.9), dass die Summe auf der rechten Seite sich zu

$$-\sum_{m=0}^{b-1} \left(\!\!\left(\frac{am+n}{b}\right)\!\!\right) \left(\!\!\left(\frac{m}{b}\right)\!\!\right) + \frac{1}{2}\left(\!\!\left(\frac{a^{-1}n}{b}\right)\!\!\right) + \frac{1}{2}\left(\!\!\left(\frac{n}{b}\right)\!\!\right) - \frac{1}{4b} + \frac{1}{4}\chi_b(n)$$

vereinfachen lässt, und deshalb

$$s_n(a,1;b) = -r_n(a,b) + \frac{1}{2}\left(\!\!\left(\frac{a^{-1}n}{b}\right)\!\!\right) + \frac{1}{2}\left(\!\!\left(\frac{n}{b}\right)\!\!\right) - \frac{1}{4b} + \frac{1}{4}\chi_b(n)$$

gilt.   □

Beweis von Korollar 8.9. Wir wenden den Spezialfall von Satz 8.8,

$$s_n(a,1;b) + s_n(1,a;b) + s_n(a,b;1) = -\operatorname{poly}_{\{a,1,b\}}(-n)$$

$$= -\frac{n^2}{2ab} + \frac{n}{2}\left(\frac{1}{ab} + \frac{1}{a} + \frac{1}{b}\right) - \frac{1}{12}\left(\frac{3}{a} + \frac{3}{b} + 3 + \frac{a}{b} + \frac{b}{a} + \frac{1}{ab}\right),$$

an, was für $n = 1, 2, \ldots, a+b$ gilt. Lemma 8.10 erlaubt es uns, diese Gleichung in eine über Dedekind-Rademacher-Summen zu übersetzen:

$$r_n(a,b) + r_n(b,a) = \frac{n^2}{2ab} - \frac{n}{2}\left(\frac{1}{ab} + \frac{1}{a} + \frac{1}{b}\right) + \frac{1}{12}\left(\frac{a}{b} + \frac{b}{a} + \frac{1}{ab}\right)$$

$$+ \frac{1}{2}\left(\left(\!\!\left(\frac{a^{-1}n}{b}\right)\!\!\right) + \left(\!\!\left(\frac{b^{-1}n}{a}\right)\!\!\right) + \left(\!\!\left(\frac{n}{a}\right)\!\!\right) + \left(\!\!\left(\frac{n}{b}\right)\!\!\right) \right)$$

$$+ \frac{1}{4}\left(1 + \chi_a(n) + \chi_b(n)\right).$$ □

Das zweigliedrige Reziprozitätsgesetz erlaubt es uns, die Dedekind-Rademacher-Summen genauso schnell wie den euklidischen Algorithmus zu berechnen, wie wir es schon bei den klassischen Dedekind-Summen gesehen haben. Diese Tatsache hat eine interessante Folge: In Satz 2.10 und Aufgabe 2.34 haben wir implizit gezeigt (siehe Aufgabe 8.10), dass Dedekind-Rademacher-Summen die einzigen nichttrivialen Zutaten der Ehrhart-Quasipolynome rationaler Polygone sind. Korollar 8.9 stellt sicher, dass diese Ehrhart-Quasipolynome fast augenblicklich berechnet werden können.

8.4 Der Mordell-Pommersheim-Tetraeder

In diesem Abschnitt kehren wir zu Ehrhart-Polynomen zurück und zeigen, wie Dedekind-Summen auf natürliche Weise bei der Berechnung von Erzeugendenfunktionen auftauchen. Wir werden den Tetraeder untersuchen, an dem historisch als erstes die Verbindung von Dedekind-Summen und Gitterpunkt-Aufzählung in Polytopen ans Licht kam. Er ist durch

$$\mathcal{P} = \left\{ (x,y,z) \in \mathbb{R}^3 : x,y,z \geq 0, \ \frac{x}{a} + \frac{y}{b} + \frac{z}{c} \leq 1 \right\} \qquad (8.6)$$

beschrieben, ein Tetraeder mit Ecken $(0,0,0)$, $(a,0,0)$, $(0,b,0)$ und $(0,0,c)$, wobei a, b und c positive ganze Zahlen sind. Wir führen die Schlupfvariable n ein und interpretieren

$$L_{\mathcal{P}}(t) = \#\left\{ (k,l,m) \in \mathbb{Z}^3 : k,l,m \geq 0, \ \frac{k}{a} + \frac{l}{b} + \frac{m}{c} \leq t \right\}$$
$$= \#\left\{ (k,l,m,n) \in \mathbb{Z}^4 : k,l,m,n \geq 0, \ bck + acl + abm + n = abct \right\}$$

als den Taylor-Koeffizient von z^{abct} in der Funktion

$$\left(\sum_{k \geq 0} z^{bck} \right) \left(\sum_{l \geq 0} z^{acl} \right) \left(\sum_{m \geq 0} z^{abm} \right) \left(\sum_{n \geq 0} z^n \right)$$
$$= \frac{1}{(1 - z^{bc})(1 - z^{ac})(1 - z^{ab})(1 - z)}.$$

Wie wir es bereits unzählige Male zuvor getan haben, verschieben wir diesen Koeffizient auf den konstanten Term:

$$L_{\mathcal{P}}(t) = \mathrm{const} \left(\frac{1}{(1 - z^{bc})(1 - z^{ac})(1 - z^{ab})(1 - z)\, z^{abct}} \right).$$

Um die Anzahl der Polstellen zu verringern, bietet es sich an, diese Funktion etwas abzuändern; der konstante Term von $1/(1 - z^{bc})(1 - z^{ac})(1 - z^{ab})$ $(1 - z)$ ist 1, so dass

$$L_{\mathcal{P}}(t) = \mathrm{const} \left(\frac{z^{-abct} - 1}{(1 - z^{bc})(1 - z^{ac})(1 - z^{ab})(1 - z)} \right) + 1.$$

Dieser Trick wird im nächsten Schritt nützlich, nämlich bei der Zerlegung der Funktion in Partialbrüche. Strenggenommen können wir diese nicht durchführen, da der Zähler kein Polynom in z ist. Allerdings können wir diese rationale Funktion als Summe zweier Funktionen auffassen. Die Pole höherer Ordnung beider Summanden, die wir nicht in unsere nachfolgende Berechnung mit einbeziehen, eliminieren sich gegenseitig, so dass wir sie hier vernachlässigen können. Die einzigen Pole von

$$\frac{z^{-abct} - 1}{(1 - z^{bc})(1 - z^{ac})(1 - z^{ab})(1 - z)} \tag{8.7}$$

liegen bei den a-ten, b-ten und c-ten Einheitswurzeln und bei 0. (Wie bisher brauchen wir uns nicht um die Koeffizienten von $z = 0$ bei der Partialbruchzerlegung kümmern.) Um uns das Leben einen Augenblick lang zu vereinfachen (der allgemeine Fall ist Gegenstand von Aufgabe 8.12), wollen wir annehmen, dass a, b und c paarweise teilerfremd seien; dann sind alle Pole außer 0 und 1 einfach. Die Berechnung des Koeffizienten für $z = 1$ ähnelt dem, was wir mit der eingeschränkten Partitionsfunktion in Kapitel 1 gemacht haben. Der Koeffizient in der Partialbruchzerlegung einer nichttrivialen Einheitswurzel, etwa ξ_a^k, wird praktisch genauso einfach berechnet wie in früheren Beispielen: Er ist

$$-\frac{t}{a(1 - \xi_a^{kbc})(1 - \xi_a^k)} \tag{8.8}$$

(siehe Aufgabe 8.11). Wenn wir diesen Bruch über $k = 1, 2, \ldots, a - 1$ aufsummieren, erhalten wir die Fourier-Dedekind-Summe

$$-\frac{t}{a} \sum_{k=1}^{a-1} \frac{1}{(1 - \xi_a^{kbc})(1 - \xi_a^k)} = -t\, s_0\,(bc, 1; a)\,.$$

Wenn wir diesen Koeffizienten und seine Geschwister für die anderen Einheitswurzeln in die Partialbruchzerlegung einsetzen und den konstanten Term berechnen, erhalten wir (Aufgabe 8.11)

$$\begin{aligned}
L_{\mathcal{P}}(t) = {} & \frac{abc}{6} t^3 + \frac{ab + ac + bc + 1}{4} t^2 \\
& + \left(\frac{a + b + c}{4} + \frac{1}{4}\left(\frac{1}{a} + \frac{1}{b} + \frac{1}{c}\right) + \frac{1}{12}\left(\frac{bc}{a} + \frac{ca}{b} + \frac{ab}{c} + \frac{1}{abc}\right) \right) t \\
& + \left(s_0\,(bc, 1; a) + s_0\,(ca, 1; b) + s_0\,(ab, 1; c) \right) t \\
& + 1\,.
\end{aligned}$$

Wir stellen unmittelbar fest, dass nach (8.1) die Fourier-Dedekind-Summen in diesem Ehrhart-Polynom gerade die klassischen Dedekind-Summen sind, und gelangen so zu folgendem gefeierten Resultat:

Satz 8.11. *Sei $\mathcal{P}$ durch (8.6) gegeben, wobei a, b und c paarweise teilerfremd seien. Dann gilt*

$$\begin{aligned}
L_{\mathcal{P}}(t) = {} & \frac{abc}{6} t^3 + \frac{ab + ac + bc + 1}{4} t^2 + \left(\frac{3}{4} + \frac{a + b + c}{4} \right. \\
& \left. + \frac{1}{12}\left(\frac{bc}{a} + \frac{ca}{b} + \frac{ab}{c} + \frac{1}{abc}\right) - s\,(bc, a) - s\,(ca, b) - s\,(ab, c) \right) t + 1\,.
\end{aligned}$$

$\square$

Zum Abschluss dieses Kapitels geben wir die Ehrhart-Reihe des Mordell-Pommersheim-Tetraeders $\mathcal{P}$ an. Sie folgt direkt aus den Transformationsformeln (zur Berechnung der Ehrhart-Zählerkoeffizienten aus den Koeffizienten des Ehrhart-Polynoms) aus Korollar 3.16 und Aufgabe 3.10, und daher enthält die Ehrhart-Reihe von $\mathcal{P}$ naturgemäß Dedekind-Summen.

Korollar 8.12. *Sei $\mathcal{P}$ durch (8.6) gegeben, wobei a, b und c paarweise teilerfremd seien. Dann gilt*

$$\mathrm{Ehr}_{\mathcal{P}}(z) = \frac{h_3\, z^3 + h_2\, z^2 + h_1\, z + 1}{(1 - z)^4}\,,$$

wobei

$$h_3 = \frac{abc}{6} - \frac{ab + ac + bc + a + b + c}{4} - \frac{1}{2} + \frac{1}{12}\left(\frac{bc}{a} + \frac{ca}{b} + \frac{ab}{c} + \frac{1}{abc}\right)$$
$$- s\,(bc, a) - s\,(ca, b) - s\,(ab, c)$$

$$h_2 = \frac{2abc}{3} + \frac{a + b + c}{2} + \frac{3}{2} + \frac{1}{6}\left(\frac{bc}{a} + \frac{ca}{b} + \frac{ab}{c} + \frac{1}{abc}\right)$$
$$- 2\,(s\,(bc, a) + s\,(ca, b) + s\,(ab, c))$$

$$h_1 = \frac{abc}{6} + \frac{ab + ac + bc + a + b + c}{4} - 2 + \frac{1}{12}\left(\frac{bc}{a} + \frac{ca}{b} + \frac{ab}{c} + \frac{1}{abc}\right)$$
$$- s\,(bc, a) - s\,(ca, b) - s\,(ab, c)\,. \qquad \square$$

Interessanterweise sind die obigen Ausdrücke für h_1, h_2 und h_3 nichtnegative ganze Zahlen, was aus Korollar 3.11 folgt.

Anmerkungen

1. Die klassischen Dedekind-Summen erwachten in den 1880ern zum Leben, als Richard Dedekind (1831–1916)[1] die Transformationseigenschaften der *Dedekind'schen η-Funktion* [69]

$$\eta(z) := e^{\pi i z/12} \prod_{n \geq 1}\left(1 - e^{2\pi i n z}\right),$$

einem nützlichen Berechnungstool im Land der Modulformen in der Zahlentheorie, untersuchte. Dedekinds Reziprozitätsgesetz (Korollar 8.5) folgt aus einer der fundamentalen Transformationsgleichungen für η. Dedekind bewies auch, dass

$$12k\, s(h, k) \equiv k + 1 - 2\left(\frac{h}{k}\right) \pmod{8}$$

---

[1] Für mehr Informationen über Dedekind siehe
http://www-groups.dcs.st-and.ac.uk/~history/Mathematicians/Dedekind.html.

und hat damit eine elegante Verbindung zwischen der Dedekind-Summe und dem Jacobi-Symbol $\left(\frac{h}{k}\right)$ hergestellt (dem Leser sei die hübsche Carus-Monographie mit dem Titel *Dedekind Sums* von Emil Grosswald und Hans Rademacher empfohlen, wo das obige Ergebnis bewiesen wird [150, p. 34]), die er dann benutzt hat, um zu zeigen, dass das Reziprozitätsgesetz für Dedekind-Summen (für das [150] mehrere unterschiedliche Beweise angibt) äquivalent zum Reziprozitätsgesetz für das Jacobi-Symbol ist.

2. Dedekind-Summen und ihre Verallgemeinerungen tauchen auch in verschiedenen Kontexten außerhalb der analytischen Zahlentheorie und der diskreten Geometrie auf. Andere Gebiete der Mathematik, in denen Dedekind-Summen auftreten, beinhalten Topologie [100, 130, 189], algebraische Zahlentheorie [128, 165] und algebraische Geometrie [84]. Sie haben auch Verbindungen zur Komplexität von Algorithmen [113] und zu Kettenbrüchen [10, 98, 137].

3. Die Reziprozitätsgesetze (Sätze 8.4 und 8.8) für Fourier-Dedekind-Summen wurden in [24] bewiesen. Satz 8.4 ist äquivalent zum Reziprozitätsgesetz für Don Zagiers *höherdimensionale Dedekind-Summen* [189]. Korollar 8.7 (in klassischen Dedekind-Summen formuliert) geht ursprünglich auf Hans Rademacher zurück [148]. Satz 8.8 verallgemeinert Reziprozitätsgesetze von Rademacher [149] (im Wesentlichen Korollar 8.9) und Ira Gessel [86].

4. Fourier-Dedekind-Summen bilden nur eine Art der Verallgemeinerung klassischer Dedekind-Summen. Eine lange, aber keineswegs vollständige Liste anderer Verallgemeinerungen ist [5, 6, 20, 33, 34, 35, 55, 76, 77, 86, 91, 92, 112, 128, 130, 129, 149, 178, 189].

5. Die Verbindung zwischen Dedekind-Summen und Gitterpunkt-Zählproblemen, nämlich Satz 8.11 für $t = 1$, wurde als Erstes von Louis Mordell in 1951 hergestellt [135]. Gut 42 Jahre später fand James Pommersheim einen Beweis von Satz 8.11 als Teil einer wesentlich allgemeineren Maschinerie [145]. Pommersheims Arbeit impliziert sogar, dass die klassische Dedekind-Summe die einzige nichttriviale Zutat ist, die für Ehrhart-Polynome in Dimensionen drei und vier gebraucht wird.

6. Wir haben die Frage nach der effizienten Berechenbarkeit von Ehrhart-(Quasi)polynomen in diesem Kapitel angeschnitten. Leider reicht unser gegenwärtiges Wissen über Dedekind-Summen nicht aus, um eine allgemeine Aussage zu treffen. Allerdings hat Alexander Barvinok 1994 bewiesen [15], dass für feste Dimensionen die rationale Erzeugendenfunktion des Ehrhart-Quasipolynoms eines rationalen Polytops effizient berechnet werden kann. In Barvinoks Beweis werden keine Dedekind-Summen verwendet, sondern vielmehr ein Zerlegungssatz von Brion, der das Thema von Kapitel 9 sein wird.

Aufgaben

8.1. Zeigen Sie, dass $s(a, b) = 0$ genau dann, wenn $a^2 \equiv -1 \pmod{b}$.

8.2. Zeigen Sie, dass $6b\,s(a, b) \in \mathbb{Z}$. (*Hinweis:* Beginnen Sie, indem sie die Definition der Dedekind-Summe als $6b\,s(a, b) = \frac{6a}{b} \sum_{k=1}^{b-1} k^2 - 6 \sum_{k=1}^{b-1} k \lfloor \frac{ka}{b} \rfloor - 3 \sum_{k=1}^{b-1} k$ schreiben.)

8.3. Seien a und b zwei beliebige teilerfremde positive ganze Zahlen. Zeigen Sie, dass das Reziprozitätsgesetz für Dedekind-Summen impliziert, dass für $b \equiv r \pmod{a}$ gilt

$$12ab\,s(a, b) = -12ab\,s(r, a) + a^2 + b^2 - 3ab + 1\,.$$

Folgern Sie daraus die folgenden Gleichungen:

(a) Für $b \equiv 1 \pmod{a}$ gilt

$$12ab\,s(a, b) = -a^2 b + b^2 + a^2 - 2b + 1\,.$$

(b) Für $b \equiv 2 \pmod{a}$ gilt

$$12ab\,s(a, b) = -\frac{1}{2}a^2 b + a^2 + b^2 - \frac{5}{2}b + 1\,.$$

(c) Für $b \equiv -1 \pmod{a}$ gilt

$$12ab\,s(a, b) = a^2 b + a^2 + b^2 - 6ab + 2b + 1\,.$$

8.4. Wir bezeichnen mit f_n die Folge der Fibonacci-Zahlen, die durch

$$f_1 = f_2 = 1 \qquad \text{und} \qquad f_{n+2} = f_{n+1} + f_n \quad \text{für } n \geq 1$$

definiert ist. Zeigen Sie, dass

$$s(f_{2k}, f_{2k+1}) = 0$$

und

$$12 f_{2k-1} f_{2k}\,s(f_{2k-1}, f_{2k}) = f_{2k-1}^2 + f_{2k}^2 - 3 f_{2k-1} f_{2k} + 1\,.$$

8.5. ♣ Beweisen Sie (8.2):

$$s_0(a_1, a_2; b) = -s\left(a_1 a_2^{-1}, b\right) + \frac{b - 1}{4b}\,,$$

wobei $a_2^{-1} a_2 \equiv 1 \pmod{b}$.

8.6. Beweisen Sie, dass $B_1, B_2, \ldots, B_d$ in der Partialbruchzerlegung (8.3),

$$
\begin{aligned}
f(z) &= \frac{1}{(1 - z^{a_1}) \cdots (1 - z^{a_d})\, z^n} \\
&= \frac{A_1}{z} + \frac{A_2}{z^2} + \cdots + \frac{A_n}{z^n} + \frac{B_1}{z-1} + \frac{B_2}{(z-1)^2} + \cdots + \frac{B_d}{(z-1)^d} \\
&\quad + \sum_{k=1}^{a_1-1} \frac{C_{1k}}{z - \xi_{a_1}^k} + \sum_{k=1}^{a_2-1} \frac{C_{2k}}{z - \xi_{a_2}^k} + \cdots + \sum_{k=1}^{a_d-1} \frac{C_{dk}}{z - \xi_{a_d}^k},
\end{aligned}
$$

Polynome in n (vom Grad kleiner als d) und rationale Funktionen in $a_1, \ldots, a_d$ sind.

8.7. ♣ Überprüfen Sie die ersten paar Ausdrücke für $\mathrm{poly}_{\{a_1,\ldots,a_d\}}(n)$ in Gleichung (8.4).

8.8. Zeigen Sie, dass für die Dedekind-Rademacher-Summe $r_{-n}(a,b) = r_n(a,b)$ gilt.

8.9. ♣ Zeigen Sie, dass

$$
\sum_{m=0}^{b-1} \left(\left(\!\!\left(\frac{n-m}{b} \right)\!\!\right) + \frac{1}{2}\chi_b(n-m) - \frac{1}{2b} \right) \left(\left(\!\!\left(\frac{a^{-1}m}{b} \right)\!\!\right) + \frac{1}{2}\chi_b(m) - \frac{1}{2b} \right)
$$
$$
= \sum_{m=0}^{b-1} \left(\!\!\left(\frac{am-n}{b} \right)\!\!\right) \left(\!\!\left(\frac{m}{b} \right)\!\!\right) + \frac{1}{2}\left(\!\!\left(\frac{a^{-1}n}{b} \right)\!\!\right) + \frac{1}{2}\left(\!\!\left(\frac{-n}{b} \right)\!\!\right) - \frac{1}{4b}
$$
$$
+ \frac{1}{4}\chi_b(n).
$$

8.10. Formulieren Sie die Ehrhart-Quasipolynome für rationale Dreicke aus Satz 2.10 und Aufgabe 2.34 mithilfe von Dedekind-Rademacher-Summen um.

8.11. ♣ Beweisen Sie Satz 8.11, indem Sie (8.8) verifizieren und die Koeffizienten für $z = 1$ in der Partialbruchzerlegung von (8.7) berechnen.

8.12. Verallgemeinern Sie das Ehrhart-Polynom des Mordell-Pommersheim-Tetraeders auf den Fall, dass a, b und c nicht notwendigerweise teilerfremd sind.

8.13. Berechnen Sie das Ehrhart-Polynom des 4-Simplex

$$
\left\{ (x_1, x_2, x_3, x_4) \in \mathbb{R}_{\geq 0}^4 : \frac{x_1}{a} + \frac{x_2}{b} + \frac{x_3}{c} + \frac{x_4}{d} \leq 1 \right\},
$$

wobei a, b, c und d paarweise teilerfremde positive ganze Zahlen sind. (*Hinweis:* Sie können Korollar 5.5 benutzen, um den linearen Term zu berechnen.)

Offene Probleme

8.14. Finden Sie neue Zusammenhänge zwischen verschiedenen Dedekind-Summen.

8.15. Es ist bekannt [20], dass Fourier-Dedekind-Summen effizient berechenbar sind. Finden Sie einen schnellen Algorithmus, der praktisch implementierbar ist.

8.16. Für beliebige feste ganze Zahlen b und k, finden Sie eine schöne Charakterisierung der Menge aller $a \in \mathbb{Z}$, für die $s(a, b) = k$ gilt.

Die Zerlegung eines Polytops in seine Kegel

Mathematics compares the most diverse phenomena and discovers the secret analogies that unite them.

Jean Baptiste Joseph Fourier (1768–1830)

In diesem Kapitel kehren wir zu Gitterpunkttransformationen rationaler Kegel und Polytope zurück und verbinden diese auf eine magische Art und Weise, die zuerst von Michel Brion entdeckt wurde. Die Stärke von Brions Theorem ist in vielen Gebieten angewandt worden, z.B. in Barvinoks Algorithmus in der ganzzahligen linearen Programmierung und auf höherdimensionale Euler-Maclaurin-Summationsformeln, die wir in Kapitel 10 untersuchen werden. In gewisser Weise ist der Satz von Brion eine natürliche Erweiterung der vertrauten Gleichung über die endliche geometrische Reihe $\sum_{m=a}^{b} z^m = \frac{z^{b+1}-z^a}{z-1}$ auf höhere Dimensionen.

9.1 Die Gleichung „$\sum_{m \in \mathbb{Z}} z^m = 0$"...
...oder „Viel Lärm um nichts"

Wir fangen langsam an, indem wir den Satz von Brion in Dimension eins veranschaulichen. Dazu betrachten wir den Geradenabschnitt $\mathcal{I} := [20, 34]$. Wir erinnern uns, dass seine Gitterpunkttransformation die Gitterpunkte in $\mathcal{I}$ in Form von Monomen auflistet:

$$\sigma_{\mathcal{I}}(z) = \sum_{m \in \mathcal{I} \cap \mathbb{Z}} z^m = z^{20} + z^{21} + \cdots + z^{34}.$$

Schon in diesem einfachen Beispiel sind wir zu faul, alle ganzen Zahlen in $\mathcal{I}$ aufzuschreiben, und benutzen $\cdots$, um das Polynom $\sigma_{\mathcal{I}}$ aufzuschreiben. Gibt es eine kompaktere Schreibweise für $\sigma_{\mathcal{I}}$? Der Leser wird es bereits geahnt haben, bevor wir die Frage gestellt haben: Diese Gitterpunkttransformation gleicht der rationalen Funktion

$$\sigma_{\mathcal{I}}(z) = \frac{z^{20} - z^{35}}{1 - z} \, .$$

Der letzte Satz ist nicht ganz richtig: Die Definition von $\sigma_{\mathcal{I}}(z)$ ergab ein Polynom in z, wohingegen die rationale Funktion oben bei $z = 1$ nicht definiert ist. Wir können diese Unzulänglichkeit beheben, wenn wir uns klarmachen, dass der Grenzwert dieser rationalen Funktion für $z \to 1$ gleich der Auswertung des Polynoms $\sigma_{\mathcal{I}}(1) = 15$ ist, nach der Regel von de l'Hospital. Man beachte, dass die Darstellung von $\sigma_{\mathcal{I}}$ als rationale Funktion den unbestreitbaren Vorteil hat, wesentlich kompakter zu sein als die ursprüngliche Polynomdarstellung. Leser, die von diesem Vorteil nicht überzeugt sind, mögen die rechte Ecke 34 von $\mathcal{I}$ durch 3400 ersetzen.

Jetzt schreiben wir die rationale Form der Gitterpunkttransformation von $\mathcal{I}$ etwas um:

$$\sigma_{\mathcal{I}}(z) = \frac{z^{20} - z^{35}}{1 - z} = \frac{z^{20}}{1 - z} + \frac{z^{34}}{1 - \frac{1}{z}} \, . \tag{9.1}$$

Es gibt eine natürliche geometrische Interpretation der beiden Summanden auf der rechten Seite. Der erste Term stellt die Gitterpunkttransformation des Intervalls $[20, \infty)$ dar:

$$\sigma_{[20, \infty)}(z) = \sum_{m \geq 20} z^m = \frac{z^{20}}{1 - z} \, .$$

Der zweite Term in (9.1) entspricht der Gitterpunkttransformation des Intervalls $(-\infty, 34]$:

$$\sigma_{(-\infty, 34]}(z) = \sum_{m \leq 34} z^m = \frac{z^{34}}{1 - \frac{1}{z}} \, .$$

Also besagt (9.1), dass auf der Ebene rationaler Funktionen

$$\sigma_{[20, \infty)}(z) + \sigma_{(-\infty, 34]}(z) = \sigma_{[20, 34]}(z) \tag{9.2}$$

gilt. Diese Gleichung, die wir graphisch in Abb. 9.1 darstellen, sollte uns etwas überraschen. Zwei rationale Funktionen, die unendliche Folgen darstellen, kollabieren irgendwie, wenn sie addiert werden, zu einem Polynom mit einer endlichen Anzahl von Termen. Wir betonen, dass (9.2) auf der Ebene unendlicher Reihen keinen Sinn macht; die beiden fraglichen unendlichen Reihen haben nämlich disjunkte Konvergenzbereiche.

Sogar noch magischer ist die Geometrie hinter dieser Gleichung: Auf der rechten Seite haben wir ein Polynom, das die Gitterpunkte in einem *endlichen* Intervall $\mathcal{P}$ auflistet, während auf der linken Seite jede der rationalen Erzeugendenfunktionen die Gitterpunkte in einem *unendlichen* Strahl, der an einer Ecke von $\mathcal{P}$ beginnt, aufzählt. Die beiden Halbgeraden werden wir unten

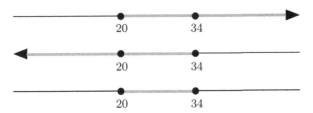

Abb. 9.1. Zerlegung eines Geradenabschnitts in zwei unendliche Strahlen.

Eckenkegel nennen, und der Rest dieses Kapitels ist dem Beweis gewidmet, dass eine ähnliche Gleichung wie (9.2) in allgemeinen Dimensionen gilt.

Wir erweitern jetzt die Definition der Gitterpunkttransformation $\sigma_\mathcal{A}(\mathbf{z})$ von Kegeln $\mathcal{A}$ auf affine Räume $\mathcal{A}$. Jeder solche affine Raum $\mathcal{A} \subseteq \mathbb{R}^d$ lässt sich als $\mathbf{w} + \mathcal{V}$ für ein $\mathbf{w} \in \mathbb{R}^d$ und einen n-dimensionalen Untervektorraum $\mathcal{V} \subseteq \mathbb{R}^d$ schreiben, und falls $\mathcal{A}$ Gitterpunkte enthält (was der einzige für uns interessante Fall ist), dann können wir $\mathbf{w}$ aus $\mathbb{Z}^d$ wählen. Die Gitterpunkte $\mathcal{V} \cap \mathbb{Z}^d$ in $\mathcal{V}$ bilden einen $\mathbb{Z}$-Modul, und daher existiert eine Basis $\mathbf{v}_1, \mathbf{v}_2, \dots, \mathbf{v}_n$ von $\mathcal{V} \cap \mathbb{Z}^d$. Daraus folgt, dass jeder Gitterpunkt $\mathbf{m} \in \mathcal{A} \cap \mathbb{Z}^d$ eindeutig als

$$\mathbf{m} = \mathbf{w} + k_1 \mathbf{v}_1 + k_2 \mathbf{v}_2 + \cdots + k_n \mathbf{v}_n \qquad \text{für bestimmte} \qquad k_1, k_2, \dots, k_n \in \mathbb{Z}$$

geschrieben werden kann. Mit dieser festen Gitterbasis für $\mathcal{V}$ definieren wir die **Schieforthanten** von $\mathcal{A}$ als die Mengen der Form $\{\mathbf{w} + \lambda_1 \mathbf{v}_1 + \lambda_2 \mathbf{v}_2 + \cdots + \lambda_n \mathbf{v}_n\}$, wobei wir für jedes $1 \le j \le n$ entweder $\lambda_j \ge 0$ oder $\lambda_j < 0$ verlangen. Es gibt also 2^n solcher Schieforthanten, und ihre disjunkte Vereinigung ist gleich $\mathcal{A}$. Wir bezeichnen sie mit $\mathcal{O}_1, \mathcal{O}_2, \dots, \mathcal{O}_{2^n}$. Sie sind alle (halboffene) spitze Kegel, so dass ihre Gitterpunkttransformationen rational sind.

Lemma 9.1. *Sei $\mathcal{A}$ ein n-dimensionaler affiner Raum mit Schieforthanten $\mathcal{O}_1, \mathcal{O}_2, \dots, \mathcal{O}_{2^n}$. Dann gilt, im Sinne von rationalen Funktionen,*

$$\sigma_{\mathcal{O}_1}(\mathbf{z}) + \sigma_{\mathcal{O}_2}(\mathbf{z}) + \cdots + \sigma_{\mathcal{O}_{2^n}}(\mathbf{z}) = 0.$$

Beweis. Sei

$$\mathcal{A} = \{\mathbf{w} + \lambda_1 \mathbf{v}_1 + \lambda_2 \mathbf{v}_2 + \cdots + \lambda_n \mathbf{v}_n : \lambda_1, \lambda_2, \dots, \lambda_n \in \mathbb{R}\}.$$

Dann hat ein typischer Schieforthant von $\mathcal{O}$ die Form

$$\mathcal{O} = \{\mathbf{w} + \lambda_1 \mathbf{v}_1 + \lambda_2 \mathbf{v}_2 + \cdots + \lambda_n \mathbf{v}_n : \lambda_1, \dots, \lambda_k \ge 0, \lambda_{k+1}, \dots, \lambda_n < 0\},$$

und seine Gitterpunkttransformation ist

$$\sigma_{\mathcal{O}}(\mathbf{z})$$

$$= \mathbf{z}^{\mathbf{w}} \left(\sum_{j_1 \ge 0} \mathbf{z}^{j_1 \mathbf{v}_1} \right) \cdots \left(\sum_{j_k \ge 0} \mathbf{z}^{j_k \mathbf{v}_k} \right) \left(\sum_{j_{k+1} < 0} \mathbf{z}^{j_{k+1} \mathbf{v}_{k+1}} \right) \cdots \left(\sum_{j_n < 0} \mathbf{z}^{j_n \mathbf{v}_n} \right)$$

$$= \mathbf{z}^{\mathbf{w}} \frac{1}{1 - \mathbf{z}^{\mathbf{v}_1}} \cdots \frac{1}{1 - \mathbf{z}^{\mathbf{v}_k}} \frac{1}{\mathbf{z}^{\mathbf{v}_{k+1}} - 1} \cdots \frac{1}{\mathbf{z}^{\mathbf{v}_n} - 1}.$$

Jetzt betrachten wir den Schieforthanten $\mathcal{O}'$ mit den gleichen Bedingungen an die λs wie in $\mathcal{O}$, außer, dass wir $\lambda_1 \geq 0$ durch $\lambda_1 < 0$ ersetzen. Dann ist die Gitterpunkttransformation von $\mathcal{O}'$ gleich

$$\sigma_{\mathcal{O}'}(\mathbf{z}) = \mathbf{z}^{\mathbf{w}} \frac{1}{\mathbf{z}^{\mathbf{v}_1} - 1} \frac{1}{1 - \mathbf{z}^{\mathbf{v}_2}} \cdots \frac{1}{1 - \mathbf{z}^{\mathbf{v}_k}} \frac{1}{\mathbf{z}^{\mathbf{v}_{k+1}} - 1} \cdots \frac{1}{\mathbf{z}^{\mathbf{v}_n} - 1},$$

so dass $\sigma_{\mathcal{O}}(\mathbf{z}) + \sigma_{\mathcal{O}'}(\mathbf{z}) = 0$ gilt. Da wir alle Schieforthanten auf diese Weise paarweise zusammenfassen können, ist die Summe aller ihrer rationalen Erzeugendenfunktionen gleich null. $\qquad\square$

Da $\mathcal{O}_1 \cup \mathcal{O}_2 \cup \cdots \cup \mathcal{O}_{2^n}$ als disjunkte Vereinigung gleich $\mathcal{A}$ ist, können wir nun sinnvollerweise

$$\sigma_{\mathcal{A}}(\mathbf{z}) := 0 \tag{9.3}$$

für jeden n-dimensionalen affinen Raum mit $n > 0$ definieren. Lemma 9.1 besagt, dass diese Definition nicht so willkürlich ist, wie sie zunächst scheint, und das folgende Resultat verstärkt unsere Motivation für Definition (9.3).

Satz 9.2. *Es seien halboffene spitze Kegel $\mathcal{K}_1, \mathcal{K}_2, \ldots, \mathcal{K}_m \subseteq \mathbb{R}^d$ mit gemeinsamer Spitze in $\mathbb{Z}^d$ so gegeben, dass die disjunkte Vereinigung von $\mathcal{K}_1, \mathcal{K}_2, \ldots, \mathcal{K}_m$ ein affiner Raum ist. Dann gilt*

$$\sigma_{\mathcal{K}_1}(\mathbf{z}) + \sigma_{\mathcal{K}_2}(\mathbf{z}) + \cdots + \sigma_{\mathcal{K}_m}(\mathbf{z}) = 0$$

als Gleichung rationaler Funktionen.

Beweis. Die disjunkte Vereinigung von $\mathcal{K}_1, \mathcal{K}_2, \ldots, \mathcal{K}_m$ sei der n-dimensionale affine Raum $\mathcal{A}$, und $\mathbf{w} \in \mathbb{Z}^d$ sei die gemeinsame Spitze von $\mathcal{K}_1, \mathcal{K}_2, \ldots, \mathcal{K}_m$. Jetzt zerlegen wir $\mathcal{A}$ in die Schieforthanten $\mathcal{O}_1, \mathcal{O}_2, \ldots, \mathcal{O}_{2^n}$, welche ebenfalls spitze Kegel mit gemeinsamer Spitze $\mathbf{w}$ sind. Der Durchschnitt eines der $\mathcal{K}_j$ mit einem der $\mathcal{O}_k$ ist wieder ein halboffener spitzer Kegel, und alle diese Kegel bilden wiederum eine weitere disjunkte Zerlegung von $\mathcal{A}$, die eine gemeinsame Verfeinerung der Zerlegung von $\mathcal{A}$ in die $\mathcal{K}_j$s und $\mathcal{O}_k$s ist:

$$\mathcal{A} = \bigcup_{\substack{1 \leq j \leq m \\ 1 \leq k \leq 2^n}} (\mathcal{K}_j \cap \mathcal{O}_k).$$

Für jedes $1 \leq j \leq m$ ist $\mathcal{K}_j = \bigcup_{k=1}^{2^n} (\mathcal{K}_j \cap \mathcal{O}_k)$ als disjunkte Vereinigung, so dass wir die Gitterpunkttransformation von $\mathcal{K}_j$ als Gleichung rationaler Funktionen

$$\sigma_{\mathcal{K}_j}(\mathbf{z}) = \sum_{k=1}^{2^n} \sigma_{\mathcal{K}_j \cap \mathcal{O}_k}(\mathbf{z})$$

schreiben können. Auf ähnliche Weise erhalten wir für jedes $1 \leq k \leq 2^n$ eine Gleichung

$$\sigma_{\mathcal{O}_k}(\mathbf{z}) = \sum_{j=1}^{m} \sigma_{\mathcal{K}_j \cap \mathcal{O}_k}(\mathbf{z}).$$

Also gilt

$$\sum_{j=1}^{m} \sigma_{\mathcal{K}_j}(\mathbf{z}) = \sum_{j=1}^{m}\sum_{k=1}^{2^n} \sigma_{\mathcal{K}_j \cap \mathcal{O}_k}(\mathbf{z}) = \sum_{k=1}^{2^n}\sum_{j=1}^{m} \sigma_{\mathcal{K}_j \cap \mathcal{O}_k}(\mathbf{z}) = \sum_{k=1}^{2^n} \sigma_{\mathcal{O}_k}(\mathbf{z}) = 0 \,,$$

nach Lemma 9.1. □

9.2 Tangentialkegel und ihre rationalen Erzeugendenfunktionen

Das Ziel dieses Abschnitts besteht, abgesehen davon, dass wir die Sprache bereitstellen werden, in der wir den Satz von Brion beweisen können, darin, eine Art Analogon zu (9.2) in allgemeiner Dimension zu beweisen.

Wir rufen uns eine Definition in Erinnerung, die wir bisher nur oberflächlich in Aufgabe 3.14 berührt haben: Ein **Hyperebenenarrangement** $\mathcal{H}$ ist eine endliche Sammlung von Hyperebenen. Ein Arrangement $\mathcal{H}$ ist **rational**, wenn es alle seine Hyperebenen sind, d.h. wenn jede Hyperebene in $\mathcal{H}$ von der Form $\left\{ \mathbf{x} \in \mathbb{R}^d : a_1 x_1 + a_2 x_2 + \cdots + a_d x_d = b \right\}$ für $a_1, a_2, \ldots, a_d, b \in \mathbb{Z}$ ist. Ein Arrangement $\mathcal{H}$ heißt **zentrales** Hyperebenenarrangement, wenn seine Hyperebenen sich in (mindestens) einem Punkt alle schneiden.

Unsere nächste Definition verallgemeinert (endlich) den Begriff eines spitzen Kegels wie in Kapitel 3 definiert. Ein **konvexer Kegel** ist der Durchschnitt endliche vieler Halbräume der Form

$$\left\{ \mathbf{x} \in \mathbb{R}^d : a_1 x_1 + a_2 x_2 + \cdots + a_d x_d \le b \right\},$$

für die die zugehörigen Hyperebenen $\left\{ \mathbf{x} \in \mathbb{R}^d : a_1 x_1 + a_2 x_2 + \cdots + a_d x_d = b \right\}$ ein zentrales Arrangement bilden. Diese Definition erweitert die eines spitzen Kegels: Ein Kegel ist spitz, wenn die definierenden Hyperebenen sich in *genau* einem Punkt schneiden. Ein Kegel ist **rational**, wenn alle seine definierenden Hyperebenen rational sind. Kegel und Polytope sind Spezialfälle von **Polyedern**, also von konvexen Körpern, die als Durchschnitt endlich vieler Halbräume definiert sind.

Wir ordnen jetzt jeder Seite $\mathcal{F}$ von $\mathcal{P}$ einen Kegel zu, nämlich ihren **Tangentialkegel**, der durch

$$\mathcal{K}_{\mathcal{F}} := \left\{ \mathbf{x} + \lambda\,(\mathbf{y} - \mathbf{x}) : \mathbf{x} \in \mathcal{F}, \mathbf{y} \in \mathcal{P}, \lambda \in \mathbb{R}_{\ge 0} \right\}$$

definiert ist. Es zeigt sich, dass $\mathcal{K}_{\mathcal{F}}$ der kleinste konvexe Kegel ist, der sowohl span $\mathcal{F}$ als auch $\mathcal{P}$ enthält. Wir bemerken zunächst, dass $\mathcal{K}_{\mathcal{P}} =$ span $\mathcal{P}$ gilt. Für eine Ecke $\mathbf{v}$ von $\mathcal{P}$ wird der Tangentialkegel $\mathcal{K}_{\mathbf{v}}$ oft **Eckenkegel** genannt; er ist in diesem Fall spitz. Für eine k-Seite $\mathcal{F}$ von $\mathcal{P}$ mit $k > 0$ ist der Tangentialkegel $\mathcal{K}_{\mathcal{F}}$ nicht spitz. Zum Beispiel ist der Tangentialkegel einer Kante eines 3-Polytops ein Keil.

Lemma 9.3. *Für jede Seite $\mathcal{F}$ von $\mathcal{P}$ gilt* $\operatorname{span} \mathcal{F} \subseteq \mathcal{K}_{\mathcal{F}}$.

Beweis. Wenn $\mathbf{x}$ und $\mathbf{y}$ alle Punkte von $\mathcal{F}$ durchlaufen, durchläuft $\mathbf{x} + \lambda(\mathbf{y} - \mathbf{x})$ alle Punkte von $\operatorname{span} \mathcal{F}$.   □

Man beachte, dass dieses Lemma impliziert, dass $\mathcal{K}_{\mathcal{F}}$ eine Gerade enthält, sofern $\mathcal{F}$ keine Ecke ist. Genauer gesagt: Falls $\mathcal{K}_{\mathcal{F}}$ nicht spitz ist, enthält er den affinen Raum $\operatorname{span} \mathcal{F}$, den wir ebenfalls die **Spitze** des Tangentialkegels nennen. (Ein spitzer Kegel hat einen Punkt als Spitze.)

Ein affiner Raum $\mathcal{A} \subseteq \mathbb{R}^d$ ist gleich $\mathbf{w} + \mathcal{V}$ für ein $\mathbf{w} \in \mathbb{R}^d$ und einen Untervektorraum $\mathcal{V} \subseteq \mathbb{R}^d$. Das **orthogonale Komplement** $\mathcal{A}^{\perp}$ dieses affinen Raums $\mathcal{A}$ ist definiert durch

$$\mathcal{A}^{\perp} := \left\{ \mathbf{x} \in \mathbb{R}^d : \mathbf{x} \cdot \mathbf{v} = 0 \text{ für alle } \mathbf{v} \in \mathcal{V} \right\}.$$

Wir stellen fest, dass $\mathcal{A} \oplus \mathcal{A}^{\perp} = \mathbb{R}^d$ gilt, was uns das folgende Resultat liefert.

Lemma 9.4. *Für jede Seite $\mathcal{F}$ von $\mathcal{P}$ hat der Tangentialkegel $\mathcal{K}_{\mathcal{F}}$ die Zerlegung*

$$\mathcal{K}_{\mathcal{F}} = \operatorname{span} \mathcal{F} \oplus \left((\operatorname{span} \mathcal{F})^{\perp} \cap \mathcal{K}_{\mathcal{F}} \right).$$

Also gilt, sofern $\mathcal{F}$ keine Ecke ist,

$$\sigma_{\mathcal{K}_{\mathcal{F}}}(\mathbf{z}) = 0.$$

Beweis. Aus $\operatorname{span} \mathcal{F} \oplus (\operatorname{span} \mathcal{F})^{\perp} = \mathbb{R}^d$ folgt

$$\mathcal{K}_{\mathcal{F}} = \left(\operatorname{span} \mathcal{F} \oplus (\operatorname{span} \mathcal{F})^{\perp} \right) \cap \mathcal{K}_{\mathcal{F}}$$

$$= (\operatorname{span} \mathcal{F} \cap \mathcal{K}_{\mathcal{F}}) \oplus \left((\operatorname{span} \mathcal{F})^{\perp} \cap \mathcal{K}_{\mathcal{F}} \right)$$

$$= \operatorname{span} \mathcal{F} \oplus \left((\operatorname{span} \mathcal{F})^{\perp} \cap \mathcal{K}_{\mathcal{F}} \right),$$

wobei der letzte Schritt aus Lemma 9.3 folgt. Der zweite Teil des Lemmas ergibt sich unmittelbar aus

$$\sigma_{\operatorname{span} \mathcal{F} \oplus \left((\operatorname{span} \mathcal{F})^{\perp} \cap \mathcal{K}_{\mathcal{F}} \right)}(\mathbf{z}) = \sigma_{\operatorname{span} \mathcal{F}}(\mathbf{z})\, \sigma_{(\operatorname{span} \mathcal{F})^{\perp} \cap \mathcal{K}_{\mathcal{F}}}(\mathbf{z})$$

und $\sigma_{\operatorname{span} \mathcal{F}}(\mathbf{z}) = 0$.   □

Obwohl wir es im weiteren Verlauf nicht benötigen werden, ist es gut zu wissen, dass $(\operatorname{span} \mathcal{F})^{\perp} \cap \mathcal{K}_{\mathcal{F}}$ ein spitzer Kegel ist (siehe Aufgabe 9.1).

9.3 Der Satz von Brion

Der folgende Satz ist eine klassische Gleichung in der konvexen Geometrie, benannt nach Charles Julien Brianchon (1783–1864)[1] und Jørgen Pedersen Gram (1850–1916).[2] Er gilt für beliebige konvexe Polytope. Allerdings ist sein

---

[1] Für mehr Informationen über Brianchon siehe
http://www-groups.dcs.st-and.ac.uk/~history/Mathematicians/Brianchon.html.
[2] Für mehr Informationen über Gram siehe
http://www-groups.dcs.st-and.ac.uk/~history/Mathematicians/Gram.html.

Beweis für *Simplizes* wesentlich einfacher als der für den allgemeinen Fall. Wir benötigen nur die Brianchon-Gram-Gleichung für Simplizes, also beschränken wir uns auf diesen Spezialfall. (Man kann den allgemeinen Fall ganz ähnlich wie unten beweisen; allerdings würden wir zusätzliche Maschinerie benötigen, die wir in diesem Buch nicht behandeln.) Die **Indikatorfunktion** 1_S einer Menge $S \subseteq \mathbb{R}^d$ ist definiert duch

$$1_S(\mathbf{x}) := \begin{cases} 1 & \text{falls } \mathbf{x} \in S, \\ 0 & \text{falls } \mathbf{x} \notin S. \end{cases}$$

Satz 9.5 (Brianchon-Gram-Gleichung für Simplizes). *Sei Δ ein d-Simplex. Dann gilt*

$$1_\Delta(\mathbf{x}) = \sum_{\mathcal{F} \subseteq \Delta} (-1)^{\dim \mathcal{F}} 1_{\mathcal{K}_\mathcal{F}}(\mathbf{x}),$$

wobei die Summe über alle nichtleeren Seite $\mathcal{F}$ von Δ gebildet wird.

Beweis. Wir unterscheiden zwei disjunkte Fälle: Ob $\mathbf{x}$ in dem Simplex liegt oder nicht.

Fall 1: $\mathbf{x} \in \Delta$. Dann ist $\mathbf{x} \in \mathcal{K}_\mathcal{F}$ für alle $\mathcal{F} \subseteq \Delta$, und die Gleichung wird zu

$$1 = \sum_{\mathcal{F} \subseteq \Delta} (-1)^{\dim \mathcal{F}} = \sum_{k=0}^{\dim \Delta} (-1)^k f_k.$$

Dies ist die Euler-Gleichung für Simplizes, die wir in Aufgabe 5.5 bewiesen haben.

Fall 2: $\mathbf{x} \notin \Delta$. Dann gibt es eine eindeutig bestimmte minimale Seite $\mathcal{F} \subseteq \Delta$ (minimal bezüglich der Dimension), so dass $\mathbf{x} \in \mathcal{K}_\mathcal{F}$ und $\mathbf{x} \in \mathcal{K}_\mathcal{G}$ für alle Seiten $\mathcal{G} \subseteq \Delta$, die $\mathcal{F}$ enthalten (Aufgabe 9.2). Die zu beweisende Gleichung ist jetzt

$$0 = \sum_{\mathcal{G} \supseteq \mathcal{F}} (-1)^{\dim \mathcal{G}}. \tag{9.4}$$

Die Gültigkeit dieser Gleichung folgt wieder mit den Argumenten aus Aufgabe 5.5; der Beweis von (9.4) ist Gegenstand von Aufgabe 9.4. □

Korollar 9.6 (Satz von Brion für Simplizes). *Sei Δ ein rationaler Simplex. Dann haben wir die folgende Gleichung rationaler Funktionen:*

$$\sigma_\Delta(\mathbf{z}) = \sum_{\mathbf{v} \text{ Ecke von } \Delta} \sigma_{\mathcal{K}_\mathbf{v}}(\mathbf{z}).$$

Beweis. Wir übersetzen den Satz von Brianchon und Gram in die Sprache der Gitterpunkttransformationen: Wir summieren beide Seiten der Gleichung in Satz 9.5 für alle $\mathbf{m} \in \mathbb{Z}^d$,

$$\sum_{\mathbf{m} \in \mathbb{Z}^d} 1_\Delta(\mathbf{m}) \, \mathbf{z}^{\mathbf{m}} = \sum_{\mathbf{m} \in \mathbb{Z}^d} \sum_{\mathcal{F} \subseteq \Delta} (-1)^{\dim \mathcal{F}} 1_{\mathcal{K}_\mathcal{F}}(\mathbf{m}) \, \mathbf{z}^{\mathbf{m}},$$

was äquivalent zu

$$\sigma_\Delta(\mathbf{z}) = \sum_{\mathcal{F} \subseteq \Delta} (-1)^{\dim \mathcal{F}} \sigma_{\mathcal{K}_\mathcal{F}}(\mathbf{z})$$

ist. Aber Lemma 9.4 impliziert, dass $\sigma_{\mathcal{K}_\mathcal{F}}(\mathbf{z}) = 0$, außer, wenn $\mathcal{F}$ eine Ecke ist. Also gilt

$$\sigma_\Delta(\mathbf{z}) = \sum_{\mathbf{v} \text{ Ecke von } \Delta} \sigma_{\mathcal{K}_\mathbf{v}}(\mathbf{z}) . \qquad \square$$

Jetzt erweitern wir Korollar 9.6 auf beliebige konvexe rationale Polytope:

Satz 9.7 (Satz von Brion). *Sei $\mathcal{P}$ ein rationales konvexes Polytop. Dann haben wir die folgende Gleichung rationaler Funktionen:*

$$\sigma_\mathcal{P}(\mathbf{z}) = \sum_{\mathbf{v} \text{ Ecke von } \mathcal{P}} \sigma_{\mathcal{K}_\mathbf{v}}(\mathbf{z}) . \qquad (9.5)$$

Beweis. Wir benutzen den selben irrationalen Trick wie in den Beweisen der Sätze 3.12 und 4.3. Wir beginnen also, indem wir $\mathcal{P}$ in die Simplizes $\Delta_1, \Delta_2, \ldots, \Delta_m$ triangulieren (ohne neue Ecken). Wir betrachten das Hyperebenenarrangement

$$\mathcal{H} := \{\operatorname{span} \mathcal{F} : \mathcal{F} \text{ Seite von } \Delta_1, \Delta_2, \ldots \text{ oder } \Delta_m\} .$$

Jetzt werden wir die Hyperebenen in $\mathcal{H}$ verschieben, um ein neues Hyperebenenarrangement $\mathcal{H}^{\text{shift}}$ zu erhalten. Jene Hyperebenen in $\mathcal{H}$, die $\mathcal{P}$ definiert haben, defieren jetzt, nach der Verschiebung, ein neues Polytop, das wir $\mathcal{P}^{\text{shift}}$ nennen werden. Aufgabe 9.6 stellt sicher, dass wir $\mathcal{H}$ so verschieben können, dass gilt:

- Keine der Hyperebenen in $\mathcal{H}^{\text{shift}}$ enthält einen Gitterpunkt;
- $\mathcal{H}^{\text{shift}}$ liefert eine Triangulierung von $\mathcal{P}^{\text{shift}}$;
- Die in einem Eckenkegel von $\mathcal{P}$ enthaltenen Gitterpunkte sind genau jene Gitterpunkte, die in dem entsprechenden Eckenkegel von $\mathcal{P}^{\text{shift}}$ enthalten sind.

Dieser Aufbau impliziert, dass

- die Gitterpunkte in $\mathcal{P}$ genau die Gitterpunkte in $\mathcal{P}^{\text{shift}}$ sind;
- die Gitterpunkte in einem Eckenkegel von $\mathcal{P}^{\text{shift}}$ als *disjunkte* Vereinigung der Gitterpunkte in Eckenkegeln von Simplizes der Triangulierung, die $\mathcal{H}^{\text{shift}}$ auf $\mathcal{P}^{\text{shift}}$ induziert, geschrieben werden können.

Die letzten beiden Bedingungen wiederum besagen, dass Brions Gleichung (9.5) aus dem Satz von Brion für Simplizes folgt: Die Gitterpunkttransformationen auf beiden Seiten der Gleichung können als Summe der Gitterpunkttransformationen der Simplizes und ihrer Kegel geschrieben werden. $\qquad \square$

9.4 Brion impliziert Ehrhart

Wir schließen dieses Kapitel, indem wir zeigen, dass der Satz von Ehrhart (Satz 3.23) für rationale Polytope (was den ganzzahligen Fall einschließt, Satz 3.8) aus dem Satz von Brion (Satz 9.7) relativ geradlinig folgt.

Zweiter Beweis von Satz 3.23. Wie in unserem ersten Beweis des Satzes von Ehrhart reicht es, Satz 3.23 für Simplizes zu zeigen, da wir jedes beliebige Polytop triangulieren können (ohne neue Ecken zu benutzen). Sei also Δ ein rationaler d-Simplex, dessen Ecken Koordinaten mit Nenner p haben. Unser Ziel ist es, zu zeigen, dass für feste $0 \leq r < p$ die Funktion $L_\Delta(r + pt)$ ein Polynom in t ist; das heißt, dass L_Δ ein Quasipolynom ist, dessen Periode p teilt.

Nach Satz 9.7 gilt

$$\begin{aligned}
L_\Delta(r + pt) &= \sum_{\mathbf{m} \in (r+pt)\Delta \cap \mathbb{Z}^d} 1 \\
&= \lim_{\mathbf{z} \to 1} \sigma_{(r+pt)\Delta}(\mathbf{z}) \\
&= \lim_{\mathbf{z} \to 1} \sum_{\mathbf{v} \text{ Ecke von } \Delta} \sigma_{(r+pt)\mathcal{K}_\mathbf{v}}(\mathbf{z}) \,.
\end{aligned} \tag{9.6}$$

Wir haben den Grenzwert der Gitterpunkttransformation $\sigma_{(r+pt)\Delta}$ und nicht den ihrer Auswertung $\sigma_{(r+pt)\Delta}(\mathbf{1})$ berechnet, da letzteres zu Singularitäten in den rationalen Erzeugendenfunktionen der Eckenkegel geführt hätte. Man beachte, dass die Eckenkegel $\mathcal{K}_\mathbf{v}$ alle simplizial sind, da Δ ein Simplex ist. Nehmen wir also

$$\mathcal{K}_\mathbf{v} = \{\mathbf{v} + \lambda_1 \mathbf{w}_1 + \lambda_2 \mathbf{w}_2 + \cdots + \lambda_d \mathbf{w}_d : \lambda_1, \lambda_2, \ldots, \lambda_d \geq 0\}$$

an, dann gilt

$$\begin{aligned}
(r + pt)\mathcal{K}_\mathbf{v} &= \{(r + pt)\mathbf{v} + \lambda_1 \mathbf{w}_1 + \lambda_2 \mathbf{w}_2 + \cdots + \lambda_d \mathbf{w}_d : \lambda_1, \lambda_2, \ldots, \lambda_d \geq 0\} \\
&= tp\mathbf{v} + \{r\mathbf{v} + \lambda_1 \mathbf{w}_1 + \lambda_2 \mathbf{w}_2 + \cdots + \lambda_d \mathbf{w}_d : \lambda_1, \lambda_2, \ldots, \lambda_d \geq 0\} \\
&= tp\mathbf{v} + r\mathcal{K}_\mathbf{v} \,.
\end{aligned}$$

Zu beachten ist hier, dass $p\mathbf{v}$ ein ganzzahliger Vektor ist. Insbesondere können wir gefahrlos

$$\sigma_{(r+pt)\mathcal{K}_\mathbf{v}}(\mathbf{z}) = \mathbf{z}^{tp\mathbf{v}} \sigma_{r\mathcal{K}_\mathbf{v}}(\mathbf{z})$$

schreiben (wir sagen „gefahrlos", da $tp\mathbf{v} \in \mathbb{Z}^d$, so dass $\mathbf{z}^{tp\mathbf{v}}$ in der Tat ein Monom ist). Jetzt können wir (9.6) als

$$L_\Delta(r + pt) = \lim_{\mathbf{z} \to 1} \sum_{\mathbf{v} \text{ Ecke von } \Delta} \mathbf{z}^{tp\mathbf{v}} \sigma_{r\mathcal{K}_\mathbf{v}}(\mathbf{z}) \tag{9.7}$$

umschreiben. Das genaue Aussehen der rationalen Funktionen $\sigma_{r\mathcal{K}_\mathbf{v}}(\mathbf{z})$ ist nicht wichtig, bis auf die Tatsache, dass sie nicht von t abhängen. Wir wissen, dass die Summe der Erzeugendenfunktionen aller Eckenkegel ein Polynom in $\mathbf{z}$ ist; d.h. die Singularitäten der rationalen Funktionen heben sich gegenseitig auf. Um $L_\Delta(r + pt)$ aus (9.7) zu berechnen, schreiben wir alle rationalen Funktionen auf der rechten Seiten über einem gemeinsamen Nenner auf und benutzen die Regel von de l'Hospital, um den Grenzwert dieser riesigen rationalen Funktion zu bestimmen. Die Variable t taucht nur in den einfachen Monomen $\mathbf{z}^{tp\mathbf{v}}$ auf, so dass der Effekt der Regel von de l'Hospital ist, dass wir jedesmal lineare Faktoren von t erhalten, wenn wir den Zähler dieser rationalen Funktion ableiten. Schließlich werten wir die übriggebliebene rationale Funktion bei $\mathbf{z} = 1$ aus. Das Ergebnis ist ein Polynom in t.   □

Anmerkungen

1. Satz 9.5 (in seiner allgemeinen Form für konvexe Polytope) hat eine interessante Geschichte. In 1837 hat Charles Brianchon eine Version dieses Satzes über Polytope in $\mathbb{R}^3$ bewiesen [43]. In 1874 gab Jørgen Gram einen Beweis des gleichen Ergebnisses [87]; offenbar war ihm Brianchons Arbeit unbekannt. In 1927 hat Duncan Sommerville einen Beweis für allgemeine d veröffentlicht [166], der in den 1960ern von Victor Klee [110], Branko Grünbaum [89, Section 14.1] und vielen anderen korrigiert wurde.

2. Michel Brion entdeckte Satz 9.7 in 1988 [44]. Sein Beweis verwendete die Baum-Fulton-Quart Riemann-Roch-Formel für äquivariante K-Theorie torischer Varietäten. Ein elementarerer Beweis von Satz 9.7 wurde von Masanori Ishida einige Jahre später gefunden [102]. Unser Ansatz in diesem Kapitel folgt [26].

3. Wie wir bereits erwähnt haben, führt der Satz von Brion auf einen effizienten Algorithmus nach Alexander Barvinok zur Berechnung von Ehrhart-Quasipolynomen [15]. Genauer gesagt hat Barvinok gezeigt, dass man in fester Dimension effizient[3] die Ehrhart-Reihe $\sum_{t \geq 0} L_\mathcal{P}(t)\, z^t$ als kurze Summe rationaler Funktionen berechnen kann.[4] Der Satz von Brion führt das Problem im Wesentlichen darauf zurück, die Gitterpunkttransformationen der rationalen Tangentenkegel des Polytops zu berechnen. Barvinoks geniale Idee war, *signierte Zerlegungen* rationaler Kegel zu benutzen und ihre Gitterpunkttransformationen zu berechnen: Der Kegel wird als Summe und Differenz *unimodularer* Kegel geschrieben, welche uns in Abschnitt 10.4 begegnen werden

---

[3] „Effizient" bedeutet hier, dass für jede Dimension ein Polynom existiert, das die Laufzeit des Algorithmus nach oben beschränkt, wenn es beim Logarithmus der Eingabedaten des Polytops (z.B. seiner Ecken) ausgewertet wird.

[4] „Kurz" bedeutet, dass die Größe des Datensatzes, der zur Ausgabe dieser rationalen Funktionen benötigt wird, ebenfalls von polynomieller Größe relativ zum Logarithmus der Eingabedaten des Polytops ist.

und die eine triviale Gitterpunkttransformation haben. Die Suche nach einer signierten Zerlegung beinhaltet Triangulierungen, Minkowskis Satz über Gitterpunkte in konvexen Körpern (siehe z.B. [56, 132, 139, 162]) und den LLL-Algorithmus, der einen kurzen Vektor in einem Gitter findet [120]. Auf jeden Fall hat Barvinok bewiesen, dass man eine signierte Zerlegung schnell finden kann, was der wesentliche Schritt zur Berechnung der Ehrhart-Reihe eines Polytops ist. Barvinoks Algorithmus ist in den Software-Paketen `barvinok` [184] und `LattE` [65, 66, 114] implementiert worden. Barvinoks Algorithmus wird in [13] detailliert beschrieben.

Aufgaben

9.1. ♣ Zeigen Sie, dass für jede Seite $\mathcal{F}$ eines Polytops $(\operatorname{span} \mathcal{F})^{\perp} \cap \mathcal{K}_{\mathcal{F}}$ ein spitzer Kegel ist. (*Hinweis:* Zeigen Sie, dass, falls H eine definierende Hyperebene für $\mathcal{F}$ ist, $H \cap (\operatorname{span} \mathcal{F})^{\perp}$ eine Hyperebene im Vektorraum $(\operatorname{span} \mathcal{F})^{\perp}$ ist.)

9.2. ♣ Sei Δ ein Simplex und $\mathbf{x} \notin \Delta$. Zeigen Sie, dass es eine eindeutig bestimmte minimale Seite $\mathcal{F} \subseteq \Delta$ gibt (minimal bezüglich der Dimension), für die der dazugehörige Tangentenkegel $\mathcal{K}_{\mathcal{F}}$ den Punkt $\mathbf{x}$ enthält. Zeigen Sie, dass $\mathbf{x} \in \mathcal{K}_{\mathcal{G}}$ für alle Seiten $\mathcal{G} \subseteq \Delta$ gilt, die $\mathcal{F}$ enthalten, und $\mathbf{x} \notin \mathcal{K}_{\mathcal{G}}$ für alle anderen Seiten $\mathcal{G}$.

9.3. Zeigen Sie, dass Aufgabe 9.2 nicht funktioniert, wenn Δ (zum Beispiel) ein Viereck ist. Zeigen Sie, dass die Brianchon-Gram-Gleichung für Ihr Viereck gilt.

9.4. ♣ Zeigen Sie (9.4): Für eine Seite $\mathcal{F}$ eines Simplex Δ gilt

$$\sum_{\mathcal{G} \supseteq \mathcal{F}} (-1)^{\dim \mathcal{G}} = 0 \,,$$

wobei die Summe über alle Seiten von Δ genommen wird, die $\mathcal{F}$ enthalten.

9.5. Geben Sie einen direkten Beweis des Satzes von Brion im eindimensionalen Fall.

9.6. ♣ Ergänzen Sie die Details des irrationalen Verschiebungsarguments im Beweis von Satz 9.7: Wir triangulieren ein gegebenes rationales Polytop $\mathcal{P}$ zunächst in Simplizes $\Delta_1, \Delta_2, \ldots, \Delta_m$ (ohne neue Ecken). Dann betrachten wir das Hyperebenenarrangement

$$\mathcal{H} := \{\operatorname{span} \mathcal{F} : \mathcal{F} \text{ ist eine Facette von } \Delta_1, \Delta_2, \ldots, \Delta_m\} \,.$$

Wir werden jetzt die Hyperebenen in $\mathcal{H}$ verschieben, um ein neues Hyperebenenarrangement $\mathcal{H}^{\text{shift}}$ zu erhalten. Jene Hyperebenen von $\mathcal{H}$, die $\mathcal{P}$ definiert haben, definieren jetzt, nach der Verschiebung, ein neues Polytop, das wir $\mathcal{P}^{\text{shift}}$ nennen. Zeigen Sie, dass wir $\mathcal{H}$ so verschieben können, dass gilt:

- keine Hyperebene in $\mathcal{H}^{\text{shift}}$ enthält einen Gitterpunkt;
- $\mathcal{H}^{\text{shift}}$ liefert eine Triangulierung von $\mathcal{P}^{\text{shift}}$;
- die Gitterpunkte, die in einem Eckenkegel von $\mathcal{P}$ enthalten sind, sind genau die Gitterpunkte, die im entsprechenden Eckenkegel von $\mathcal{P}^{\text{shift}}$ enthalten sind.

9.7. ♣ Beweisen Sie das folgende „offene Polytope"-Analogon zum Satz von Brion: Falls $\mathcal{P}$ ein rationales konvexes Polytop ist, dann gilt folgende Gleichung rationaler Funktionen:

$$\sigma_{\mathcal{P}^\circ}(\mathbf{z}) = \sum_{\mathbf{v} \text{ Ecke von } \mathcal{P}} \sigma_{\mathcal{K}_{\mathbf{v}}^\circ}(\mathbf{z})$$

10

Euler-Maclaurin-Summation im $\mathbb{R}^d$

All means (even continuous) sanctify the discrete end.

Doron Zeilberger

Uns hat bereits oft der Unterschied zwischen dem diskreten Volumen eines Polytops $\mathcal{P}$ und seinem stetigen Volumen beschäftigt. Mit anderen Worten, die Größe

$$\sum_{\mathbf{m} \in \mathcal{P} \cap \mathbb{Z}^d} 1 - \int_{\mathcal{P}} d\mathbf{y} \,, \tag{10.1}$$

die nach Definition gleich $L_{\mathcal{P}}(1) - \mathrm{vol}(\mathcal{P})$ ist, beschäftigt uns schon seit langem und ist ganz natürlich in vielen verschiedenen Kontexten aufgetaucht. Eine wichtige Erweiterung ist die Differenz zwischen der diskreten Gitterpunkttransformation und ihrer stetigen Schwester:

$$\sum_{\mathbf{m} \in \mathcal{P} \cap \mathbb{Z}^d} e^{\mathbf{m} \cdot \mathbf{x}} - \int_{\mathcal{P}} e^{\mathbf{y} \cdot \mathbf{x}} d\mathbf{y} \,, \tag{10.2}$$

wobei wir die Variable $\mathbf{z}$, die wir oft in Erzeugendenfunktionen verwendet haben, durch die exponentielle Variable $(z_1, z_2, \ldots, z_d) = (e^{x_1}, e^{x_2}, \ldots, e^{x_d})$ ersetzt haben. Man beachte, dass wir durch Einsetzen von $\mathbf{x} = 0$ in (10.2) die ursprüngliche Größe (10.1) erhalten. Beziehungen zwischen den beiden Größen $\sum_{\mathbf{m} \in \mathcal{P} \cap \mathbb{Z}^d} e^{\mathbf{m} \cdot \mathbf{x}}$ und $\int_{\mathcal{P}} e^{\mathbf{y} \cdot \mathbf{x}} d\mathbf{y}$ sind als Euler-Maclaurin-Summationsformeln für Polytope bekannt. Die „Drahtzieher"-Operatoren, die uns mit derartigen Verbindungen versorgen, sind die als Todd-Operatoren bekannten Differentialoperatoren; ihre Definition benutzt auf überraschende Art und Weise die Bernoulli-Zahlen.

10.1 Todd-Operatoren und Bernoulli-Zahlen

Wir erinnern uns an die Bernoulli-Zahlen B_k aus Abschnitt 2.4, die durch die Erzeugendenfunktion

$$\frac{z}{e^z - 1} = \sum_{k \geq 0} \frac{B_k}{k!} z^k$$

definiert sind. Wir führen jetzt einen Differentialoperator über im Wesentlichen die gleiche Erzeugendenfunktion ein, nämlich

$$\mathrm{Todd}_h := 1 + \sum_{k \geq 1} (-1)^k \frac{B_k}{k!} \left(\frac{d}{dh}\right)^k. \tag{10.3}$$

Dieser **Todd-Operator** wird oft als

$$\mathrm{Todd}_h = \frac{\frac{d}{dh}}{1 - e^{-\frac{d}{dh}}}$$

abgekürzt, aber wir sollten stets daran denken, dass dies nur eine Kurzschreibweise für die unendliche Reihe (10.3) ist. Zunächst zeigen wir, dass die Exponentialfunktion eine Eigenfunktion des Todd-Operators ist.

Lemma 10.1. *Für $z \in \mathbb{C} \setminus \{0\}$ mit $|z| < 2\pi$ gilt*

$$\mathrm{Todd}_h \, e^{zh} = \frac{z \, e^{zh}}{1 - e^{-z}}.$$

Beweis.

$$\mathrm{Todd}_h \, e^{zh} = \sum_{k \geq 0} (-1)^k \frac{B_k}{k!} \left(\frac{d}{dh}\right)^k e^{zh}$$

$$= \sum_{k \geq 0} (-1)^k \frac{B_k}{k!} z^k e^{zh}$$

$$= e^{zh} \sum_{k \geq 0} (-z)^k \frac{B_k}{k!}$$

$$= e^{zh} \frac{-z}{e^{-z} - 1}.$$

Die Bedingung $|z| < 2\pi$ wird im letzten Schritt benötigt, nach Aufgabe 2.14. □

Der Todd-Operator ist ein diskretisierender Operator in dem Sinn, dass er ein stetiges Integral in eine diskrete Summe überführt, wie der folgende Satz zeigt.

Satz 10.2 (Euler-Maclaurin in Dimension 1). *Für alle* $a < b \in \mathbb{Z}$ *und* $z \in \mathbb{C}$ *mit* $|z| < 2\pi$ *gilt*

$$\text{Todd}_{h_1} \text{Todd}_{h_2} \int_{a-h_2}^{b+h_1} e^{zx} dx \Bigg|_{h_1=h_2=0} = \sum_{k=a}^{b} e^{kz}.$$

Beweis. Fall 1: $z = 0$. Dann ist $e^{zx} = 1$, und somit

$$\text{Todd}_{h_1} \text{Todd}_{h_2} \int_{a-h_2}^{b+h_1} e^{zx} dx \Bigg|_{h_1=h_2=0}$$

$$= \text{Todd}_{h_1} \text{Todd}_{h_2} \int_{a-h_2}^{b+h_1} dx \Bigg|_{h_1=h_2=0}$$

$$= b - a + \text{Todd}_{h_1} h_1 + \text{Todd}_{h_2} h_2 \big|_{h_1=h_2=0}$$

$$= b - a + h_1 + \frac{1}{2} + h_2 + \frac{1}{2} \Bigg|_{h_1=h_2=0}$$

$$= b - a + 1$$

nach Aufgabe 10.1. Da $\sum_{k=a}^{b} e^{k \cdot 0} = b - a + 1$ gilt, haben wir den Satz in diesem Fall bewiesen.

Fall 2: $z \neq 0$. Dann gilt

$$\text{Todd}_{h_1} \text{Todd}_{h_2} \int_{a-h_2}^{b+h_1} e^{zx} dx = \text{Todd}_{h_1} \text{Todd}_{h_2} \frac{1}{z} \left(e^{z(b+h_1)} - e^{z(a-h_2)} \right)$$

$$= \frac{1}{z} \left(\text{Todd}_{h_1} e^{zb+zh_1} - \text{Todd}_{h_2} e^{za-zh_2} \right)$$

$$= \frac{e^{zb}}{z} \text{Todd}_{h_1} e^{zh_1} - \frac{e^{za}}{z} \text{Todd}_{h_2} e^{-zh_2}$$

$$= \frac{e^{zb}}{z} \frac{z e^{zh_1}}{1 - e^{-z}} - \frac{e^{za}}{z} \frac{-z e^{-zh_2}}{1 - e^{z}},$$

wobei der letzte Schritt aus Lemma 10.1 folgt. Also gilt

$$\text{Todd}_{h_1} \text{Todd}_{h_2} \int_{a-h_2}^{b+h_1} e^{zx} dx \Bigg|_{h_1=h_2=0} = e^{zb} \frac{1}{1 - e^{-z}} + e^{za} \frac{1}{1 - e^{z}}$$

$$= \frac{e^{z(b+1)} - e^{za}}{e^{z} - 1}$$

$$= \sum_{k=a}^{b} e^{kz}. \qquad \square$$

Wir benötigen eine ähnliche multivariate Version des Todd-Operators später, so dass wir für $\mathbf{h} = (h_1, h_2, \ldots, h_m)$ definieren

$$\mathrm{Todd}_{\mathbf{h}} := \prod_{j=1}^{m} \left(\frac{\frac{\partial}{\partial h_j}}{1 - \exp\left(-\frac{\partial}{\partial h_j}\right)} \right),$$

und dabei nicht vergessen, dass es sich dabei um ein Produkt unendlicher Reihen der Form (10.3) handelt.

10.2 Eine stetige Version des Satzes von Brion

In den folgenden zwei Abschnitten entwickeln wir Hilfsmittel, die es uns, wenn sie mit dem Todd-Operator zusammengebracht werden, ermöglichen werden, die Euler-Maclaurin-Summation auf höhere Dimensionen zu erweitern. Zunächst folgt ein Lemma, das unabhängig davon von Interesse ist, aber im Beweis der stetigen Version des Satzes von Brion benutzt wird.

Lemma 10.3. *Seien $\mathbf{w}_1, \mathbf{w}_2, \ldots, \mathbf{w}_d \in \mathbb{Z}^d$ linear unabhängig, und sei*

$$\Pi = \{\lambda_1 \mathbf{w}_1 + \lambda_2 \mathbf{w}_2 + \cdots + \lambda_d \mathbf{w}_d : 0 \le \lambda_1, \lambda_2, \ldots, \lambda_d < 1\}.$$

Dann gilt

$$\# \left(\Pi \cap \mathbb{Z}^d\right) = \mathrm{vol}\,\Pi = |\det(\mathbf{w}_1, \ldots, \mathbf{w}_d)|$$

und für beliebige positive ganze Zahlen t gilt

$$\# \left(t\Pi \cap \mathbb{Z}^d\right) = (\mathrm{vol}\,\Pi)\, t^d.$$

Mit anderen Worten: Für das halboffene Parallelepiped Π fällt das diskrete Volumen $\# \left(t\Pi \cap \mathbb{Z}^d\right)$ mit dem stetigen Volumen $(\mathrm{vol}\,\Pi)\, t^d$ zusammen.

Beweis. Da Π halboffen ist, können wir die t-te Streckung $t\Pi$ durch t^d Translate von Π kacheln, und deshalb gilt

$$L_\Pi(t) = \# \left(t\Pi \cap \mathbb{Z}^d\right) = \# \left(\Pi \cap \mathbb{Z}^d\right) t^d.$$

Auf der anderen Seite ist $L_\Pi(t)$ nach den Ergebnissen aus Kapitel 3 ein Polynom mit Leitkoeffizient $\mathrm{vol}\,\Pi = |\det(\mathbf{w}_1, \ldots, \mathbf{w}_d)|$. Da wir Gleichheit dieser beiden Polynome für alle positiven ganzen Zahlen t haben, folgt

$$\# \left(\Pi \cap \mathbb{Z}^d\right) = \mathrm{vol}\,\Pi. \qquad \square$$

Wir geben jetzt ein Integral-Analogon von Satz 9.7 für einfache rationale Polytope. Zunächst übersetzen wir Brions Gitterpunkttransformationen

$$\sigma_{\mathcal{P}}(\mathbf{z}) = \sum_{\mathbf{v}\ \text{Ecke von}\ \mathcal{P}} \sigma_{\mathcal{K}_\mathbf{v}}(\mathbf{z})$$

in eine exponentielle Form:

$$\sigma_{\mathcal{P}}(\exp \mathbf{z}) \;=\; \sum_{\mathbf{v} \text{ Ecke von } \mathcal{P}} \sigma_{\mathcal{K}_{\mathbf{v}}}(\exp \mathbf{z})\,.$$

Für das stetige Gegenstück zum Satz von Brion ersetzen wir die Summe auf der linken Seite,

$$\sigma_{\mathcal{P}}(\exp \mathbf{z}) \;=\; \sum_{\mathbf{m} \in \mathcal{P} \cap \mathbb{Z}^d} (\exp \mathbf{z})^{\mathbf{m}} \;=\; \sum_{\mathbf{m} \in \mathcal{P} \cap \mathbb{Z}^d} \exp(\mathbf{m} \cdot \mathbf{z})\,,$$

durch ein Integral.

Satz 10.4 (Satz von Brion: stetige Form). *Sei $\mathcal{P}$ ein einfaches rationales konvexes d-Polytop. Für einen Eckenkegel $\mathcal{K}_{\mathbf{v}}$ von $\mathcal{P}$ halten wir eine Menge von Erzeugern $\mathbf{w}_1(\mathbf{v}), \mathbf{w}_2(\mathbf{v}), \ldots, \mathbf{w}_d(\mathbf{v}) \in \mathbb{Z}^d$ fest. Dann gilt*

$$\int_{\mathcal{P}} \exp(\mathbf{x} \cdot \mathbf{z})\, d\mathbf{x} \;=\; (-1)^d \sum_{\mathbf{v} \text{ Ecke von } \mathcal{P}} \frac{\exp(\mathbf{v} \cdot \mathbf{z})\, |\det(\mathbf{w}_1(\mathbf{v}), \ldots, \mathbf{w}_d(\mathbf{v}))|}{\prod_{k=1}^{d} (\mathbf{w}_k(\mathbf{v}) \cdot \mathbf{z})}$$

für alle $\mathbf{z}$, für die die Nenner auf der rechten Seite nicht verschwinden.

Beweis. Wir nehmen zunächst an, $\mathcal{P}$ sei ein *ganzzahliges* Polytop; wir werden im Verlauf des Beweises sehen, dass diese Annahme gelockert werden kann. Wir schreiben die exponentielle Form des Satzes von Brion (Satz 9.7) aus und benutzen dabei die Annahme, dass alle Eckenkegel simplizial seien (da $\mathcal{P}$ einfach ist). Nach Satz 3.5 gilt

$$\sum_{\mathbf{m} \in \mathcal{P} \cap \mathbb{Z}^d} \exp(\mathbf{m} \cdot \mathbf{z}) \;=\; \sum_{\mathbf{v} \text{ Ecke von } \mathcal{P}} \frac{\exp(\mathbf{v} \cdot \mathbf{z})\, \sigma_{\Pi_{\mathbf{v}}}(\exp \mathbf{z})}{\prod_{k=1}^{d} (1 - \exp(\mathbf{w}_k(\mathbf{v}) \cdot \mathbf{z}))}\,, \qquad (10.4)$$

wobei

$$\Pi_{\mathbf{v}} = \{\lambda_1 \mathbf{w}_1(\mathbf{v}) + \lambda_2 \mathbf{w}_2(\mathbf{v}) + \cdots + \lambda_d \mathbf{w}_d(\mathbf{v}) : 0 \le \lambda_1, \lambda_2, \ldots, \lambda_d < 1\}$$

das Fundamentalparallelepiped des Eckenkegels $\mathcal{K}_{\mathbf{v}}$ ist. Wir würden (10.4) gerne umschreiben und dabei das Gitter $\mathbb{Z}^d$ durch das verfeinerte Gitter $\left(\frac{1}{n}\mathbb{Z}\right)^d$ ersetzen, da dann die linke Seite von (10.4) auf das gesuchte Integral führt, wenn wir n gegen unendlich streben lassen. Die rechte Seite von (10.4) ändert sich dementsprechend; jeder Gitterpunkt muss mit $\frac{1}{n}$ heruntergeskaliert werden:

$$\sum_{\mathbf{m} \in \mathcal{P} \cap \left(\frac{1}{n}\mathbb{Z}\right)^d} \exp(\mathbf{m} \cdot \mathbf{z}) \;=\; \sum_{\mathbf{v} \text{ Ecke von } \mathcal{P}} \frac{\exp(\mathbf{v} \cdot \mathbf{z}) \sum_{\mathbf{m} \in \Pi_{\mathbf{v}} \cap \mathbb{Z}^d} \exp\left(\frac{\mathbf{m}}{n} \cdot \mathbf{z}\right)}{\prod_{k=1}^{d} \left(1 - \exp\left(\frac{\mathbf{w}_k(\mathbf{v})}{n} \cdot \mathbf{z}\right)\right)}\,.$$

$$(10.5)$$

Der Beweis dieser Gleichung ist im Wesentlichen der gleiche wie der von Satz 3.5; wir lassen ihn als Aufgabe 10.2. Jetzt ist unser gesuchtes Integral gleich

$$\int_{\mathcal{P}} \exp(\mathbf{x} \cdot \mathbf{z}) \, dx = \lim_{n \to \infty} \frac{1}{n^d} \sum_{\mathbf{m} \in \mathcal{P} \cap \left(\frac{1}{n}\mathbb{Z}\right)^d} \exp(\mathbf{m} \cdot \mathbf{z})$$

$$= \lim_{n \to \infty} \frac{1}{n^d} \sum_{\mathbf{v} \text{ Ecke von } \mathcal{P}} \frac{\exp(\mathbf{v} \cdot \mathbf{z}) \sum_{\mathbf{m} \in \Pi_{\mathbf{v}} \cap \mathbb{Z}^d} \exp\left(\frac{\mathbf{m}}{n} \cdot \mathbf{z}\right)}{\prod_{k=1}^{d} \left(1 - \exp\left(\frac{\mathbf{w}_k(\mathbf{v})}{n} \cdot \mathbf{z}\right)\right)}.$$

$$(10.6)$$

An dieser Stelle sehen wir, dass unsere Annahme, $\mathcal{P}$ habe ganzzahlige Ecken, auf den rationalen Fall gelockert werden kann, da wir uns bei der Berechnung des Grenzwertes auf solche n beschränken können, die Vielfache des Nenners von $\mathcal{P}$ sind. Die Nenner der Terme auf der rechten Seite haben einen einfachen Grenzwert:

$$\lim_{n \to \infty} \exp(\mathbf{v} \cdot \mathbf{z}) \sum_{\mathbf{m} \in \Pi_{\mathbf{v}} \cap \mathbb{Z}^d} \exp\left(\frac{\mathbf{m}}{n} \cdot \mathbf{z}\right) = \exp(\mathbf{v} \cdot \mathbf{z}) \sum_{\mathbf{m} \in \Pi_{\mathbf{v}} \cap \mathbb{Z}^d} 1$$

$$= \exp(\mathbf{v} \cdot \mathbf{z}) \left| \det(\mathbf{w}_1(\mathbf{v}), \ldots, \mathbf{w}_d(\mathbf{v})) \right|,$$

wobei die letzte Gleichung aus Lemma 10.3 folgt. Also vereinfacht sich (10.6) zu

$$\int_{\mathcal{P}} \exp(\mathbf{x} \cdot \mathbf{z}) \, dx = \sum_{\mathbf{v} \text{ Ecke von } \mathcal{P}} \frac{\exp(\mathbf{v} \cdot \mathbf{z}) \left| \det(\mathbf{w}_1(\mathbf{v}), \ldots, \mathbf{w}_d(\mathbf{v})) \right|}{\prod_{k=1}^{d} \lim_{n \to \infty} n \left(1 - \exp\left(\frac{\mathbf{w}_k(\mathbf{v})}{n} \cdot \mathbf{z}\right)\right)}.$$

Schließlich haben wir mit der Regel von de l'Hospital

$$\lim_{n \to \infty} n \left(1 - \exp\left(\frac{\mathbf{w}_k(\mathbf{v})}{n} \cdot \mathbf{z}\right)\right) = -\mathbf{w}_k(\mathbf{v}) \cdot \mathbf{z},$$

und der Satz folgt. □

Es stellt sich heraus (Aufgabe 10.4), dass für jeden Eckenkegel $\mathcal{K}_{\mathbf{v}}$ gilt

$$\int_{\mathcal{K}_{\mathbf{v}}} \exp(\mathbf{x} \cdot \mathbf{z}) \, dx = (-1)^d \frac{\exp(\mathbf{v} \cdot \mathbf{z}) \left| \det(\mathbf{w}_1(\mathbf{v}), \ldots, \mathbf{w}_d(\mathbf{v})) \right|}{\prod_{k=1}^{d} (\mathbf{w}_k(\mathbf{v}) \cdot \mathbf{z})}, \quad (10.7)$$

und Satz 10.4 zeigt, dass die Fourier-Laplace-Transformation von $\mathcal{P}$ gleich der Summe der Fourier-Laplace-Transformationen der Eckenkegel ist. Mit anderen Worten

$$\int_{\mathcal{P}} \exp(\mathbf{x} \cdot \mathbf{z}) \, dx = \sum_{\mathbf{v} \text{ Ecke von } \mathcal{P}} \int_{\mathcal{K}_{\mathbf{v}}} \exp(\mathbf{x} \cdot \mathbf{z}) \, dx.$$

Wir bemerken außerdem, dass $\left| \det(\mathbf{w}_1(\mathbf{v}), \ldots, \mathbf{w}_d(\mathbf{v})) \right|$ eine geometrische Bedeutung hat: Es ist das Volumen des Fundamentalparallelepipeds des Eckenkegels $\mathcal{K}_{\mathbf{v}}$.

Der neugierige Leser mag sich fragen, was mit der Aussage von Satz 10.4 passiert, wenn wir jeden der Erzeuger $\mathbf{w}_k(\mathbf{v})$ mit einem anderen Faktor skalieren. Es lässt sich leicht zeigen (Aufgabe 10.5), dass die rechte Seite von Satz 10.4 invariant bleibt.

10.3 Polytope haben ihre Momente

Die gebräuchlichste Definition der Momente einer Menge $\mathcal{P} \subset \mathbb{R}^d$ ist

$$\mu_{\mathbf{a}} := \int_{\mathcal{P}} \mathbf{y}^{\mathbf{a}} \, d\mathbf{y} = \int_{\mathcal{P}} y_1^{a_1} y_2^{a_2} \cdots y_d^{a_d} \, d\mathbf{y}$$

für einen festen Vektor $\mathbf{a} = (a_1, a_2, \ldots, a_d) \in \mathbb{C}^d$. Für $\mathbf{a} = \mathbf{0} = (0, 0, \ldots, 0)$, erhalten wir $\mu_{\mathbf{0}} = \text{vol}\,\mathcal{P}$. Als eine Anwendungen von Momenten betrachten wir das Problem, den Massenschwerpunkt von $\mathcal{P}$ zu finden, der durch

$$\frac{1}{\text{vol}\,\mathcal{P}} \left(\int_{\mathcal{P}} y_1 \, d\mathbf{y} \,, \int_{\mathcal{P}} y_2 \, d\mathbf{y} \,, \ldots, \int_{\mathcal{P}} y_d \, d\mathbf{y} \right)$$

definiert ist. Dieses Integral ist gleich

$$\frac{1}{\mu_{\mathbf{0}}} \left(\mu_{(1,0,0,\ldots,0)}, \mu_{(0,1,0,\ldots,0)}, \ldots, \mu_{(0,\ldots,0,1)} \right).$$

Auf ähnliche Weise kann man die Varianz von $\mathcal{P}$ und andere zu $\mathcal{P}$ gehörende statistische Daten definieren und Momente benutzen, um sie zu berechnen.

Unsere nächste Aufgabe ist es, die Momente $\mu_{\mathbf{a}}$ durch Satz 10.4 darzustellen. Wir nehmen eine Variablensubstitution $y_k = e^{x_k}$ im definierenden Integral von $\mu_{\mathbf{a}}$ vor:

$$\mu_{\mathbf{a}} = \int_{\mathcal{P}} \mathbf{y}^{\mathbf{a}} \, d\mathbf{y} = \int_{\mathcal{P}} e^{x_1 a_1} e^{x_2 a_2} \cdots e^{x_d a_d} \, e^{x_1} e^{x_2} \cdots e^{x_d} \, d\mathbf{x} = \int_{\mathcal{P}} e^{\mathbf{x} \cdot (\mathbf{a}+1)} \, d\mathbf{x}.$$

Damit liefert uns Satz 10.4 die folgenden Formeln für die Momente eines einfachen rationalen d-Polytops $\mathcal{P}$:

$$\mu_{\mathbf{a}} = (-1)^d \sum_{\mathbf{v} \text{ Ecke von } \mathcal{P}} \frac{\exp\left(\mathbf{v} \cdot (\mathbf{a}+1)\right) \left| \det\left(\mathbf{w}_1(\mathbf{v}), \ldots, \mathbf{w}_d(\mathbf{v})\right) \right|}{\prod_{k=1}^{d} \left(\mathbf{w}_k(\mathbf{v}) \cdot (\mathbf{a}+1)\right)}$$

für alle $\mathbf{a}$, für die die Nenner auf der rechten Seite nicht verschwinden. Wenn wir einen Schritt weiter gehen, können wir mit Satz 10.4 Informationen über eine andere Familie von Momenten erhalten. Auf dem Weg dahin stolpern wir über eine erstaunliche Formel für das stetige Volumen eines Polytops.

Satz 10.5. *Sei $\mathcal{P}$ ein einfaches rationales konvexes d-Polytop. Für einen konvexen Kegel $\mathcal{K}_{\mathbf{v}}$ von $\mathcal{P}$ halten wir eine Menge von Erzeugern $\mathbf{w}_1(\mathbf{v}), \mathbf{w}_2(\mathbf{v}), \ldots,$ $\mathbf{w}_d(\mathbf{v}) \in \mathbb{Z}^d$ fest. Dann gilt*

$$\text{vol}\,\mathcal{P} = \frac{(-1)^d}{d!} \sum_{\mathbf{v} \text{ Ecke von } \mathcal{P}} \frac{(\mathbf{v} \cdot \mathbf{z})^d \left| \det\left(\mathbf{w}_1(\mathbf{v}), \ldots, \mathbf{w}_d(\mathbf{v})\right) \right|}{\prod_{k=1}^{d} \left(\mathbf{w}_k(\mathbf{v}) \cdot \mathbf{z}\right)}$$

für alle $\mathbf{z}$, für die die Nenner auf der rechten Seite nicht verschwinden. Allgemeiner gilt für beliebige ganze Zahlen $j \geq 0$, dass

$$\int_{\mathcal{P}} (\mathbf{x} \cdot \mathbf{z})^j \, d\mathbf{x} = \frac{(-1)^d j!}{(j+d)!} \sum_{\mathbf{v} \text{ Ecke von } \mathcal{P}} \frac{(\mathbf{v} \cdot \mathbf{z})^{j+d} \left| \det\left(\mathbf{w}_1(\mathbf{v}), \ldots, \mathbf{w}_d(\mathbf{v})\right) \right|}{\prod_{k=1}^{d} \left(\mathbf{w}_k(\mathbf{v}) \cdot \mathbf{z}\right)}.$$

Beweis. Wir ersetzen die Variable $\mathbf{z}$ in der Gleichung von Satz 10.4 durch $s\mathbf{z}$, wobei s ein Skalar ist:

$$\int_{\mathcal{P}} \exp\left(\mathbf{x} \cdot (s\mathbf{z})\right) d\mathbf{x} = (-1)^d \sum_{\mathbf{v} \text{ Ecke von } \mathcal{P}} \frac{\exp\left(\mathbf{v} \cdot (s\mathbf{z})\right) |\det\left(\mathbf{w}_1(\mathbf{v}), \ldots, \mathbf{w}_d(\mathbf{v})\right)|}{\prod_{k=1}^d \left(\mathbf{w}_k(\mathbf{v}) \cdot (s\mathbf{z})\right)},$$

was als

$$\int_{\mathcal{P}} \exp\left(s\left(\mathbf{x} \cdot \mathbf{z}\right)\right) d\mathbf{x} = (-1)^d \sum_{\mathbf{v} \text{ Ecke von } \mathcal{P}} \frac{\exp\left(s\left(\mathbf{v} \cdot \mathbf{z}\right)\right) |\det\left(\mathbf{w}_1(\mathbf{v}), \ldots, \mathbf{w}_d(\mathbf{v})\right)|}{s^d \prod_{k=1}^d \left(\mathbf{w}_k(\mathbf{v}) \cdot (\mathbf{z})\right)}$$

umformuliert werden kann. Die allgemeine Aussage des Satzes folgt jetzt, wenn wir zunächst die Exponentialfunktionen als Taylor-Reihen in s entwickeln und dann die Koeffizienten auf beiden Seiten vergleichen:

$$\sum_{j \geq 0} \int_{\mathcal{P}} (\mathbf{x} \cdot \mathbf{z})^j \, d\mathbf{x} \, \frac{s^j}{j!}$$

$$= (-1)^d \sum_{\mathbf{v} \text{ Ecke von } \mathcal{P}} \sum_{j \geq 0} (\mathbf{v} \cdot \mathbf{z})^j \, \frac{s^{j-d}}{j!} \, \frac{|\det\left(\mathbf{w}_1(\mathbf{v}), \ldots, \mathbf{w}_d(\mathbf{v})\right)|}{\prod_{k=1}^d \left(\mathbf{w}_k(\mathbf{v}) \cdot (\mathbf{z})\right)}$$

$$= \sum_{j \geq -d} (-1)^d \sum_{\mathbf{v} \text{ Ecke von } \mathcal{P}} \frac{(\mathbf{v} \cdot \mathbf{z})^{j+d} |\det\left(\mathbf{w}_1(\mathbf{v}), \ldots, \mathbf{w}_d(\mathbf{v})\right)|}{\prod_{k=1}^d \left(\mathbf{w}_k(\mathbf{v}) \cdot (\mathbf{z})\right)} \, \frac{s^j}{(j+d)!} \, . \qquad \square$$

Der Beweis dieses Satzes enthüllt noch weitere Gleichungen zwischen rationalen Funktionen, nämlich dass die Koeffizienten der negativen Potenzen von s in der letzte Zeile des Beweises gleich null sein müssen. Dies führt unmittelbar auf das folgende interessante System von d Gleichungen für einfache d-Polytope:

Korollar 10.6. *Sei $\mathcal{P}$ ein einfaches rationales konvexes d-Polytop. Für einen Eckenkegel $\mathcal{K}_\mathbf{v}$ von $\mathcal{P}$ halten wir eine Menge von Erzeugern $\mathbf{w}_1(\mathbf{v}), \mathbf{w}_2(\mathbf{v}), \ldots,$ $\mathbf{w}_d(\mathbf{v}) \in \mathbb{Z}^d$ fest. Dann gilt für $0 \leq j \leq d - 1$, dass*

$$\sum_{\mathbf{v} \text{ Ecke von } \mathcal{P}} \frac{(\mathbf{v} \cdot \mathbf{z})^j |\det\left(\mathbf{w}_1(\mathbf{v}), \ldots, \mathbf{w}_d(\mathbf{v})\right)|}{\prod_{k=1}^d \left(\mathbf{w}_k(\mathbf{v}) \cdot (\mathbf{z})\right)} = 0 \, . \qquad \square$$

10.4 Vom stetigen zum diskreten Volumen eines Polytops

In diesem Abschnitt wenden wir den Todd-Operator auf Perturbationen des stetigen Volumens an. Das heißt, wir betrachten ein volldimensionales Polytop $\mathcal{P}$, welches wir als

$$\mathcal{P} = \left\{ \mathbf{x} \in \mathbb{R}^d : \mathbf{A}\,\mathbf{x} \leq \mathbf{b} \right\}$$

schreiben können. Dann definieren wir das gestörte Polytop

$$\mathcal{P}(\mathbf{h}) := \left\{ \mathbf{x} \in \mathbb{R}^d : \mathbf{A}\,\mathbf{x} \leq \mathbf{b} + \mathbf{h} \right\}$$

für einen „kleinen" Vektor $\mathbf{h} \in \mathbb{R}^m$. Ein berühmter Satz nach Askold Khovan-skiĭ und Aleksandr Pukhlikov besagt, dass wir die Anzahl der Gitterpunkte in $\mathcal{P}$ durch Anwendung des Todd-Operators auf $\mathrm{vol}\,(\mathcal{P}(\mathbf{h}))$ erhalten können. Hier beweisen wir den Satz für eine bestimmte Klasse von Polytopen, die wir zuerst definieren müssen.

Wir nennen einen rationalen spitzen d-Kegel **unimodular**, wenn seine Erzeuger eine Basis von $\mathbb{Z}^d$ bilden. Ein ganzzahliges Polytop ist **unimodular**, wenn jeder seiner Eckenkegel unimodular ist.[1]

Satz 10.7 (Satz von Khovanskiĭ-Pukhlikov). *Für ein unimodulares d-Polytop $\mathcal{P}$ gilt*

$$\# \left(\mathcal{P} \cap \mathbb{Z}^d \right) = \mathrm{Todd}_{\mathbf{h}}\,\mathrm{vol}\,(\mathcal{P}(\mathbf{h}))\big|_{\mathbf{h}=0}\,.$$

Allgemeiner gilt

$$\sigma_\mathcal{P}(\exp \mathbf{z}) = \mathrm{Todd}_{\mathbf{h}} \int_{\mathcal{P}(\mathbf{h})} \exp(\mathbf{x} \cdot \mathbf{z})\,d\mathbf{x}\,\bigg|_{\mathbf{h}=0}\,.$$

Beweis. Wir benutzen Satz 10.4, die stetige Version des Satzes von Brion; man beachte, dass $\mathcal{P}$, falls es unimodular ist, automatisch einfach ist. Für einen Eckenkegel $\mathcal{K}_\mathbf{v}$ von $\mathcal{P}$ bezeichnen wir seine Erzeuger mit $\mathbf{w}_1(\mathbf{v}), \mathbf{w}_2(\mathbf{v}), \ldots,$ $\mathbf{w}_d(\mathbf{v}) \in \mathbb{Z}^d$. Dann besagt Satz 10.4, dass

$$\begin{aligned}
\int_\mathcal{P} \exp(\mathbf{x} \cdot \mathbf{z})\,d\mathbf{x} &= (-1)^d \sum_{\mathbf{v}\text{ Ecke von }\mathcal{P}} \frac{\exp\,(\mathbf{v} \cdot \mathbf{z})\,|\det\,(\mathbf{w}_1(\mathbf{v}), \ldots, \mathbf{w}_d(\mathbf{v}))|}{\prod_{k=1}^d (\mathbf{w}_k(\mathbf{v}) \cdot \mathbf{z})} \\
&= (-1)^d \sum_{\mathbf{v}\text{ Ecke von }\mathcal{P}} \frac{\exp\,(\mathbf{v} \cdot \mathbf{z})}{\prod_{k=1}^d (\mathbf{w}_k(\mathbf{v}) \cdot \mathbf{z})}\,,
\end{aligned} \qquad (10.8)$$

wobei die letzte Gleichung aus Aufgabe 10.3 folgt. Eine ähnliche Formel gilt für $\mathcal{P}(\mathbf{h})$, außer, dass wir hier die Verschiebung der Ecken berücksichtigen müssen. Der Vektor $\mathbf{h}$ verschiebt die Facetten-definierenden Hyperebenen. Diese Verschiebung der Facetten induziert eine Verschiebung der Ecken; sagen wir, die Ecke $\mathbf{v}$ werde entlang der Eckenrichtung $\mathbf{w}_k$ (die Vektoren, die den Eckenkegel $\mathcal{K}_\mathbf{v}$ erzeugen) durch $h_k(\mathbf{v})$ verschoben, so dass $\mathcal{P}(\mathbf{h})$ jetzt die Ecke $\mathbf{v} - \sum_{k=1}^d h_k(\mathbf{v})\mathbf{w}_k(\mathbf{v})$ habe. Falls $\mathbf{h}$ klein genug ist, ist $\mathcal{P}(\mathbf{h})$ weiterhin einfach,[2] und wir können Satz 10.4 auf $\mathcal{P}(\mathbf{h})$ anwenden:

---

[1] Unimodulare Polytope laufen noch unter zwei weiteren Namen, nämlich **glatt** und **Delzant**.

[2] Der vorsichtige Leser möge [192, p. 66] konsultieren, um diese Tatsache zu bestätigen.

$$\int_{\mathcal{P}(\mathbf{h})} \exp(\mathbf{x} \cdot \mathbf{z})\, d\mathbf{x} = (-1)^d \sum_{\mathbf{v} \text{ Ecke von } \mathcal{P}} \frac{\exp\left(\left(\mathbf{v} - \sum_{k=1}^d h_k(\mathbf{v})\mathbf{w}_k(\mathbf{v})\right) \cdot \mathbf{z}\right)}{\prod_{k=1}^d (\mathbf{w}_k(\mathbf{v}) \cdot \mathbf{z})}$$

$$= (-1)^d \sum_{\mathbf{v} \text{ Ecke von } \mathcal{P}} \frac{\exp\left(\mathbf{v} \cdot \mathbf{z} - \sum_{k=1}^d h_k(\mathbf{v})\mathbf{w}_k(\mathbf{v}) \cdot \mathbf{z}\right)}{\prod_{k=1}^d (\mathbf{w}_k(\mathbf{v}) \cdot \mathbf{z})}$$

$$= (-1)^d \sum_{\mathbf{v} \text{ Ecke von } \mathcal{P}} \frac{\exp(\mathbf{v} \cdot \mathbf{z}) \prod_{k=1}^d \exp\left(-h_k(\mathbf{v})\mathbf{w}_k(\mathbf{v}) \cdot \mathbf{z}\right)}{\prod_{k=1}^d (\mathbf{w}_k(\mathbf{v}) \cdot \mathbf{z})}.$$

Streng genommen gilt diese Formel nur für $\mathbf{h} \in \mathbb{Q}^m$, so dass die Ecken von $\mathcal{P}(\mathbf{h})$ rational sind. Da wir letztlich $\mathbf{h} = 0$ setzen werden, ist dies eine harmlose Einschränkung. Jetzt wenden wir den Todd-Operator an:

$$\text{Todd}_{\mathbf{h}} \int_{\mathcal{P}(\mathbf{h})} \exp(\mathbf{x} \cdot \mathbf{z})\, d\mathbf{x} \Big|_{\mathbf{h}=0}$$

$$= (-1)^d \sum_{\mathbf{v} \text{ Ecke von } \mathcal{P}} \text{Todd}_{\mathbf{h}} \frac{\exp(\mathbf{v} \cdot \mathbf{z}) \prod_{k=1}^d \exp\left(-h_k(\mathbf{v})\mathbf{w}_k(\mathbf{v}) \cdot \mathbf{z}\right)}{\prod_{k=1}^d (\mathbf{w}_k(\mathbf{v}) \cdot \mathbf{z})} \Big|_{\mathbf{h}=0}$$

$$= (-1)^d \sum_{\mathbf{v} \text{ Ecke von } \mathcal{P}} \frac{\exp(\mathbf{v} \cdot \mathbf{z})}{\prod_{k=1}^d (\mathbf{w}_k(\mathbf{v}) \cdot \mathbf{z})}$$

$$\times \prod_{k=1}^d \text{Todd}_{h_k(\mathbf{v})} \exp\left(-h_k(\mathbf{v})\mathbf{w}_k(\mathbf{v}) \cdot \mathbf{z}\right) \Big|_{h_k(\mathbf{v})=0}.$$

Mit einer multivariaten Version von Lemma 10.1 folgt

$$\text{Todd}_{\mathbf{h}} \int_{\mathcal{P}(\mathbf{h})} \exp(\mathbf{x} \cdot \mathbf{z})\, d\mathbf{x} \Big|_{\mathbf{h}=0}$$

$$= (-1)^d \sum_{\mathbf{v} \text{ Ecke von } \mathcal{P}} \frac{\exp(\mathbf{v} \cdot \mathbf{z})}{\prod_{k=1}^d (\mathbf{w}_k(\mathbf{v}) \cdot \mathbf{z})} \prod_{k=1}^d \frac{-\mathbf{w}_k(\mathbf{v}) \cdot \mathbf{z}}{1 - \exp(\mathbf{w}_k(\mathbf{v}) \cdot \mathbf{z})}$$

$$= \sum_{\mathbf{v} \text{ Ecke von } \mathcal{P}} \exp(\mathbf{v} \cdot \mathbf{z}) \prod_{k=1}^d \frac{1}{1 - \exp(\mathbf{w}_k(\mathbf{v}) \cdot \mathbf{z})}.$$

Allerdings besagt der Satz von Brion (Satz 9.7) zusammen mit der Tatsache, dass $\mathcal{P}$ unimodular ist, dass die rechte Seite der letzten Formel genau die Gitterpunkttransformation von $\mathcal{P}$ ist (siehe auch (10.8)):

$$\text{Todd}_{\mathbf{h}} \int_{\mathcal{P}(\mathbf{h})} \exp(\mathbf{x} \cdot \mathbf{z})\, d\mathbf{x} \Big|_{\mathbf{h}=0} = \sigma_{\mathcal{P}}(\exp \mathbf{z}).$$

Schließlich erhalten wir, wenn wir $\mathbf{z} = 0$ setzen,

$$\text{Todd}_{\mathbf{h}} \int_{\mathcal{P}(\mathbf{h})} d\mathbf{x} \bigg|_{\mathbf{h}=0} = \sum_{\mathbf{m} \in \mathcal{P} \cap \mathbb{Z}^d} 1 \,,$$

wie behauptet. $\square$

Wir halten fest, dass $\int_{\mathcal{P}(\mathbf{h})} \exp(\mathbf{x} \cdot \mathbf{z}) \, d\mathbf{x}$ nach Definition die stetige Fourier-Laplace-Transformation von $\mathcal{P}(\mathbf{h})$ ist. Nach Anwendung des diskretisierenden Operators $\text{Todd}_{\mathbf{h}}$ liefert uns $\int_{\mathcal{P}(\mathbf{h})} \exp(\mathbf{x} \cdot \mathbf{z}) \, d\mathbf{x}$ die diskrete Gitterpunkttransformation $\sigma_{\mathcal{P}}(\mathbf{z})$.

Anmerkungen

1. Die klassiche Euler-Maclaurin-Formel besagt, dass

$$\sum_{k=1}^{n} f(k) = \int_0^n f(x) \, dx + \frac{f(0) + f(n)}{2} + \sum_{m=1}^{p} \frac{B_{2m}}{(2m)!} \left[f^{(2m-1)}(x) \right]_0^n$$
$$+ \frac{1}{(2p+1)!} \int_0^n B_{2p+1}\left(\{x\}\right) f^{(2p+1)}(x) \, dx \,,$$

wobei $B_k(x)$ das k-te Bernoulli-Polynom bezeichnet. Sie wurde unabhängig voneinander von Leonhard Euler und Colin Maclaurin (1698–1746)[3] entdeckt. Diese Formel liefert einen expliziten Fehlerterm, wohingegen Satz 10.2 eine Summengleichung ohne Fehlerterm liefert.

2. Der Todd-Operator wurde von Friedrich Hirzebruch in den 1950ern eingeführt [99], einer komplizierteren Definition durch J. A. Todd [180, 181] etwa zwanzig Jahre zuvor folgend. Der Satz von Khovanskiĭ und Pukhlikov (Satz 10.7) kann als kombinatorisches Analogon zum algebro-geometrischen Hirzebruch-Riemann-Roch-Theorem angesehen werden, in welchem der Todd-Operator eine wesentliche Role spielt.

3. Satz 10.4, die stetige Form des Satzes von Brion, wurde durch Alexander Barvinok auf *beliebige* Polytope verallgemeinert [11]. Tatsächlich enthält [11] sogar bestimmte Erweiterungen des Satzes von Brion auf irrationale Polytope. Die Zerlegungsformeln für Momente eines Polytops in Satz 10.5 geht auf Michel Brion und Michèle Vergne zurück [45].

4. Satz 10.7 wurde als erstes 1992 von Askold Khovanskiĭ und Aleksandr Pukhlikov [107] bewiesen. Der Beweis, den wir hier geben, ist im Wesentlichen ihrer. Ihr Paper [107] zieht außerdem Parallelen zwischen torischen Varietäten und Polytopen. In der Folge haben viele Versuche, Formeln für Ehrhart-Quasipolynome anzugeben – einige auf Satz 10.7 basierend – fruchtbaren

---

[3] Für mehr Informationen über Maclaurin siehe
http://www-groups.dcs.st-and.ac.uk/~history/Mathematicians/Maclaurin.html.

Boden für zukünftige Arbeit bereitet; eine lange aber keinesfalls vollständige Liste von Referenzen ist [9, 32, 45, 54, 59, 60, 75, 90, 105, 106, 118, 124, 136, 145, 177].

Aufgabe

10.1. ♣ Zeigen Sie, dass $\mathrm{Todd}_h\, h = h + \frac{1}{2}$ gilt. Allgemeiner, zeigen Sie, dass $\mathrm{Todd}_h\, h^k = B_k(h+1)$ für $k \geq 1$, wobei $B_k(x)$ das k-te Bernoulli-Polynom bezeichnet.

10.2. ♣ Beweisen Sie (10.5): Sei $\mathcal{P}$ ein einfaches ganzzahliges d-Polytop. Für einen Eckenkegel $\mathcal{K}_\mathbf{v}$ of $\mathcal{P}$ bezeichnen wir seine Erzeuger mit $\mathbf{w}_1(\mathbf{v}), \mathbf{w}_2(\mathbf{v}), \ldots,$ $\mathbf{w}_d(\mathbf{v}) \in \mathbb{Z}^d$ und sein Fundamentalparallelepiped mit $\Pi_\mathbf{v}$. Dann gilt

$$\sum_{\mathbf{m} \in \mathcal{P} \cap \left(\frac{1}{n}\mathbb{Z}\right)^d} \exp(\mathbf{m}\cdot\mathbf{z}) = \sum_{\mathbf{v}\ \text{Ecke von } \mathcal{P}} \frac{\exp(\mathbf{v}\cdot\mathbf{z}) \sum_{\mathbf{m}\in\Pi_\mathbf{v}\cap\mathbb{Z}^d} \exp\left(\frac{\mathbf{m}}{n}\cdot\mathbf{z}\right)}{\prod_{k=1}^d \left(1 - \exp\left(\frac{\mathbf{w}_k(\mathbf{v})}{n}\cdot\mathbf{z}\right)\right)}.$$

10.3. ♣ Gegeben sei ein unimodularer Kegel

$$\mathcal{K} = \{\mathbf{v} + \lambda_1\mathbf{w}_1 + \lambda_2\mathbf{w}_2 + \cdots + \lambda_d\mathbf{w}_d : \lambda_1, \lambda_2, \ldots, \lambda_d \geq 0\},$$

wobei $\mathbf{v}, \mathbf{w}_1, \mathbf{w}_2, \ldots, \mathbf{w}_d \in \mathbb{Z}^d$, so dass $\mathbf{w}_1, \mathbf{w}_2, \ldots, \mathbf{w}_d$ eine Basis des $\mathbb{Z}^d$ bilden, zeigen Sie, dass

$$\sigma_\mathcal{K}(\mathbf{z}) = \frac{\mathbf{z}^\mathbf{v}}{\prod_{k=1}^d (1 - \mathbf{z}^{\mathbf{w}_k})}$$

und $|\det(\mathbf{w}_1, \ldots, \mathbf{w}_d)| = 1$.

10.4. ♣ Beweisen Sie (10.7). Zeigen Sie also, dass für den einfachen Kegel

$$\mathcal{K} = \left\{\mathbf{v} + \sum_{k=1}^d \lambda_k\mathbf{w}_k : \lambda_k \geq 0\right\}$$

mit $\mathbf{v}, \mathbf{w}_1, \mathbf{w}_2, \ldots, \mathbf{w}_d \in \mathbb{Q}^d$ gilt, dass

$$\int_\mathcal{K} \exp(\mathbf{x}\cdot\mathbf{z})\,d\mathbf{x} = (-1)^d \frac{\exp(\mathbf{v}\cdot\mathbf{z})\,|\det(\mathbf{w}_1(\mathbf{v}), \ldots, \mathbf{w}_d(\mathbf{v}))|}{\prod_{k=1}^d (\mathbf{w}_k(\mathbf{v})\cdot\mathbf{z})}.$$

10.5. Zeigen Sie, dass in der Aussage von Satz 10.4 der Ausdruck

$$\frac{|\det(\mathbf{w}_1(\mathbf{v}), \ldots, \mathbf{w}_d(\mathbf{v}))|}{\prod_{k=1}^d (\mathbf{w}_k(\mathbf{v})\cdot\mathbf{z})}$$

invariant bleibt, wenn jedes $\mathbf{w}_k(\mathbf{v})$ mit einer unabhängigen positiven ganzen Zahl skaliert wird.

Offene Probleme

10.6. Finden Sie alle differenzierbaren Eigenfunktionen des Todd-Operators.

10.7. Klassifizieren Sie alle Polytope, deren diskretes und stetiges Volumen identisch sind, d.h. $L_{\mathcal{P}}(1) = \text{vol}\,\mathcal{P}$.

10.8. Welche ganzzahligen Polytope haben eine Triangulierung in d-Simplizes, so dass jeder der Simplizes unimodular ist?

Raumwinkel

Everything you've learned in school as „obvious" becomes less and less obvious as you begin to study the universe. For example, there are no solids in the universe. There's not even a suggestion of a solid. There are no absolute continuums. There are no surfaces. There are no straight lines.

Buckminster Fuller (1895–1983)

Die natürliche Verallgemeinerung eines zweidimensionalen Winkels auf höhere Dimensionen heißt *Raumwinkel*. Zu einem gegebenen spitzen Kegel $\mathcal{K} \subset \mathbb{R}^d$ ist der Raumwinkel an seiner Spitze der Anteil des Raumes, den $\mathcal{K}$ belegt. In etwas anderen Worten: Wenn wir einen Punkt $\mathbf{x} \in \mathbb{R}^d$ „zufällig" auswählen, dann ist die Wahrscheinlichkeit, dass $\mathbf{x} \in \mathcal{K}$ gilt, genau der Raumwinkel an der Spitze von $\mathcal{K}$. Noch eine weitere Betrachtungsweise von Raumwinkeln ist die, dass es sich eigentlich um Volumina sphärischer Polytope, also der Durchschnittsmengen eines Kegels mit einer Kugel, handelt. Hier gibt es eine Theorie parallel zur Ehrhart-Theorie aus den Kapiteln 3 und 4, in die jedoch auch einige neue Ideen einfließen.

11.1 Ein neues diskretes Volumen unter Benutzung von Raumwinkeln

Sei $\mathcal{P} \subset \mathbb{R}^d$ ein konvexes rationales d-Polyeder. Der **Raumwinkel** $\omega_{\mathcal{P}}(\mathbf{x})$ eines Punktes $\mathbf{x}$ (bezüglich $\mathcal{P}$) ist eine reelle Zahl, die gleich dem Anteil eines kleinen Balls um den Mittelpunkt $\mathbf{x}$ ist, der in $\mathcal{P}$ enthalten ist. Das heißt, wir bezeichnen mit $B_\epsilon(\mathbf{x})$ den Ball mit Radius ϵ und Mittelpunkt $\mathbf{x}$ und definieren

$$\omega_{\mathcal{P}}(\mathbf{x}) := \frac{\mathrm{vol}\,(B_\epsilon(\mathbf{x}) \cap \mathcal{P})}{\mathrm{vol}\,B_\epsilon(\mathbf{x})}$$

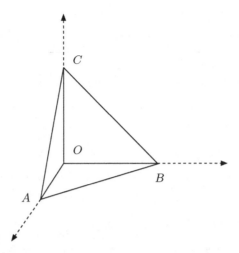

für alle hinreichend kleinen positiven ϵ. Wir bemerken, dass $\omega_{\mathcal{P}}(\mathbf{x}) = 0$ für $\mathbf{x} \notin \mathcal{P}$ gilt, und wenn $\mathbf{x} \in \mathcal{P}^{\circ}$, dann ist $\omega_{\mathcal{P}}(\mathbf{x}) = 1$; für $\mathbf{x} \in \partial\mathcal{P}$ ist $0 < \omega_{\mathcal{P}}(\mathbf{x}) < 1$. Den **Raumwinkel einer Seite** $\mathcal{F}$ von $\mathcal{P}$ definieren wir, indem wir einen beliebigen Punkt $\mathbf{x}$ aus dem relativen Inneren $\mathcal{F}^{\circ}$ nehmen und $\omega_{\mathcal{P}}(\mathcal{F}) = \omega_{\mathcal{P}}(\mathbf{x})$ setzen.

Beispiel 11.1. Wir berechnen die Raumwinkel der Seiten des Standard-3-Simplexes $\Delta = \operatorname{conv}\{(0,0,0),(1,0,0),(0,1,0),(0,0,1)\}$. Wie wir gerade erwähnt haben, hat ein Punkt im Inneren von Δ den Raumwinkel 1. Jede Facette hat dem Raumwinkel $\frac{1}{2}$ (und das gilt für jedes beliebige Polytop).

Interessant wird das Ganze für die Kanten: Hier berechnen wir Diederwinkel. Der **Diederwinkel** einer eindimensionalen Kante ist durch den Winkel zwischen dem äußeren Normalenvektor einer ihrer beiden definierenden Facetten und dem inneren Normalenvektor ihrer anderen Facette definiert.

Die drei Kanten OA, OB und OC in der obigen Abbildung haben alle den gleichen Raumwinkel $\frac{1}{4}$. Wir wenden uns der Kante AB zu und berechnen den Winkel zwischen ihren definierenden Facetten wie folgt:

$$\frac{1}{2\pi}\cos^{-1}\left(\frac{1}{\sqrt{3}}(-1,-1,-1)\cdot(0,0,-1)\right) = \frac{1}{2\pi}\cos^{-1}\left(\frac{1}{\sqrt{3}}\right).$$

Die Kanten AC und BC haben aus Symmetriegründen den gleichen Raumwinkel.

Schließlich berechnen wir die Raumwinkel der Ecken: Der Koordinatenursprung hat den Raumwinkel $\frac{1}{8}$, und die anderen drei Ecken haben alle den gleichen Raumwinkel ω. Mit Korollar 11.9 unten (der Brianchon-Gram-Gleichung) können wir diesen Winkel via

$$0 = \sum_{\mathcal{F} \subseteq \mathcal{P}} (-1)^{\dim \mathcal{F}} \omega_{\mathcal{P}}(\mathcal{F}) = -1 + 4 \cdot \frac{1}{2} - 3 \cdot \frac{1}{4} - 3 \cdot \frac{1}{2\pi} \cos^{-1}\left(\frac{1}{\sqrt{3}}\right) + \frac{1}{8} + 3 \cdot \omega$$

berechnen, was $\omega = \frac{1}{2\pi} \cos^{-1}\left(\frac{1}{\sqrt{3}}\right) - \frac{1}{8}$ liefert.   □

Wir stellen nun ein weiteres Maß für das diskrete Volumen vor; wir setzen nämlich

$$A_{\mathcal{P}}(t) := \sum_{\mathbf{m} \in t\mathcal{P} \cap \mathbb{Z}^d} \omega_{t\mathcal{P}}(\mathbf{m}),$$

die Summe der Raumwinkel an allen Gitterpunkten in $t\mathcal{P}$; und da $\omega_{\mathcal{P}}(\mathbf{x}) = 0$ für $\mathbf{x} \notin \mathcal{P}$, können wir dies auch als

$$A_{\mathcal{P}}(t) = \sum_{\mathbf{m} \in \mathbb{Z}^d} \omega_{t\mathcal{P}}(\mathbf{m})$$

schreiben. Dieses neue diskrete Volumen unterscheidet sich in einem wesentlichen Punkt von der Ehrhart-Zählfunktion $L_{\mathcal{P}}(t)$. Sei nämlich $\mathcal{P}$ ein d-Polytop, das als Vereinigung zweier Polytope $\mathcal{P}_1$ und $\mathcal{P}_2$ geschrieben werden kann, für die $\dim(\mathcal{P}_1 \cap \mathcal{P}_2) < d$ gilt, so dass also $\mathcal{P}_1$ und $\mathcal{P}_2$ entlang einer niedrigerdimensionalen Teilmenge zusammengeklebt sind. Dann gilt an jedem Gitterpunkt $\mathbf{m} \in \mathbb{Z}^d$, dass $\omega_{\mathcal{P}_1}(\mathbf{m}) + \omega_{\mathcal{P}_2}(\mathbf{m}) = \omega_{\mathcal{P}}(\mathbf{m})$, so dass die Funktion $A_{\mathcal{P}}$ folgende Additivitätseigenschaft erfüllt:

$$A_{\mathcal{P}}(t) = A_{\mathcal{P}_1}(t) + A_{\mathcal{P}_2}(t). \tag{11.1}$$

Im Gegensatz dazu erfüllen die Ehrhart-Zählfunktionen

$$L_{\mathcal{P}}(t) = L_{\mathcal{P}_1}(t) + L_{\mathcal{P}_2}(t) - L_{\mathcal{P}_1 \cap \mathcal{P}_2}(t).$$

Auf der anderen Seite können wir Berechnungsaufwand von den Ehrhart-Zählfunktionen auf die Raumwinkelsummen und umgekehrt verschieben, indem wir das folgende Lemma anwenden.

Lemma 11.2. *Sei $\mathcal{P}$ ein Polytop. Dann gilt*

$$A_{\mathcal{P}}(t) = \sum_{\mathcal{F} \subseteq \mathcal{P}} \omega_{\mathcal{P}}(\mathcal{F}) \, L_{\mathcal{F}^\circ}(t).$$

Beweis. Das gestreckte Polytop $t\mathcal{P}$ ist die disjunkte Vereinigung seiner relativ offenen Seiten $t\mathcal{F}^\circ$, so dass wir schreiben können

$$A_{\mathcal{P}}(t) = \sum_{\mathbf{m} \in \mathbb{Z}^d} \omega_{t\mathcal{P}}(\mathbf{m}) = \sum_{\mathcal{F} \subseteq \mathcal{P}} \sum_{\mathbf{m} \in \mathbb{Z}^d} \omega_{t\mathcal{P}}(\mathbf{m}) \, 1_{t\mathcal{F}^\circ}(\mathbf{m}).$$

Aber $\omega_{t\mathcal{P}}(\mathbf{m})$ ist auf jeder relativ offenen Seite $t\mathcal{F}^\circ$ konstant, und wir haben diese Konstante $\omega_{\mathcal{P}}(\mathcal{F})$ genannt, so dass gilt

$$A_{\mathcal{P}}(t) = \sum_{\mathcal{F} \subseteq \mathcal{P}} \omega_{\mathcal{P}}(\mathcal{F}) \sum_{\mathbf{m} \in \mathbb{Z}^d} 1_{t\mathcal{F}^\circ}(\mathbf{m}) = \sum_{\mathcal{F} \subseteq \mathcal{P}} \omega_{\mathcal{P}}(\mathcal{F}) \, L_{\mathcal{F}^\circ}(t).   □$$

Also ist $A_{\mathcal{P}}(t)$ ein Polynom (beziehungsweise Quasipolynom) in t für jedes ganzzahlige (beziehungsweise rationale) Polytop $\mathcal{P}$. Wir behaupten, dass Lemma 11.2 in der Tat von praktischem Nutzen ist. Um diese Behauptung zu untermauern, verdeutlichen wir diese Gleichung, indem wir die Raumwinkelsumme über alle Gitterpunkte von Δ aus Beispiel 11.1 berechnen.

Beispiel 11.3. Wir fahren mit der Raumwinkelberechnung für den 3-Simplex $\Delta = \operatorname{conv}\{(0,0,0),(1,0,0),(0,1,0),(0,0,1)\}$ fort. Wir erinnern uns aus Abschnitt 2.3 an $L_{\Delta^\circ} = \binom{t-1}{3}$. Die Facetten von Δ sind die drei Standarddreiecke und ein Dreieck, das im Zusammenhang mit dem Frobenius-Problem auftauchte. Alle vier Facetten haben das gleiche innere Ehrhart-Polynom $\binom{t-1}{2}$. Ein ähnliches Phänomen gilt für die Kanten von Δ: Alle sechs davon haben das gleiche innere Ehrhart-Polynom $t-1$. Diese Polynome addieren sich, nach Lemma 11.2 und Beispiel 11.1, zu der Raumwinkelsumme

$$
A_\Delta(t) = \binom{t-1}{3} + 4 \cdot \frac{1}{2}\binom{t-1}{2} + \left(3 \cdot \frac{1}{4} + 3 \cdot \frac{1}{2\pi}\cos^{-1}\left(\frac{1}{\sqrt{3}}\right)\right)(t-1)
$$

$$
+ \frac{1}{8} + 3 \cdot \left(\frac{1}{2\pi}\cos^{-1}\left(\frac{1}{\sqrt{3}}\right) - \frac{1}{8}\right)
$$

$$
= \frac{1}{6}t^3 + \left(\frac{3}{2\pi}\cos^{-1}\left(\frac{1}{\sqrt{3}}\right) - \frac{5}{12}\right)t.
$$

Die magische Auslöschung der geraden Terme dieses Polynoms ist kein Zufall, wie wir in Satz 11.7 entdecken werden. Dem neugierigen Leser wird auffallen, dass der Koeffizient von t in diesem Beispiel keine rationale Zahl ist, ganz in Gegensatz zu Ehrhart-Polynomen.   □

Das Gegenstück zum Satz von Ehrhart (Satz 3.23) in der Welt der Raumwinkel lautet wie folgt.

Satz 11.4 (Satz von Macdonald). *Sei $\mathcal{P}$ ein rationales konvexes d-Polytop. Dann ist $A_{\mathcal{P}}$ ein Quasipolynom vom Grad d, dessen Leitkoeffizient $\operatorname{vol}\mathcal{P}$ ist und dessen Periode den Nenner von $\mathcal{P}$ teilt.*

Beweis. Der Nenner einer Seite $\mathcal{F} \subset \mathcal{P}$ teilt den Nenner von $\mathcal{P}$, somit tut dies auch die Periode von $L_{\mathcal{F}}$ nach dem Satz von Ehrhart (Satz 3.23). Nach Lemma 11.2 ist $A_{\mathcal{P}}$ ein Quasipolynom, dessen Periode den Nenner von $\mathcal{P}$ teilt. Der Leitterm von $A_{\mathcal{P}}$ gleicht dem Leitterm von $L_{\mathcal{P}^\circ}$, welcher gleich $\operatorname{vol}\mathcal{P}$ ist, nach Korollar 3.20 und seiner Erweiterung in Aufgabe 3.29.   □

11.2 Raumwinkel-Erzeugendenfunktionen und ein Brion-artiger Satz

Analog zur Gitterpunkttransformation eines Polyeders $\mathcal{P} \subseteq \mathbb{R}^d$, die alle Gitterpunkte in $\mathcal{P}$ auflistet, bilden wir die **Raumwinkel-Erzeugendenfunktion**

$$\alpha_{\mathcal{P}}(\mathbf{z}) := \sum_{\mathbf{m} \in \mathcal{P} \cap \mathbb{Z}^d} \omega_{\mathcal{P}}(\mathbf{m})\, \mathbf{z}^{\mathbf{m}}.$$

Mit der gleichen Argumentation wie in (11.1) für $A_{\mathcal{P}}$ genügt diese Funktion einer hübschen Additivitätsrelation. Falls nämlich das d-Polyeder $\mathcal{P}$ gleich $\mathcal{P}_1 \cup \mathcal{P}_2$ ist, wobei $\dim(\mathcal{P}_1 \cap \mathcal{P}_2) < d$, dann gilt

$$\alpha_{\mathcal{P}}(\mathbf{z}) = \alpha_{\mathcal{P}_1}(\mathbf{z}) + \alpha_{\mathcal{P}_2}(\mathbf{z}). \tag{11.2}$$

Diese Erzeugendenfunktion genügt dem folgenden Reziprozitätsgesetz, parallel sowohl zur Aussage als auch zum Beweis von Satz 4.3:

Satz 11.5. *Sei $\mathcal{K}$ ein rationaler spitzer d-Kegel mit Spitze im Koordinatenursprung, und $\mathbf{v} \in \mathbb{R}^d$. Dann ist die Raumwinkel-Erzeugendenfunktion $\alpha_{\mathbf{v}+\mathcal{K}}(\mathbf{z})$ des spitzen d-Kegels $\mathbf{v} + \mathcal{K}$ eine rationale Funktion, für die gilt*

$$\alpha_{\mathbf{v}+\mathcal{K}}\left(\frac{1}{\mathbf{z}}\right) = (-1)^d \alpha_{-\mathbf{v}+\mathcal{K}}(\mathbf{z}).$$

Beweis. Da Raumwinkel nach (11.2) additiv sind, genügt es, diesen Satz für simpliziale Kegel zu zeigen. Der Beweis für diesen Fall verläuft ähnlich wie der Beweis von Satz 4.2; die wesentliche geometrische Zutat ist Aufgabe 4.2. Wir laden den Leser ein, den Beweis zu vervollständigen (Aufgabe 11.4). □

Das Analogon zum Satz von Brion über Raumwinkel lautet wie folgt.

Satz 11.6. *Sei $\mathcal{P}$ ein rationales konvexes Polytop. Dann haben wir die folgende Gleichung von rationalen Funktionen:*

$$\alpha_{\mathcal{P}}(\mathbf{z}) = \sum_{\mathbf{v} \text{ Ecke von } \mathcal{P}} \alpha_{\mathcal{K}_{\mathbf{v}}}(\mathbf{z}).$$

Beweis. Wie im Beweis von Satz 9.7 genügt es, Satz 11.6 für Simplizes zu zeigen. Sei also Δ ein rationaler Simplex. Wir schreiben Δ als disjunkte Vereinigung seiner offenen Seiten und wenden den Satz von Brion für offene Polytope (Aufgabe 9.7) auf jede Seite an. Das heißt, wenn wir den Eckenkegel von $\mathcal{F}$ an der Ecke $\mathbf{v}$ mit $\mathcal{K}_{\mathbf{v}}(\mathcal{F})$ bezeichnen, dann folgt aus einer Monom-Version von Lemma 11.2, dass

$$\alpha_{\Delta}(\mathbf{z}) = \sum_{\mathcal{F} \subseteq \Delta} \omega_{\Delta}(\mathcal{F})\, \sigma_{\mathcal{F}^{\circ}}(\mathbf{z})$$

$$= \sum_{\mathbf{v} \text{ Ecke von } \Delta} \omega_{\Delta}(\mathbf{v})\, \mathbf{z}^{\mathbf{v}} + \sum_{\substack{\mathcal{F} \subseteq \Delta \\ \dim \mathcal{F} > 0}} \omega_{\Delta}(\mathcal{F}) \sum_{\mathbf{v} \text{ Ecke von } \mathcal{F}} \sigma_{\mathcal{K}_{\mathbf{v}}(\mathcal{F})^{\circ}}(\mathbf{z}),$$

wobei wir im zweiten Schritt den Satz von Brion für offene Polytope (Aufgabe 9.7) benutzt haben. Nach Aufgabe 11.5 gilt

$$\sum_{\substack{\mathcal{F} \subseteq \Delta \\ \dim \mathcal{F} > 0}} \omega_{\Delta}(\mathcal{F}) \sum_{\mathbf{v} \text{ Ecke von } \mathcal{F}} \sigma_{\mathcal{K}_{\mathbf{v}}(\mathcal{F})^{\circ}}(\mathbf{z}) = \sum_{\mathbf{v} \text{ Ecke von } \Delta} \sum_{\substack{\mathcal{F} \subseteq \mathcal{K}_{\mathbf{v}} \\ \dim \mathcal{F} > 0}} \omega_{\mathcal{K}_{\mathbf{v}}}(\mathcal{F})\, \sigma_{\mathcal{F}^{\circ}}(\mathbf{z}),$$

so dass

$$\alpha_\Delta(\mathbf{z}) = \sum_{\mathbf{v} \text{ Ecke von } \Delta} \omega_\Delta(\mathbf{v}) \, \mathbf{z}^\mathbf{v} + \sum_{\mathbf{v} \text{ Ecke von } \Delta} \sum_{\substack{\mathcal{F} \subseteq \mathcal{K}_\mathbf{v} \\ \dim \mathcal{F} > 0}} \omega_{\mathcal{K}_\mathbf{v}}(\mathcal{F}) \, \sigma_{\mathcal{F}^\circ}(\mathbf{z})$$

$$= \sum_{\mathbf{v} \text{ Ecke von } \Delta} \sum_{\mathcal{F} \subseteq \mathcal{K}_\mathbf{v}} \omega_{\mathcal{K}_\mathbf{v}}(\mathcal{F}) \, \sigma_{\mathcal{F}^\circ}(\mathbf{z})$$

$$= \sum_{\mathbf{v} \text{ Ecke von } \Delta} \alpha_{\mathcal{K}_\mathbf{v}}(\mathbf{z}) \,. \qquad \qquad \square$$

11.3 Raumwinkel-Reziprozität und die Brianchon-Gram-Gleichungen

Mit Hilfe der Sätze 11.5 und 11.6 können wir nun ein Raumwinkel-Analogon der Ehrhart-Macdonald-Reziprozität (Satz 4.1) beweisen:

Satz 11.7 (Reziprozitätssatz von Macdonald). *Sei* $\mathcal{P}$ *ein rationales konvexes Polytop. Dann erfüllt das Quasipolynom* $A_\mathcal{P}$ *die Gleichung*

$$A_\mathcal{P}(-t) = (-1)^{\dim \mathcal{P}} A_\mathcal{P}(t) \,.$$

Beweis. Wir geben den Beweis für ein *ganzzahliges* Polytop $\mathcal{P}$ und laden den Leser ein, ihn auf den allgemeinen Fall zu verallgemeinern. Die Raumwinkel-Zählfunktion von $\mathcal{P}$ kann durch die Erzeugendenfunktion

$$A_\mathcal{P}(t) = \alpha_{t\mathcal{P}}(1, 1, \dots, 1) = \lim_{\mathbf{z} \to 1} \alpha_{t\mathcal{P}}(\mathbf{z})$$

berechnet werden. Nach Satz 11.6 gilt

$$A_\mathcal{P}(t) = \lim_{\mathbf{z} \to 1} \sum_{\mathbf{v} \text{ Ecke von } \mathcal{P}} \alpha_{t\mathcal{K}_\mathbf{v}}(\mathbf{z}) \,,$$

wobei $\mathcal{K}_\mathbf{v}$ der Tangentialkegel von $\mathcal{P}$ an der Ecke $\mathbf{v}$ ist. Wir schreiben $\mathcal{K}_\mathbf{v} = \mathbf{v} + \mathcal{K}(\mathbf{v})$, wobei $\mathcal{K}(\mathbf{v}) := \mathcal{K}_\mathbf{v} - \mathbf{v}$ ein rationaler Kegel mit Spitze im Koordinatenursprung ist. Dann gilt $t\mathcal{K}_\mathbf{v} = t\mathbf{v} + \mathcal{K}(\mathbf{v})$, da ein Kegel mit Spitze im Koordinatenursprung unter Streckungen invariant ist. Also erhalten wir, mithilfe von Aufgabe 11.3, die Gleichung

$$A_\mathcal{P}(t) = \lim_{\mathbf{z} \to 1} \sum_{\mathbf{v} \text{ Ecke von } \mathcal{P}} \alpha_{t\mathbf{v} + \mathcal{K}(\mathbf{v})}(\mathbf{z}) = \lim_{\mathbf{z} \to 1} \sum_{\mathbf{v} \text{ Ecke von } \mathcal{P}} \mathbf{z}^{t\mathbf{v}} \alpha_{\mathcal{K}(\mathbf{v})}(\mathbf{z}) \,.$$

Die rationalen Funktionen $\alpha_{\mathcal{K}(\mathbf{v})}(\mathbf{z})$ auf der rechten Seite hängen nicht von t ab. Wenn wir die Summe über alle Ecken als eine große rationale Funktion auffassen, auf die wir die Regel von de l'Hospital anwenden, um den Grenzwert für $\mathbf{z} \to 1$ zu berechnen, dann erhalten wir so einen alternativen Beweis dafür, dass $A_\mathcal{P}(t)$ ein Polynom ist, passend zu unserem Beweis der Polynomialität von $L_\mathcal{P}(t)$ in Abschnitt 9.4. Gleichzeitig bedeutet das, dass wir die Gleichung

$$A_{\mathcal{P}}(t) = \lim_{\mathbf{z} \to 1} \sum_{\mathbf{v} \text{ Ecke von } \mathcal{P}} \mathbf{z}^{t\mathbf{v}} \alpha_{\mathcal{K}(\mathbf{v})}(\mathbf{z})$$

auf rein algebraische Weise betrachten können: Auf der linken Seite haben wir ein Polynom, das für jedes beliebige komplexe t definiert ist, und auf der rechten Seite haben wir eine rationale Funktion von $\mathbf{z}$, deren Grenzwert wir berechnen, z.B. mit der Regel von de l'Hospital. Also ist die rechte Seite, als Funktion von t, für beliebige ganzzahlige t definiert. Somit haben wir die Relation

$$A_{\mathcal{P}}(-t) = \lim_{\mathbf{z} \to 1} \sum_{\mathbf{v} \text{ Ecke von } \mathcal{P}} \mathbf{z}^{-t\mathbf{v}} \alpha_{\mathcal{K}(\mathbf{v})}(\mathbf{z})$$

für ganzzahlige t. Aber jetzt gilt $\alpha_{\mathcal{K}(\mathbf{v})}(\mathbf{z}) = (-1)^d \alpha_{\mathcal{K}(\mathbf{v})}\left(\frac{1}{\mathbf{z}}\right)$ nach Satz 11.5, und somit

$$
\begin{aligned}
A_{\mathcal{P}}(-t) &= \lim_{\mathbf{z} \to 1} \sum_{\mathbf{v} \text{ Ecke von } \mathcal{P}} \mathbf{z}^{-t\mathbf{v}} (-1)^d \alpha_{\mathcal{K}(\mathbf{v})}\left(\frac{1}{\mathbf{z}}\right) \\
&= (-1)^d \lim_{\mathbf{z} \to 1} \sum_{\mathbf{v} \text{ Ecke von } \mathcal{P}} \left(\frac{1}{\mathbf{z}}\right)^{t\mathbf{v}} \alpha_{\mathcal{K}(\mathbf{v})}\left(\frac{1}{\mathbf{z}}\right) \\
&= (-1)^d \lim_{\mathbf{z} \to 1} \sum_{\mathbf{v} \text{ Ecke von } \mathcal{P}} \alpha_{t\mathbf{v}+\mathcal{K}(\mathbf{v})}\left(\frac{1}{\mathbf{z}}\right) \\
&= (-1)^d \lim_{\mathbf{z} \to 1} \alpha_{t\mathcal{P}}\left(\frac{1}{\mathbf{z}}\right) \\
&= (-1)^d A_{\mathcal{P}}(t) \, .
\end{aligned}
$$

Im dritten Schritt haben wir wieder Aufgabe 11.3 verwendet.

Dies beweist Satz 11.7 für ganzzahlige Polytope. Der Beweis für *rationale* Polytope folgt dem selben Muster; man verfährt mit den rationalen Ecken auf ähnliche Art wie in unserem zweiten Beweis des Satzes von Ehrhart in Abschnitt 9.4. Wir laden den Leser ein, die Details in Aufgabe 11.6 auszuarbeiten.   □

Wir bemerken, dass wir den ganzen Beweis hindurch nicht einfach den Grenzwert innerhalb der endlichen Summe über die Ecken von $\mathcal{P}$ nehmen können, da $z = 1$ ein Pol jeder der rationalen Funktionen $\alpha_{\mathcal{K}(\mathbf{v})}$ ist. Es ist gerade die Magie des Satzes von Brion, dass diese Pole sich gegenseitig auslöschen und schließlich $A_{\mathcal{P}}(t)$ ergeben.

Falls $\mathcal{P}$ ein *ganzzahliges* Polytop ist, dann ist $A_{\mathcal{P}}$ ein Polynom, und Satz 11.7 sagt uns, dass $A_{\mathcal{P}}$ stets gerade oder ungerade ist:

$$A_{\mathcal{P}}(t) = c_d \, t^d + c_{d-2} t^{d-2} + \cdots + c_0 \, .$$

Wir können noch mehr sagen.

Satz 11.8. *Sei $\mathcal{P}$ ein rationales konvexes Polytop. Dann gilt $A_{\mathcal{P}}(0) = 0$.*

Dies ist eine bedeutende Nullstelle. Wir bemerken, dass der konstante Term von $A_{\mathcal{P}}$ durch

$$A_{\mathcal{P}}(0) = \sum_{\mathcal{F} \subseteq \mathcal{P}} \omega_{\mathcal{P}}(\mathcal{F}) \, L_{\mathcal{F}^\circ}(0) = \sum_{\mathcal{F} \subseteq \mathcal{P}} \omega_{\mathcal{P}}(\mathcal{F}) \, (-1)^{\dim \mathcal{F}}$$

gegeben ist, nach Lemma 11.2 und der Ehrhart-Macdonald-Reziprozität (Satz 4.1). Also folgt aus Satz 11.8 eine klassische und nützliche geometrische Gleichung:

Korollar 11.9 (Brianchon-Gram-Gleichung). *Für ein rationales konvexes Polytop $\mathcal{P}$ gilt*

$$\sum_{\mathcal{F} \subseteq \mathcal{P}} (-1)^{\dim \mathcal{F}} \omega_{\mathcal{P}}(\mathcal{F}) = 0 \,.$$

Beispiel 11.10. Wir betrachten ein Dreieck $\mathcal{T}$ im $\mathbb{R}^2$ mit Ecken $\mathbf{v}_1$, $\mathbf{v}_2$ und $\mathbf{v}_3$ und Kanten E_1, E_2 und E_3. Die Brianchon-Gram-Gleichung sagt uns, dass für dieses Dreieck

$$\omega_{\mathcal{T}}(\mathbf{v}_1) + \omega_{\mathcal{T}}(\mathbf{v}_2) + \omega_{\mathcal{T}}(\mathbf{v}_3) - (\omega_{\mathcal{T}}(E_1) + \omega_{\mathcal{T}}(E_2) + \omega_{\mathcal{T}}(E_3)) + \omega_{\mathcal{T}}(\mathcal{T}) = 0$$

gilt. Da die Raumwinkel aller Kanten gleich $\frac{1}{2}$ sind und $\omega_{\mathcal{T}}(\mathcal{T}) = 1$ gilt, erhalten wir eine Gleichung, die uns seit der Schulzeit vertraut ist, nämlich „die Summe der Winkel in einem Dreieck ist 180 Grad":

$$\omega_{\mathcal{T}}(\mathbf{v}_1) + \omega_{\mathcal{T}}(\mathbf{v}_2) + \omega_{\mathcal{T}}(\mathbf{v}_3) = \frac{1}{2} \,.$$

Also ist die Brianchon-Gram-Gleichung die Erweiterung dieser wohlbekannten Tatsache auf beliebige Dimensionen und beliebige konvexe Polytope.   □

Beweis von Satz 11.8. Es genügt, $A_\Delta(0) = 0$ für einen rationalen Simplex Δ zu zeigen, da sich die Raumwinkel einer Triangulation einfach addieren, nach (11.1). Satz 11.7 liefert $A_\Delta(0) = 0$, falls $\dim \Delta$ ungerade ist.

Wir nehmen also jetzt an, dass Δ ein rationaler d-Simplex für ein gerades d sei und die Ecken $\mathbf{v}_1, \mathbf{v}_2, \ldots, \mathbf{v}_{d+1}$ habe. Sei $\mathcal{P}(n)$ die $(d+1)$-dimensionale Pyramide, die wir erhalten, wenn wir die konvexe Hülle von $(\mathbf{v}_1, 0), (\mathbf{v}_2, 0), \ldots, (\mathbf{v}_{d+1}, 0)$ und $(0, 0, \ldots, 0, n)$ bilden, wobei n eine positive ganze Zahl ist (siehe Abb. 11.1). Man beachte, dass, da $d + 1$ ungerade ist,

$$A_{\mathcal{P}(n)}(0) = \sum_{\mathcal{F}(n) \subseteq \mathcal{P}(n)} (-1)^{\dim \mathcal{F}(n)} \omega_{\mathcal{P}(n)}(\mathcal{F}(n)) = 0$$

gilt. Wir werden aus dieser Gleichung $\sum_{\mathcal{F} \subseteq \Delta} (-1)^{\dim \mathcal{F}} \omega_\Delta(\mathcal{F}) = 0$ schließen, was $A_\Delta(0) = 0$ impliziert. Dazu betrachten wir zwei Arten von Seiten von $\mathcal{P}(n)$:

(a) die, die auch Seiten von Δ sind, und

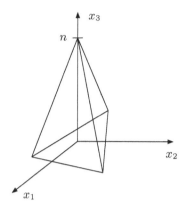

Abb. 11.1. Die Pyramide $\mathcal{P}(n)$ für ein Dreieck Δ.

(b) die, die nicht in Δ enthalten sind.

Wir beginnen mit letzteren: Abgesehen von der Ecke $(0,0,\ldots,0,n)$ ist jede Seite $\mathcal{F}(n)$ von $\mathcal{P}(n)$, die nicht Seite von Δ ist, die Pyramide über einer Seite $\mathcal{G}$ von Δ; wir bezeichnen diese Pyramide mit $\mathrm{Pyr}\,(\mathcal{G}, n)$. Außerdem nähert sich mit wachsendem n der Raumwinkel von $\mathrm{Pyr}\,(\mathcal{G}, n)$ (in $\mathcal{P}(n)$) dem Raumwinkel von $\mathcal{G}$ (in Δ) an:

$$\lim_{n\to\infty} \omega_{\mathcal{P}(n)}\left(\mathrm{Pyr}\,(\mathcal{G}, n)\right) = \omega_\Delta\left(\mathcal{G}\right),$$

da wir im Grenzwert $\Delta \times [0, \infty)$ bilden. Auf der anderen Seite zeigt eine Seite $\mathcal{F}(n) = \mathcal{G}$ von $\mathcal{P}(n)$, die auch eine Seite von Δ ist, das folgende Grenzwertverhalten:

$$\lim_{n\to\infty} \omega_{\mathcal{P}(n)}\left(\mathcal{F}(n)\right) = \frac{1}{2}\,\omega_\Delta\left(\mathcal{G}\right).$$

Die einzige Seite von $\mathcal{P}(n)$, die wir noch berücksichtigen müssen, ist die Ecke $\mathbf{v} := (0, 0, \ldots, 0, n)$. Daher gilt

$$0 = \sum_{\mathcal{F}(n) \subseteq \mathcal{P}(n)} (-1)^{\dim \mathcal{F}(n)} \omega_{\mathcal{P}(n)}(\mathcal{F}(n))$$

$$= \omega_{\mathcal{P}(n)}(\mathbf{v}) + \sum_{\mathcal{G} \subseteq \Delta} (-1)^{\dim \mathcal{G}+1} \omega_{\mathcal{P}(n)}\left(\mathrm{Pyr}\,(\mathcal{G}, n)\right)$$

$$+ \sum_{\mathcal{G} \subseteq \Delta} (-1)^{\dim \mathcal{G}} \omega_{\mathcal{P}(n)}\left(\mathcal{G}\right).$$

Jetzt bilden wir den Grenzwert für $n \to \infty$ auf beiden Seiten; man beachte, dass $\lim_{n\to\infty} \omega_{\mathcal{P}(n)}(\mathbf{v}) = 0$ gilt, so dass wir

$$0 = \sum_{\mathcal{G} \subseteq \Delta} (-1)^{\dim \mathcal{G}+1} \omega_\Delta \left(\mathcal{G}\right) + \sum_{\mathcal{G} \subseteq \Delta} (-1)^{\dim \mathcal{G}} \frac{1}{2} \omega_\Delta \left(\mathcal{G}\right)$$

$$= \frac{1}{2} \sum_{\mathcal{G} \subseteq \Delta} (-1)^{\dim \mathcal{G}+1} \omega_\Delta \left(\mathcal{G}\right)$$

erhalten, und damit

$$A_\Delta(0) = \sum_{\mathcal{G} \subseteq \Delta} (-1)^{\dim \mathcal{G}} \omega_\Delta(\mathcal{G}) = 0\,. \qquad\qquad \square$$

Zusammengenommen folgt aus den Sätzen 11.7 und 11.8, dass das Aufsummieren der Raumwinkel in einem Polygon gleichbedeutend zur Berechnung seiner Fläche ist:

Korollar 11.11. *Sei $\mathcal{P}$ ein 2-dimensionales ganzzahliges Polytop mit Fläche A. Dann ist $A_\mathcal{P}(t) = A\,t^2$.*

11.4 Die Erzeugendenfunktion von Macdonalds Raumwinkelpolynomen

Wir schließen dieses Kapitel mit der Untersuchung des Raumwinkel-Analogons der Ehrhart-Reihe. Zu einem gegebenen ganzzahligen Polytop $\mathcal{P}$ definieren wir die **Raumwinkelreihe** von $\mathcal{P}$ als die Erzeugendenfunktion des Raumwinkelpolynoms. Sie kodiert die Raumwinkelsummen aller Streckungen von $\mathcal{P}$ gleichzeitig:

$$\mathrm{Solid}_\mathcal{P}(z) := \sum_{t \geq 0} A_\mathcal{P}(t)\, z^t\,.$$

Der folgende Satz ist das Raumwinkel-Analogon zu den Sätzen 3.12 und 4.4, mit dem zusätlichen Bonus, dass wir die Palindromeigenschaft des Zählers von $\mathrm{Solid}_\mathcal{P}$ umsonst bekommen.

Satz 11.12. *Sei $\mathcal{P}$ ein ganzzahliges d-Polytop. Dann ist $\mathrm{Solid}_\mathcal{P}$ eine rationale Funktion der Form*

$$\mathrm{Solid}_\mathcal{P}(z) = \frac{a_d z^d + a_{d-1} z^{d-1} + \cdots + a_1 z}{(1-z)^{d+1}}\,.$$

Außerdem gilt die Gleichung

$$\mathrm{Solid}_\mathcal{P}\left(\frac{1}{z}\right) = (-1)^{d+1} \,\mathrm{Solid}_\mathcal{P}(z)$$

oder, äquivalent, $a_k = a_{d+1-k}$ für $1 \leq k \leq \frac{d}{2}$.

Beweis. Die Form der rationalen Funktion $\mathrm{Solid}_\mathcal{P}$ folgt mit Lemma 3.9 aus der Tatsache, dass $A_\mathcal{P}$ ein Polynom ist. Die Palindromeigenschaft von $a_1, a_2, \ldots, a_d$ ist äquivalent zu der Gleichung

$$\mathrm{Solid}_\mathcal{P}\left(\frac{1}{z}\right) = (-1)^{d+1}\,\mathrm{Solid}_\mathcal{P}(z)\,,$$

welche wiederum aus Satz 11.7 folgt:

$$\mathrm{Solid}_\mathcal{P}(z) = \sum_{t \geq 0} A_\mathcal{P}(t)\, z^t = \sum_{t \geq 0}(-1)^d A_\mathcal{P}(-t)\, z^t = (-1)^d \sum_{t \leq 0} A_\mathcal{P}(t)\, z^{-t}.$$

Jetzt benutzen wir Aufgabe 4.5:

$$(-1)^d \sum_{t \leq 0} A_\mathcal{P}(t)\, z^{-t} = (-1)^{d+1} \sum_{t \geq 1} A_\mathcal{P}(t)\, z^{-t} = (-1)^{d+1}\,\mathrm{Solid}_\mathcal{P}\left(\frac{1}{z}\right).$$

Im letzten Schritt haben wir ausgenutzt, dass $A_\mathcal{P}(0) = 0$ gilt (Satz 11.8). $\square$

Anmerkungen

1. I. G. Macdonald hat die systematische Untersuchung der Raumwinkelsummen in ganzzahligen Polytopen begründet. Die grundlegenden Sätze 11.4, 11.7 und 11.8 sind in seiner Arbeit aus dem Jahr 1971 zu finden [122]. Der Beweis von Satz 11.7, den wir hier angeben, folgt [25].

2. Die Brianchon-Gram-Gleichung (Korollar 11.9) ist das Raumwinkel-Analogon der Euler-Gleichung für Seitenzahlen (Satz 5.2). Der in Beispiel 11.10 diskutierte 2-dimensionale Fall ist sehr alt; er war höchstwahrscheinlich schon Euklid bekannt. Der 3-dimensionale Fall von Korollar 11.9 wurde von Charles Julien Brianchon im Jahr 1837 entdeckt und wurde – soweit wir wissen – unabhängig davon von Jørgen Gram im Jahr 1874 bewiesen [87]. Es ist nicht klar, wer als Erster den allgemeinen d-dimensionalen Fall von Korollar 11.9 bewiesen hat. Die ältesten Beweise, die wir finden konnten, stammen aus den 1960ern, von Branko Grünbaum [89], Micha A. Perles und Geoffrey C. Shephard [141, 161].

3. Satz 11.5 ist ein Spezialfall eines Reziprozitätsgesetzes für *einfache gitterinvariante Bewertungen* nach Peter McMullen [127], der auch eine ähnliche Erweiterung der Ehrhart-Macdonald-Reziprozität auf allgemeine gitterinvariante Bewertungen bewiesen hat. Die Forschungsaktivität zum Thema Raumwinkel lebt derzeit wieder auf; siehe zum Beispiel [51].

Aufgaben

11.1. Berechnen Sie $A_{\mathcal{P}}(t)$, wobei $\mathcal{P}$ der reguläre Tetraeder mit Ecken $(0,0,0)$, $(1,1,0)$, $(1,0,1)$ und $(0,1,1)$ ist (siehe Aufgabe 2.13).

11.2. Berechnen Sie $A_{\mathcal{P}}(t)$, wobei $\mathcal{P}$ das rationale Dreieck mit Ecken $(0,0)$, $\left(\frac{1}{2},\frac{1}{2}\right)$ und $(1,0)$ ist.

11.3. ♣ Sei $\mathcal{K}$ ein rationaler d-Kegel, und sei $\mathbf{m} \in \mathbb{Z}^d$. Zeigen Sie analog zu Aufgabe 3.5, dass $\alpha_{\mathbf{m}+\mathcal{K}}(\mathbf{z}) = \mathbf{z}^{\mathbf{m}} \alpha_{\mathcal{K}}(\mathbf{z})$ gilt.

11.4. ♣ Vervollständigen Sie den Beweis von Satz 11.5: Für einen rationalen spitzen d-Kegel $\mathcal{K}$ ist $\alpha_{\mathcal{K}}(\mathbf{z})$ eine rationale Funktion, die

$$\alpha_{\mathcal{K}}\left(\frac{1}{\mathbf{z}}\right) = (-1)^d \alpha_{\mathcal{K}}(\mathbf{z})$$

erfüllt.

11.5. ♣ Sei Δ ein rationaler Simplex. Zeigen Sie, dass

$$\sum_{\substack{\mathcal{F} \subseteq \Delta \\ \dim \mathcal{F} > 0}} \omega_{\Delta}(\mathcal{F}) \sum_{\mathbf{v}\ \text{Ecke von}\ \mathcal{F}} \sigma_{\mathcal{K}_{\mathbf{v}}(\mathcal{F})^{\circ}}(\mathbf{z}) = \sum_{\mathbf{v}\ \text{Ecke von}\ \Delta} \sum_{\substack{\mathcal{F} \subseteq \mathcal{K}_{\mathbf{v}} \\ \dim \mathcal{F} > 0}} \omega_{\mathcal{K}_{\mathbf{v}}}(\mathcal{F}) \, \sigma_{\mathcal{F}^{\circ}}(\mathbf{z}).$$

11.6. ♣ Ergänzen Sie die Details im Beweis von Satz 11.7 für *rationale* Polytope: Zeigen Sie, dass für ein rationales konvexes Polytop $\mathcal{P}$ das Quasipolynom $A_{\mathcal{P}}$ die Gleichung

$$A_{\mathcal{P}}(-t) = (-1)^{\dim \mathcal{P}} A_{\mathcal{P}}(t)$$

erfüllt.

11.7. Erinnern Sie sich aus Aufgabe 3.1 daran, dass wir jeder Permutation $\pi \in S_d$ auf d Elementen den Simplex

$$\Delta_{\pi} := \operatorname{conv}\left\{\mathbf{0}, \mathbf{e}_{\pi(1)}, \mathbf{e}_{\pi(1)} + \mathbf{e}_{\pi(2)}, \ldots, \mathbf{e}_{\pi(1)} + \mathbf{e}_{\pi(2)} + \cdots + \mathbf{e}_{\pi(d)}\right\}$$

zuordnen können. Zeigen Sie, dass für alle $\pi \in S_n$ die Gleichung $A_{\Delta_{\pi}}(t) = \frac{1}{d!} t^d$ gilt.

11.8. Geben Sie einen direkten Beweis von Korollar 11.11 an, indem Sie z.B. den Satz von Pick (Satz 2.8) benutzen.

11.9. Formulieren und beweisen Sie das Analogon von Satz 11.12 für *rationale* Polytope.

Offene Probleme

11.10. Untersuchen Sie die Nullstellen der Raumwinkelpolynome.

11.11. Klassifizieren Sie alle Polytope, die nur rationale Raumwinkel an allen ihren Ecken haben.

11.12. Welche ganzzahligen Polytope $\mathcal{P}$ haben Raumwinkelpolynome $A_{\mathcal{P}}(t) \in \mathbb{Q}[t]$? Das heißt, für welche ganzzahligen Polytope $\mathcal{P}$ sind alle Koeffizienten von $A_{\mathcal{P}}(t)$ rational?

Eine diskrete Version des Satzes von Green mit elliptischen Funktionen

The shortest route between two truths in the real domain passes through the complex domain.

Jacques Salomon Hadamard (1865–1963)

Wir gönnen uns jetzt den Luxus, ein wenig grundlegende Funktionentheorie zu verwenden. Insbesondere nehmen wir an, dass der Leser mit Wegintegralen und dem Residuensatz vertraut ist. Wir betrachten den Residuensatz als noch ein weiteres Ergebnis, das das Diskrete und das Stetige eng verknüpft: Er überführt ein stetiges Integral in eine diskrete Summe von Residuen.

Mithilfe der Weierstraß'schen $\wp$- und ζ-Funktionen zeigen wir hier, dass der Satz von Pick eine diskrete Version des Satzes von Green in der Ebene ist. Als Dreingabe erhalten wir eine Integralformel (Satz 12.5 unten) für die Diskrepanz zwischen der von einer allgemeinen Kurve C umschlossenen Fläche und der Anzahl der in C enthaltenen Gitterpunkte.

12.1 Der Residuensatz

Wir beginnen dieses Kapitel, indem wir einige grundlegende Konzepte der Funktionentheorie wiederholen. Die komplexwertige Funktion f habe eine **isolierte Singularität** $w \in G$; das heißt, es gebe eine offene Menge $G \subset \mathbb{C}$, so dass f auf $G \setminus \{w\}$ holomorph sei. Dann kann f lokal durch die **Laurent-Reihe**

$$f(z) = \sum_{n \in \mathbb{Z}} c_n (z - w)^n,$$

ausgedrückt werden, die für alle $z \in G$ gültig ist; dabei sind alle $c_n \in \mathbb{C}$. Der Koeffizient c_{-1} wird das **Residuum** von f in w genannt; wir werden es mit $\text{Res}(z = w)$ bezeichnen. Der Grund, warum c_{-1} mit einem besonderen

Namen versehen ist, wird im folgenden Satz klar. Wir nennen eine Funktion **meromorph**, wenn sie holomorph auf $\mathbb{C}$ mit Ausnahme isolierter Pole ist.

Satz 12.1 (Residuensatz). *Sei f meromorph und C eine positiv orientierte, stückweise differenzierbare, einfache geschlossene Kurve, die durch keinen Pol von f läuft. Dann gilt*

$$\int_C f \;=\; 2\pi i \sum_w \mathrm{Res}(z = w)\,,$$

wobei die Summe über alle Singularitäten w im Inneren von C genommen wird. $\square$

Wenn f eine rationale Funktion ist, liefert Satz 12.1 das gleiche Ergebnis wie die Partialbruchzerlegung von f. Wir verdeutlichen diese Philosophie, indem wir zu den elementaren Anfängen von Kapitel 1 zurückkehren.

Beispiel 12.2. Wir erinnern uns an unsere Gleichung über konstante Terme der eingeschränkten Partitionsfunktion für $A = \{a_1, a_2, \ldots, a_d\}$ aus Kapitel 1:

$$p_A(n) = \mathrm{const}\left(\frac{1}{(1 - z^{a_1})(1 - z^{a_2})\cdots(1 - z^{a_d})\,z^n}\right).$$

Den konstanten Term der Laurent-Reihe von $\frac{1}{(1-z^{a_1})\cdots(1-z^{a_d})z^n}$ um $z = 0$ zu berechnen ist, natürlich, äquivalent zur „Verschiebung" dieser Funktion um einen Exponent und Berechnung des Residuums in $z = 0$ der Funktion

$$f(z) := \frac{1}{(1 - z^{a_1})(1 - z^{a_2})\cdots(1 - z^{a_d})\,z^{n+1}}\,.$$

Sei jetzt C_r ein positiv orientierter Kreis vom Radius $r > 1$ mit Mittelpunkt im Koordinatenursprung. Das Residuum $\mathrm{Res}(z = 0) = p_A(n)$ ist eines der Residuen, die von dem Integral

$$\frac{1}{2\pi i}\int_{C_r} f \;=\; \mathrm{Res}(z = 0) + \sum_w \mathrm{Res}(z = w)$$

aufgesammelt werden, wobei die Summe über alle von null verschiedenen Pole w von f, die innerhalb von C_r liegen, läuft. Diese Pole liegen bei den a_1-ten, a_2-ten, $\ldots$, a_d-ten Einheitswurzeln. Darüberhinaus können wir mithilfe von Aufgabe 12.1 zeigen, dass

$$\begin{aligned}
0 &= \lim_{r \to \infty} \frac{1}{2\pi i}\int_{C_r} f \\
&= \lim_{r \to \infty}\left(\mathrm{Res}(z = 0) + \sum_w \mathrm{Res}(z = w)\right) \\
&= \mathrm{Res}(z = 0) + \sum_w \mathrm{Res}(z = w)
\end{aligned}$$

gilt, wobei die Summe über alle a_1-ten, a_2-ten, ..., a_d-ten Einheitswurzeln läuft. Mit anderen Worten,

$$p_A(n) = \mathrm{Res}(z = 0) = -\sum_w \mathrm{Res}(z = w).$$

Um die eingeschränkte Partitionsfunktion p_A zu erhalten, müssen wir noch die Residuen an den Einheitswurzeln berechnen, und wir laden den Leser ein, sich zu vergewissern, dass diese Berechnung gleichbedeutend zur Partialbruchzerlegung aus Kapitel 1 ist (Aufgabe 12.2).   □

Analoge Residuenberechnungen könnten jede der Konstantterm-Berechnungen, die wir in früheren Kapiteln durchgeführt haben, ersetzen.

12.2 Die Weierstraß'schen $\wp$- und ζ-Funktionen

Die Hauptrolle in unserem Stück spielt die **Weierstraß'sche ζ-Funktion**, definiert durch

$$\zeta(z) = \frac{1}{z} + \sum_{(m,n)\in\mathbb{Z}^2\setminus(0,0)} \left(\frac{1}{z - (m + ni)} + \frac{1}{m + ni} + \frac{z}{(m + ni)^2} \right). \quad (12.1)$$

Diese unendliche Reihe konvergiert gleichmäßig auf kompakten Teilmengen der Gitter-punktierten Ebene $\mathbb{C} \setminus \mathbb{Z}^2$ (Aufgabe 12.4) und definiert daher eine meromorphe Funktion von z.

Die Weierstraß'sche ζ-Funktion besitzt die folgenden hervorstechenden Eigenschaften, die direkt aus (12.1) folgen:

(1) ζ hat einen einfachen Pol in jedem Gitterpunkt $m + ni$ und ist ansonsten holomorph.
(2) Das Residuum von ζ in jedem Gitterpunkt $m + ni$ ist gleich 1.

Wir können leicht nachprüfen (Aufgabe 12.5), dass

$$\wp(z) := -\zeta'(z) = \frac{1}{z^2} + \sum_{(m,n)\in\mathbb{Z}^2\setminus(0,0)} \left(\frac{1}{(z - (m + ni))^2} - \frac{1}{(m + ni)^2} \right),$$
$$(12.2)$$

die **Weierstraß'sche $\wp$-Funktion**. Die $\wp$-Funktion hat einen Pol der Ordnung 2 in jedem Gitterpunkt $m + ni$ und ist ansonsten holomorph, aber ihr Residuum ist gleich null in jedem Gitterpunkt $m + ni$. Allerdings genügt $\wp$ einer sehr angenehmen Eigenschaft, die ζ nicht erfüllt: $\wp$ ist **doppeltperiodisch** auf $\mathbb{C}$. Wir können dies konkreter formulieren:

Lemma 12.3. $\wp(z + 1) = \wp(z + i) = \wp(z).$

Beweis. Wir laden den Leser zunächst ein, die folgenden Eigenschaften von $\wp'$ zu beweisen (Aufgaben 12.6 und 12.7):

$$\wp'(z+1) = \wp'(z)\,, \tag{12.3}$$

$$\int_{z_0}^{z_1} \wp'(z)\,dz \text{ ist wegunabhängig.} \tag{12.4}$$

Nach (12.3) gilt

$$\frac{d}{dz}\left(\wp(z+1) - \wp(z)\right) = \wp'(z+1) - \wp'(z) = 0\,,$$

so dass $\wp(z+1) - \wp(z) = c$ für eine Konstante c. Andererseits ist $\wp$ eine gerade Funktion (Aufgabe 12.8), so dass $z = -\frac{1}{2}$ uns

$$c = \wp\left(\tfrac{1}{2}\right) - \wp\left(-\tfrac{1}{2}\right) = 0$$

liefert. Dies zeigt, dass $\wp(z+1) = \wp(z)$ für alle $z \in \mathbb{C} \setminus \mathbb{Z}^2$ gilt. Ein analoger Beweis, zu dessen Konstruktion wir den Leser in Aufgabe 12.9 einladen, zeigt $\wp(z+i) = \wp(z)$. □

Lemma 12.3 impliziert, dass $\wp(z+m+ni) = \wp(z)$ für alle $m, n \in \mathbb{Z}$ gilt. Das folgende Lemma zeigt, dass die Weierstraß'sche ζ-Funktion nur einen konjugiert-holomorphen Term davon entfernt ist, doppeltperiodisch zu sein.

Lemma 12.4. *Es gibt eine Konstante α, für die die Funktion $\zeta(z) + \alpha\bar{z}$ doppeltperiodisch mit Perioden 1 und i ist.*

Beweis. Wir beginnen mit $w = m + ni$:

$$\zeta(z+m+ni) - \zeta(z) = -\int_{w=0}^{m+ni} \wp(z+w)\,dw\,, \tag{12.5}$$

nach Definition von $\wp(z) = -\zeta'(z)$. Um sicherzustellen, dass (12.5) Sinn ergibt, sollten wir auch überprüfen, dass das bestimmte Integral in (12.5) wegunabhängig ist (Aufgabe 12.10).

Aufgrund der Doppelperiodizität von $\wp$ gilt

$$\int_{w=0}^{m+ni} \wp(z+w)\,dw = m\int_0^1 \wp(z+t)\,dt + ni\int_0^1 \wp(z+it)\,dt$$
$$:= m\alpha(z) + ni\beta(z)\,,$$

wobei

$$\alpha(z) := \int_0^1 \wp(z+t)\,dt \qquad \text{und} \qquad \beta(z) := \int_0^1 \wp(z+it)\,dt\,.$$

Jetzt beachten wir, dass $\alpha(z+x_0) = \alpha(z)$ für jedes $x_0 \in \mathbb{R}$ gilt, so dass $\alpha(x+iy)$ nur von y abhängt. Aus ähnlichen Gründen hängt $\beta(x+iy)$ nur von x ab. Aber

$$\zeta\left(z+m+in\right)-\zeta(z)=-\left(m\alpha(y)+in\beta(x)\right)$$

muss holomorph in allen $z\in\mathbb{C}\setminus\mathbb{Z}^2$ sein. Wenn wir jetzt $m=0$ setzen, folgern wir, dass $\beta(x)$ holomorph auf $\mathbb{C}\setminus\mathbb{Z}^2$ sein muss, so dass $\beta(x)$ aufgrund der Cauchy-Riemann-Differentialgleichungen für holomorphe Funktionen konstant sein muss. Auf ähnliche Weise erhalten wir, wenn wir $n=0$ setzen, dass $\alpha(y)$ konstant ist. Also gilt

$$\zeta\left(z+m+in\right)-\zeta(z)=-\left(m\alpha+in\beta\right)$$

mit Konstanten α und β. Wir kommen zurück zur Weierstraß'schen $\wp$-Funktion, und können die Gleichung (Aufgabe 12.11)

$$\wp(iz)=-\wp(z) \tag{12.6}$$

integrieren, um die Beziehung $\beta=-\alpha$ zu erhalten, da

$$\beta=\int_0^1\wp\left(z+it\right)dt=\int_0^1\wp\left(it\right)dt=-\int_0^1\wp\left(t\right)dt=-\alpha.$$

Zusammengefasst ergibt sich

$$\zeta\left(z+m+in\right)-\zeta(z)=-m\alpha+in\alpha=-\alpha\left(\overline{z+m+in}-\overline{z}\right),$$

so dass $\zeta(z)+\alpha\overline{z}$ doppeltperiodisch ist.   □

12.3 Eine Wegintegral-Version des Satzes von Pick

Für den Rest dieses Kapitels sei C eine beliebige stückweise differenzierbare, einfache, geschlossene Kurve in der Ebene, mit einer gegen den Uhrzeigersinn laufenden Parametrisierung. Wir bezeichnen mit D das von C umschlossene Gebiet.

Satz 12.5. *Die Kurve C lasse jeden Gitterpunkt aus, d.h. $C\cap\mathbb{Z}^2=\varnothing$. Sei I die Anzahl der Gitterpunkte im Inneren von C, und A die Fläche des von C umschlossenen Gebiets D. Dann gilt*

$$\frac{1}{2\pi i}\int_C\left(\zeta(z)-\pi\overline{z}\right)dz=I-A.$$

Beweis. Wir haben

$$\int_C\left(\zeta(z)+\alpha\overline{z}\right)dz=\int_C\zeta(z)\,dz+\alpha\int_C\left(x-iy\right)\left(dx+idy\right).$$

Nach Satz 12.1 ist $\int_C\zeta(z)\,dz$ gleich der Summe der Residuen von ζ in all seinen inneren Polen. Es gibt I viele solcher Pole, und jeder Pol von ζ hat das Residuum 1. Also gilt

$$\frac{1}{2\pi i} \int_C \zeta(z)\, dz = I \,.$$ (12.7)

Auf der anderen Seite sagt uns der Satz von Green, dass

$$\int_C (x - iy)\,(dx + idy) = \int_C (x - iy)\, dx + (y + ix)\, dy$$

$$= \int_D \frac{\partial}{\partial x}\,(y + ix) - \frac{\partial}{\partial y}\,(x - iy)$$

$$= \iint_D 2i$$

$$= 2iA \,.$$

Wir gehen zurück zu (12.7) und erhalten

$$\int_C (\zeta(z) + \alpha \overline{z})\, dz = 2\pi i I + \alpha\,(2iA) \,.$$ (12.8)

Wir müssen nur noch $\alpha = -\pi$ zeigen. Dazu betrachten wir die spezielle Kurve C, die einen quadratischen Weg gegen den Uhrzeigersinn um den Koordinatenursprung herum beschreibt und genau eine Flächeneinheit umfasst. Also ist $I = 1$ für diese Kurve. Da $\zeta(z) + \alpha \overline{z}$ doppeltperiodisch ist nach Lemma 12.4, verschwindet das Integral in (12.8). Wir können folgern, dass

$$0 = 2\pi i \cdot 1 + \alpha\,(2i \cdot 1)$$

und somit $\alpha = -\pi$. □

Man beachte, dass uns Satz 12.5 Informationen über die Weierstraß'sche ζ-Funktion geliefert hat, nämlich, dass $\alpha = -\pi$.

Dieses Kapitel bietet einen Abstecher in die unendliche Landschaft diskreter Ergebnisse, die auf ihre stetigen Gegenstücke treffen. Wir hoffen, mit den in diesem Buch beschriebenen bescheidenen Werkzeugen den Leser dazu motiviert zu haben, diese Landschaft weiter zu erkunden...

Anmerkungen

1. Die Weierstraß'sche $\wp$-Funktion, benannt nach Karl Theodor Wilhelm Weierstraß (1815–1897),[1] kann auf jedes zweidimensionale Gitter $\mathcal{L} = \{kw_1 + jw_2 : k, j \in \mathbb{Z}\}$ für über $\mathbb{R}$ linear unabhänige $w_1, w_2 \in \mathbb{C}$ verallgemeinert werden:

$$\wp_{\mathcal{L}}(z) = \frac{1}{z^2} + \sum_{m \in \mathcal{L}\setminus\{0\}} \left(\frac{1}{(z - m)^2} - \frac{1}{m^2} \right).$$

---

[1] Für mehr Informationen über Weierstraß siehe
http://www-groups.dcs.st-and.ac.uk/~history/Mathematicians/Weierstrass.html.

Die Weierstraß'sche $\wp_{\mathcal{L}}$-Funktion und ihre Ableitung $\wp'_{\mathcal{L}}$ genügen einer polynomiellen Beziehung, nämlich $(\wp'_{\mathcal{L}})^2 = 4(\wp_{\mathcal{L}})^3 - g_2\,\wp_{\mathcal{L}} - g_3$ für gewisse Konstanten g_2 und g_3, die von $\mathcal{L}$ abhängen. Dies ist der Beginn einer wundervollen Freundschaft zwischen Funktionentheorie und elliptischen Kurven.

2. Satz 12.5 ist in [74] zu finden. Dort wird auch gezeigt, dass man den Satz von Pick (Satz 2.8) aus Satz 12.5 herleiten kann.

Aufgaben

12.1. ♣ Zeigen Sie, dass für positive ganze Zahlen $a_1, a_d, \ldots, a_d, n$ gilt

$$\lim_{r \to \infty} \int_{C_r} \frac{1}{(1 - z^{a_1}) \cdots (1 - z^{a_d})\, z^{n+1}} = 0 \,.$$

Diese Berechnung zeigt, dass der obige Integrand „keinen Pol im Unendlichen hat".

12.2. ♣ Berechnen Sie die Residuen in den nichttrivialen Einheitswurzeln von

$$f(z) = \frac{1}{(1 - z^{a_1}) \cdots (1 - z^{a_d})\, z^{n+1}} \,.$$

Der Einfachheit halber dürfen Sie annehmen, dass $a_1, a_2, \ldots, a_d$ paarweise teilerfremd sind.

12.3. Geben Sie eine Integralversion von Satz 2.13.

12.4. ♣ Zeigen Sie, dass

$$\zeta(z) \;=\; \frac{1}{z} + \sum_{(m,n) \in \mathbb{Z}^2 \setminus (0,0)} \left(\frac{1}{z - (m + ni)} + \frac{1}{m + ni} + \frac{z}{(m + ni)^2} \right)$$

auf kompakten Teilmengen von $\mathbb{C} \setminus \mathbb{Z}^2$ gleichmäßig konvergiert.

12.5. ♣ Zeigen Sie (12.2), also

$$\zeta'(z) \;=\; -\frac{1}{z^2} - \sum_{(m,n) \in \mathbb{Z}^2 \setminus (0,0)} \left(\frac{1}{(z - (m + ni))^2} - \frac{1}{(m + ni)^2} \right) .$$

12.6. ♣ Zeigen Sie (12.3), also dass $\wp'(z+1) = \wp'(z)$.

12.7. ♣ Zeigen Sie (12.4), also dass für beliebige $z_0, z_1 \in \mathbb{C} \setminus \mathbb{Z}^2$ das Integral $\int_{z_0}^{z_1} \wp'(w)\, dw$ wegunabhängig ist.

12.8. ♣ Zeigen Sie, dass $\wp$ gerade ist, dass also $\wp(-z) = \wp(z)$.

12.9. ♣ Beenden Sie den Beweis von Lemma 12.3, indem Sie zeigen, dass $\wp(z + i) = \wp(z)$.

12.10. ♣ Zeigen Sie, dass das Integral in (12.5),

$$\zeta(z + m + ni) - \zeta(z) = -\int_{w=0}^{w=m+ni} \wp(z + w)\, dw\,,$$

wegunabhängig ist.

12.11. ♣ Zeigen Sie (12.6), also $\wp(iz) = -\wp(z)$.

Offene Probleme

12.12. Können wir noch mehr Informationen über die Weierstraß'schen $\wp$- und ζ-Funktionen bekommen, indem wir detaillierteres Wissen über die Diskrepanz zwischen I und A für spezielle Kurven C ausnutzen?

12.13. Finden Sie eine funktionentheoretische Erweiterung von Satz 12.5 auf höhere Dimensionen.

A

$\mathcal{V}$- und $\mathcal{H}$-Beschreibungen von Polytopen

Everything should be made as simple as possible, but not simpler.

Albert Einstein

In diesem Anhang werden wir beweisen, dass jedes Polytop eine $\mathcal{V}$- und eine $\mathcal{H}$-Beschreibung hat. Dabei stützen wir uns hauptsächlich auf Günter Zieglers wundervolle Einführung in [192]; tatsächlich haben wir uns für die folgenden Seiten lediglich einige Rosinen aus [192, Lecture 1] herausgepickt.

Wie in Kapitel 3 ist es einfacher, in die Welt der Kegel zu wechseln. Um so konkret wie möglich zu sein, wollen wir $\mathcal{K} \subseteq \mathbb{R}^d$ einen $\mathcal{H}$-**Kegel** nennen, falls

$$\mathcal{K} = \left\{ \mathbf{x} \in \mathbb{R}^d : \mathbf{A}\,\mathbf{x} \leq \mathbf{0} \right\}$$

für eine Matrix $\mathbf{A} \in \mathbb{R}^{m \times d}$; in diesem Fall ist $\mathcal{K}$ als der Durchschnitt von m Halbräumen, die durch die Zeilen von $\mathbf{A}$ bestimmt sind, gegeben. Wir verwenden die Notation $\mathcal{K} = \mathrm{hcone}(\mathbf{A})$.

Auf der anderen Seite nennen wir $\mathcal{K} \subseteq \mathbb{R}^d$ einen $\mathcal{V}$-**Kegel**, falls

$$\mathcal{K} = \{ \mathbf{B}\,\mathbf{y} : \mathbf{y} \geq \mathbf{0} \}$$

für eine Matrix $\mathbf{B} \in \mathbb{R}^{d \times n}$, das heißt, $\mathcal{K}$ ist ein spitzer Kegel mit den Spaltenvektoren von $\mathbf{B}$ als Erzeugern. In diesem Fall verwenden wir die Notation $\mathcal{K} = \mathrm{vcone}(\mathbf{B})$.

Man beachte, dass laut unserer Definition jeder $\mathcal{H}$- oder $\mathcal{V}$-Kegel den Koordinatenursprung in seiner Spitze enthält. Wir werden beweisen, dass jeder $\mathcal{H}$-Kegel ein $\mathcal{V}$-Kegel ist und umgekehrt. Genauer gesagt:

Satz A.1. *Für jedes $\mathbf{A} \in \mathbb{R}^{m \times d}$ gibt es ein $\mathbf{B} \in \mathbb{R}^{d \times n}$ (für irgendein n), so dass $\mathrm{hcone}(\mathbf{A}) = \mathrm{vcone}(\mathbf{B})$ gilt. Umgekehrt gibt es für jedes $\mathbf{B} \in \mathbb{R}^{d \times n}$ ein $\mathbf{A} \in \mathbb{R}^{m \times d}$ (für irgendein m), so dass $\mathrm{vcone}(\mathbf{B}) = \mathrm{hcone}(\mathbf{A})$ gilt.*

Wir werden wie beiden Hälften von Satz A.1 in den Abschnitten A.1 und A.2 beweisen. Vorerst wollen wir festhalten, dass Satz A.1 unser eigentliches Ziel impliziert, nämlich die Äquivalenz der $\mathcal{V}$- und $\mathcal{H}$-Beschreibungen eines Polytops:

Korollar A.2. *Wenn $\mathcal{P}$ die konvexe Hülle endlich vieler Punkte in $\mathbb{R}^d$ ist, dann ist $\mathcal{P}$ der Durchschnitt endlich vieler Halbräume in $\mathbb{R}^d$. Falls umgekehrt $\mathcal{P}$ als beschränkter Durchschnitt endlich vieler Halbräume in $\mathbb{R}^d$ gegeben ist, dann ist $\mathcal{P}$ die konvexe Hülle endlich vieler Punkte in $\mathbb{R}^d$.*

Beweis. Falls $\mathcal{P} = \operatorname{conv}\{\mathbf{v}_1, \mathbf{v}_2, \ldots, \mathbf{v}_n\}$ für bestimmte $\mathbf{v}_1, \mathbf{v}_2, \ldots, \mathbf{v}_n \in \mathbb{R}^d$ gilt, dann erhalten wir, wenn wir den Kegel über $\mathcal{P}$ (wie in Kapitel 3 definiert) bilden

$$\operatorname{cone}(\mathcal{P}) = \operatorname{vcone}\begin{pmatrix} \mathbf{v}_1 & \mathbf{v}_2 & \cdots & \mathbf{v}_n \\ 1 & 1 & & 1 \end{pmatrix}.$$

Nach Satz A.1 können wir eine Matrix $(\mathbf{A}, \mathbf{b}) \in \mathbb{R}^{m \times (d+1)}$ finden, so dass

$$\operatorname{cone}(\mathcal{P}) = \operatorname{hcone}(\mathbf{A}, \mathbf{b}) = \left\{\mathbf{x} \in \mathbb{R}^{d+1} : (\mathbf{A}, \mathbf{b})\,\mathbf{x} \leq \mathbf{0}\right\}$$

gilt. Wir erhalten das Polytop $\mathcal{P}$ zurück, indem wir $x_{d+1} = 1$ setzen, also

$$\mathcal{P} = \left\{\mathbf{x} \in \mathbb{R}^d : \mathbf{A}\mathbf{x} \leq -\mathbf{b}\right\},$$

was eine $\mathcal{H}$-Beschreibung von $\mathcal{P}$ ist.

Diese Schritte können umgekehrt werden: Sei das Polytop $\mathcal{P}$ als

$$\mathcal{P} = \left\{\mathbf{x} \in \mathbb{R}^d : \mathbf{A}\mathbf{x} \leq -\mathbf{b}\right\}$$

für eine Matrix $\mathbf{A} \in \mathbb{R}^{m \times d}$ und $\mathbf{b} \in \mathbb{R}^m$ gegeben. Dann kann $\mathcal{P}$ aus

$$\operatorname{hcone}(\mathbf{A}, \mathbf{b}) = \left\{\mathbf{x} \in \mathbb{R}^{d+1} : (\mathbf{A}, \mathbf{b})\,\mathbf{x} \leq \mathbf{0}\right\}$$

zurückerhalten werden, indem wir $x_{d+1} = 1$ setzen. Nach Satz A.1 können wir eine Matrix $\mathbf{B} \in \mathbb{R}^{(d+1) \times n}$ konstruieren, so dass

$$\operatorname{hcone}(\mathbf{A}, \mathbf{b}) = \operatorname{vcone}(\mathbf{B}).$$

Wir können die Erzeuger von $\operatorname{vcone}(\mathbf{B})$, also die Spalten von $\mathbf{B}$, so normalisieren, dass sie alle in der $(d+1)$-ten Variable eine 1 haben:

$$\mathbf{B} = \begin{pmatrix} \mathbf{v}_1 & \mathbf{v}_2 & \cdots & \mathbf{v}_n \\ 1 & 1 & & 1 \end{pmatrix}.$$

Da $\mathcal{P}$ aus $\operatorname{vcone}(\mathbf{B})$ zurückerhalten werden kann, indem $x_{d+1} = 1$ gesetzt wird, können wir folgern, dass $\mathcal{P} = \operatorname{conv}\{\mathbf{v}_1, \mathbf{v}_2, \ldots, \mathbf{v}_n\}$. $\qquad\square$

A.1 Jeder $\mathcal{H}$-Kegel ist ein $\mathcal{V}$-Kegel

Sei

$$\mathcal{K} = \text{hcone}(\mathbf{A}) = \{\mathbf{x} \in \mathbb{R}^d : \mathbf{A}\mathbf{x} \le \mathbf{0}\}$$

für eine Matrix $\mathbf{A} \in \mathbb{R}^{m \times d}$. Wir führen eine m-dimensionale Hilfsvariable $\mathbf{y}$ ein und schreiben

$$\mathcal{K} = \left\{ \begin{pmatrix} \mathbf{x} \\ \mathbf{y} \end{pmatrix} \in \mathbb{R}^{d+m} : \mathbf{A}\mathbf{x} \le \mathbf{y} \right\} \cap \left\{ \begin{pmatrix} \mathbf{x} \\ \mathbf{y} \end{pmatrix} \in \mathbb{R}^{d+m} : \mathbf{y} = \mathbf{0} \right\}. \qquad \text{(A.1)}$$

(Strenggenommen ist das $\mathcal{K}$ in einen d-dimensionalen Teilraum von $\mathbb{R}^{d+m}$ hochgehoben.) Unser Ziel in diesem Abschnitt ist es, die folgenden beiden Lemmas zu beweisen.

Lemma A.3. *Der $\mathcal{H}$-Kegel $\left\{ \begin{pmatrix} \mathbf{x} \\ \mathbf{y} \end{pmatrix} \in \mathbb{R}^{d+m} : \mathbf{A}\mathbf{x} \le \mathbf{y} \right\}$ ist ein $\mathcal{V}$-Kegel.*

Lemma A.4. *Falls $\mathcal{K} \subseteq \mathbb{R}^d$ ein $\mathcal{V}$-Kegel ist, dann auch $\mathcal{K} \cap \{\mathbf{x} \in \mathbb{R}^d : x_k = 0\}$, für beliebige k.*

Die erste Hälfte von Satz A.1 folgt aus diesen beiden Lemmas, da wir mit (A.1) anfangen und dann der Reihe nach mit Hyperebenen $y_k = 0$ schneiden können.

Beweis von Lemma A.3. Wir bemerken zunächst, dass

$$\begin{aligned} \mathcal{K} &= \left\{ \begin{pmatrix} \mathbf{x} \\ \mathbf{y} \end{pmatrix} \in \mathbb{R}^{d+m} : \mathbf{A}\mathbf{x} \le \mathbf{y} \right\} \\ &= \left\{ \begin{pmatrix} \mathbf{x} \\ \mathbf{y} \end{pmatrix} \in \mathbb{R}^{d+m} : (\mathbf{A}, -\mathbf{I}) \begin{pmatrix} \mathbf{x} \\ \mathbf{y} \end{pmatrix} \le \mathbf{0} \right\} \end{aligned}$$

ein $\mathcal{H}$-Kegel ist; dabei steht $\mathbf{I}$ für eine $(m \times m)$-Einheitsmatrix. Wir bezeichnen den k-ten Einheitsvektor mit $\mathbf{e}_k$. Dann können wir wie folgt zerlegen:

$$\begin{aligned} \begin{pmatrix} \mathbf{x} \\ \mathbf{y} \end{pmatrix} &= \sum_{j=1}^{d} x_j \begin{pmatrix} \mathbf{e}_j \\ \mathbf{A}\mathbf{e}_j \end{pmatrix} + \sum_{k=1}^{m} (y_k - (\mathbf{A}\mathbf{x})_k) \begin{pmatrix} \mathbf{0} \\ \mathbf{e}_k \end{pmatrix} \\ &= \sum_{j=1}^{d} |x_j| \, \text{sign}\,(x_j) \begin{pmatrix} \mathbf{e}_j \\ \mathbf{A}\mathbf{e}_j \end{pmatrix} + \sum_{k=1}^{m} (y_k - (\mathbf{A}\mathbf{x})_k) \begin{pmatrix} \mathbf{0} \\ \mathbf{e}_k \end{pmatrix}. \end{aligned}$$

Man beachte, dass für $\begin{pmatrix} \mathbf{x} \\ \mathbf{y} \end{pmatrix} \in \mathcal{K}$ die Ungleichung $y_k - (\mathbf{A}\mathbf{x})_k \ge 0$ für alle k gilt, so dass $\begin{pmatrix} \mathbf{x} \\ \mathbf{y} \end{pmatrix}$ als nichtnegative Linearkombination der Vektoren $\text{sign}\,(x_j) \begin{pmatrix} \mathbf{e}_j \\ \mathbf{A}\mathbf{e}_j \end{pmatrix}$ für $1 \le j \le d$ und $\begin{pmatrix} \mathbf{0} \\ \mathbf{e}_k \end{pmatrix}$ für $1 \le k \le m$ geschrieben werden kann. Aber das bedeutet, dass $\mathcal{K}$ ein $\mathcal{V}$-Kegel ist. $\qquad \square$

Beweis von Lemma A.4. Sei $\mathcal{K} = \mathrm{vcone}(\mathbf{B})$, wobei $\mathbf{B}$ die Spaltenvektoren $\mathbf{b}_1, \mathbf{b}_2, \ldots, \mathbf{b}_n \in \mathbb{R}^d$ habe; das heißt, $\mathbf{b}_1, \mathbf{b}_2, \ldots, \mathbf{b}_n$ sind die Erzeuger von $\mathcal{K}$. Wir halten ein $k \leq d$ fest und konstruieren eine neue Matrix $\mathbf{B}_k$, deren Spaltenvektoren alle $\mathbf{b}_j$ mit $b_{jk} = 0$ sind, sowie die Kombinationen $b_{ik}\mathbf{b}_j - b_{jk}\mathbf{b}_i$ für alle i und j mit $b_{ik} > 0$ und $b_{jk} < 0$. Wir behaupten, dass

$$\mathcal{K} \cap \left\{ \mathbf{x} \in \mathbb{R}^d : x_k = 0 \right\} = \mathrm{vcone}\,(\mathbf{B}_k)$$

gilt. Jedes $\mathbf{x} \in \mathrm{vcone}\,(\mathbf{B}_k)$ erfüllt $x_k = 0$ nach Konstruktion von $\mathbf{B}_k$, also folgt unmittelbar $\mathrm{vcone}\,(\mathbf{B}_k) \subseteq \mathcal{K} \cap \left\{ \mathbf{x} \in \mathbb{R}^d : x_k = 0 \right\}$. Um die umgekehrte Inklusion zu zeigen, müssen wir noch etwas arbeiten.

Sei $\mathbf{x} \in \mathcal{K} \cap \left\{ \mathbf{x} \in \mathbb{R}^d : x_k = 0 \right\}$, das heißt $\mathbf{x} = \lambda_1 \mathbf{b}_1 + \lambda_2 \mathbf{b}_2 + \cdots + \lambda_n \mathbf{b}_n$ für bestimmte $\lambda_1, \lambda_2, \ldots, \lambda_n \geq 0$ und $x_k = \lambda_1 b_{1k} + \lambda_2 b_{2k} + \cdots + \lambda_n b_{nk} = 0$. Das erlaubt es uns,

$$\Lambda = \sum_{i:\, b_{ik}>0} \lambda_i b_{ik} = - \sum_{j:\, b_{jk}<0} \lambda_j b_{jk}$$

zu definieren. Man beachte, dass $\Lambda \geq 0$. Jetzt betrachten wir die Zerlegung

$$\mathbf{x} = \sum_{j:\, b_{jk}=0} \lambda_j \mathbf{b}_j + \sum_{i:\, b_{ik}>0} \lambda_i \mathbf{b}_i + \sum_{j:\, b_{jk}<0} \lambda_j \mathbf{b}_j \,. \tag{A.2}$$

Falls $\Lambda = 0$ ist, dann ist $\lambda_i b_{ik} = 0$ für alle i mit $b_{ik} > 0$, so dass $\lambda_i = 0$ für diese i gilt. Analog ist $\lambda_j = 0$ für alle j mit $b_{jk} < 0$. Also können wir aus $\Lambda = 0$ folgern, dass

$$\mathbf{x} = \sum_{j:\, b_{jk}=0} \lambda_j \mathbf{b}_j \in \mathrm{vcone}\,(\mathbf{B}_k) \,.$$

Jetzt nehmen wir $\Lambda > 0$ an. Dann können wir die Zerlegung (A.2) zu

$$\mathbf{x} = \sum_{j:\, b_{jk}=0} \lambda_j \mathbf{b}_j + \frac{1}{\Lambda} \left(- \sum_{j:\, b_{jk}<0} \lambda_j b_{jk} \right) \left(\sum_{i:\, b_{ik}>0} \lambda_i \mathbf{b}_i \right)$$

$$+ \frac{1}{\Lambda} \left(\sum_{i:\, b_{ik}>0} \lambda_i b_{ik} \right) \left(\sum_{j:\, b_{jk}<0} \lambda_j \mathbf{b}_j \right)$$

$$= \sum_{j:\, b_{jk}=0} \lambda_j \mathbf{b}_j + \frac{1}{\Lambda} \sum_{\substack{i:\, b_{ik}>0 \\ j:\, b_{jk}<0}} \lambda_i \lambda_j \left(b_{ik}\mathbf{b}_j - b_{jk}\mathbf{b}_i \right)$$

erweitern, was nach Konstruktion in $\mathrm{vcone}\,(\mathbf{B}_k)$ ist. $\qquad \square$

A.2 Jeder $\mathcal{V}$-Kegel ist ein $\mathcal{H}$-Kegel

Sei

$$\mathcal{K} = \mathrm{vcone}(\mathbf{B}) = \{\mathbf{B}\,\mathbf{y} : \mathbf{y} \geq \mathbf{0}\}$$

für eine Matrix $\mathbf{B} \in \mathbb{R}^{d \times n}$. Dann ist $\mathcal{K}$ die Projektion von

$$\left\{ \begin{pmatrix} \mathbf{x} \\ \mathbf{y} \end{pmatrix} \in \mathbb{R}^{d+n} : \mathbf{y} \geq \mathbf{0},\, \mathbf{x} = \mathbf{B}\,\mathbf{y} \right\} \tag{A.3}$$

auf den Untervektorraum $\left\{ \begin{pmatrix} \mathbf{x} \\ \mathbf{y} \end{pmatrix} \in \mathbb{R}^{d+n} : \mathbf{y} = \mathbf{0} \right\}$. Die Bedingungen für (A.3) können als

$$\mathbf{y} \geq \mathbf{0} \qquad \text{und} \qquad (\mathbf{I}, -\mathbf{B}) \begin{pmatrix} \mathbf{x} \\ \mathbf{y} \end{pmatrix} = \mathbf{0}$$

geschrieben werden. Also ist die Menge (A.3) ein $\mathcal{H}$-Kegel, für den wir der Reihe nach entlang der Komponenten von $\mathbf{y}$ projizieren können, um $\mathcal{K}$ zu erhalten. Das bedeutet, dass es genügt, das folgende Lemma zu zeigen, um die zweite Hälfte von Satz A.1 zu beweisen.

Lemma A.5. *Falls $\mathcal{K}$ ein $\mathcal{H}$-Kegel ist, dann ist für beliebige k die Projektion $\{\mathbf{x} - x_k \mathbf{e}_k : \mathbf{x} \in \mathcal{K}\}$ ebenfalls ein $\mathcal{H}$-Kegel.*

Beweis. Sei $\mathcal{K} = \mathrm{hcone}(\mathbf{A})$ für eine Matrix $\mathbf{A} \in \mathbb{R}^{m \times d}$. Wir halten k fest und betrachten

$$\mathcal{P}_k = \{\mathbf{x} + \lambda \mathbf{e}_k : \mathbf{x} \in \mathcal{K},\, \lambda \in \mathbb{R}\}.$$

Die Projektion, die wir suchen, kann aus dieser Menge als

$$\{\mathbf{x} - x_k \mathbf{e}_k : \mathbf{x} \in \mathcal{K}\} = \mathcal{P}_k \cap \{\mathbf{x} \in \mathbb{R}^d : x_k = 0\}$$

konstruiert werden, so dass es genügt, zu zeigen, dass $\mathcal{P}_k$ ein $\mathcal{H}$-Kegel ist.

Seien $\mathbf{a}_1, \mathbf{a}_2, \ldots, \mathbf{a}_m$ die Zeilenvektoren von $\mathbf{A}$. Wir konstruieren eine neue Matrix $\mathbf{A}_k$, deren Zeilenvektoren alle $\mathbf{a}_j$ mit $a_{jk} = 0$ sowie die Kombinationen $a_{ik}\mathbf{a}_j - a_{jk}\mathbf{a}_i$ für alle i und j mit $a_{ik} > 0$ und $a_{jk} < 0$ sind. Wir behaupten, dass $\mathcal{P}_k = \mathrm{hcone}(\mathbf{A}_k)$ gilt.

Falls $\mathbf{x} \in \mathcal{K}$ ist, dann gilt $\mathbf{A}\,\mathbf{x} \leq \mathbf{0}$, woraus folgt, dass $\mathbf{A}_k\,\mathbf{x} \leq \mathbf{0}$ ist, da jede Zeile von $\mathbf{A}_k$ eine nichtnegative Linearkombination von Zeilen von $\mathbf{A}$ ist; das heißt $\mathcal{K} \subseteq \mathrm{hcone}(\mathbf{A}_k)$. Allerdings ist die k-te Komponente von $\mathbf{A}_k$ gleich null nach Konstruktion, so dass aus $\mathcal{K} \subseteq \mathrm{hcone}(\mathbf{A}_k)$ folgt, dass $\mathcal{P}_k \subseteq \mathrm{hcone}(\mathbf{A}_k)$.

Umgekehrt sei $\mathbf{x} \in \mathrm{hcone}(\mathbf{A}_k)$. Wir müssen ein $\lambda \in \mathbb{R}$ finden, für das $\mathbf{A}\,(\mathbf{x} - \lambda\mathbf{e}_k) \leq \mathbf{0}$ gilt, das heißt

$$a_{11}x_1 + \cdots + a_{1k}\,(x_k - \lambda) + \cdots + a_{1d}x_d \leq 0$$

$$\vdots$$

$$a_{m1}x_1 + \cdots + a_{mk}\,(x_k - \lambda) + \cdots + a_{md}x_d \leq 0.$$

Die j-te Bedingung lautet $\mathbf{a}_j \cdot \mathbf{x} - a_{jk}\lambda \leq 0$, also $\mathbf{a}_j \cdot \mathbf{x} \leq a_{jk}\lambda$. Dies liefert die folgenden Bedingungen an λ:

$$\lambda \geq \frac{\mathbf{a}_i \cdot \mathbf{x}}{a_{ik}} \qquad \text{falls } a_{ik} > 0\,,$$

$$\lambda \leq \frac{\mathbf{a}_j \cdot \mathbf{x}}{a_{jk}} \qquad \text{falls } a_{jk} < 0\,.$$

Ein solches λ existiert, da für $a_{ik} > 0$ und $a_{jk} < 0$ (wegen $\mathbf{x} \in \text{hcone}\,(\mathbf{A}_k)$)

$$(a_{ik}\mathbf{a}_j - a_{jk}\mathbf{a}_i) \cdot \mathbf{x} \leq 0$$

gilt, was äquivalent zu

$$\frac{\mathbf{a}_i \cdot \mathbf{x}}{a_{ik}} \leq \frac{\mathbf{a}_j \cdot \mathbf{x}}{a_{jk}}$$

ist. Also können wir ein λ finden, das

$$\frac{\mathbf{a}_i \cdot \mathbf{x}}{a_{ik}} \leq \lambda \leq \frac{\mathbf{a}_j \cdot \mathbf{x}}{a_{jk}}$$

erfüllt, was $\text{hcone}\,(\mathbf{A}_k) \subseteq \mathcal{P}_k$ beweist. $\square$

B

Triangulierungen von Polytopen

Obvious is the most dangerous word in mathematics.

Eric Temple Bell

Das Ziel dieses Anhangs ist der Beweis von Satz 3.1. Wir erinnern uns zunächst daran, dass eine Triangulierung eines konvexen d-Polytops $\mathcal{P}$ eine endliche Sammlung T von d-Simplexen mit folgenden Eigenschaften ist:

- $\mathcal{P} = \bigcup_{\Delta \in T} \Delta$.
- Für beliebige $\Delta_1, \Delta_2 \in T$ ist $\Delta_1 \cap \Delta_2$ eine gemeinsame Seite von Δ_1 und Δ_2.

Satz 3.1 besagt, dass $\mathcal{P}$ ohne neue Ecken trianguliert werden kann, das heißt, es existiert eine Triangulierung T, so dass die Ecken aller $\Delta \in T$ auch Ecken von $\mathcal{P}$ sind. Als Vorbereitung zeigen wir zunächst, dass eine Triangulierung eines Polytops eine Triangulierung jeder der Facetten des Polytops auf natürliche Weise induziert.

Lemma B.1. *Sei $T(\mathcal{P})$ eine Triangulierung des d-Polytops $\mathcal{P}$ und $\mathcal{F}$ eine Facette von $\mathcal{P}$. Dann ist*

$$T(\mathcal{F}) := \{\mathcal{S} \cap \mathcal{F} : \mathcal{S} \in T(\mathcal{P}), \dim(\mathcal{S} \cap \mathcal{F}) = d - 1\}$$

eine Triangulierung von $\mathcal{F}$.

Beweis. Um unnötige Schreibarbeit zu vermeiden, schreiben wir $\bigcup T(\mathcal{F})$ für $\bigcup_{\Delta \in T(\mathcal{F})} \Delta$. Wir müssen zeigen:

(i) $\mathcal{F} = \bigcup T(\mathcal{F})$.
(ii) Für beliebige $\Delta_1, \Delta_2 \in T(\mathcal{F})$ ist $\Delta_1 \cap \Delta_2$ eine gemeinsame Seite von Δ_1 und Δ_2.

(i) Zunächst gilt $\bigcup T(\mathcal{F}) \subseteq \mathcal{F}$ nach Definition von $T(\mathcal{F})$. Jetzt werden wir zeigen, dass $\mathcal{F} \setminus \bigcup T(\mathcal{F}) = \varnothing$ ist, und zwar durch Widerspruch. Sei $x \in \mathcal{F} \setminus \bigcup T(\mathcal{F})$. Falls es eine Umgebung N von x in $\mathcal{F}$ gibt, die keinen Punkt aus $\bigcup T(\mathcal{F})$ enthält, dann besteht N nur aus Punkten, die in Simplizes aus $T(\mathcal{P})$, welche $\mathcal{F}$ in einer Menge von kleinerer Dimension als $d - 1$ schneiden, enthalten sind. Das ist jedoch unmöglich, da $\dim N = d - 1$ gilt und es nur endlich viele Simplizes in $T(\mathcal{P})$ gibt. Also enthält jede Umgebung von $\mathbf{x}$ in $\mathcal{F}$ einen Punkt in einem $\Delta \in T(\mathcal{F})$. Aber $\bigcup T(\mathcal{F})$ ist abgeschlossen, also kann so ein $\mathbf{x}$ nicht existieren. Folglich ist $\mathcal{F} \setminus \bigcup T(\mathcal{F}) = \varnothing$.

(ii) Zu gegebenen $\Delta_1, \Delta_2 \in T(\mathcal{F})$ gibt es $\mathcal{S}_1, \mathcal{S}_2 \in T(\mathcal{P})$, für die

$$\Delta_1 = \mathcal{S}_1 \cap \mathcal{F} \qquad \text{und} \qquad \Delta_2 = \mathcal{S}_2 \cap \mathcal{F}$$

und die Durchschnitte sowohl von $\mathcal{S}_1$ als auch von $\mathcal{S}_2$ mit $\mathcal{F}$ sind $(d - 1)$-dimensional. Jetzt gilt $\Delta_1 \cap \Delta_2 = \mathcal{S}_1 \cap \mathcal{S}_2 \cap \mathcal{F}$, und wegen $\mathcal{S}_1, \mathcal{S}_2 \in T(\mathcal{P})$ ist $\mathcal{S}_1 \cap \mathcal{S}_2$ eine Seite sowohl von $\mathcal{S}_1$ als auch von $\mathcal{S}_2$. Das heißt, es gibt Hyperebenen H_1 und H_2 in $\mathbb{R}^d$, für die

$$\mathcal{S}_1 \cap \mathcal{S}_2 = \mathcal{S}_1 \cap H_1 \qquad \text{und} \qquad \mathcal{S}_1 \cap \mathcal{S}_2 = \mathcal{S}_2 \cap H_2 \,.$$

Die $(d-1)$-Hyperebenen H_1 und H_2 in $\mathbb{R}^d$ induzieren die $(d-2)$-Hyperebenen

$$h_1 := H_1 \cap \operatorname{span} \mathcal{F} \qquad \text{und} \qquad h_2 := H_2 \cap \operatorname{span} \mathcal{F}$$

in $\operatorname{span} \mathcal{F}$. Wir behaupten, dass $h_1 \cap \Delta_1 = \Delta_1 \cap \Delta_2 = h_2 \cap \Delta_2$, dass also $\Delta_1 \cap \Delta_2$ eine gemeinsame Seite von Δ_1 und Δ_2 ist. Es gilt nämlich

$$\begin{aligned}
h_1 \cap \Delta_1 &= h_1 \cap (\mathcal{S}_1 \cap \mathcal{F}) \\
&= (H_1 \cap \operatorname{span} \mathcal{F}) \cap (\mathcal{S}_1 \cap \mathcal{F}) \\
&= (H_1 \cap \mathcal{S}_1) \cap (\mathcal{F} \cap \operatorname{span} \mathcal{F}) \\
&= (\mathcal{S}_1 \cap \mathcal{S}_2) \cap \mathcal{F} \\
&= \Delta_1 \cap \Delta_2 \,,
\end{aligned}$$

und eine praktisch identische Berechnung liefert $h_2 \cap \Delta_2 = \Delta_1 \cap \Delta_2$. $\qquad \square$

Beweis von Satz 3.1. Wir führen eine Induktion über die Anzahl der Ecken des d-Polytops $\mathcal{P}$ durch. Falls $\mathcal{P}$ genau $d+1$ Ecken hat, dann ist $\mathcal{P}$ ein Simplex und $\{\mathcal{P}\}$ eine Triangulierung.

Für den Induktionsschritt nehmen wir an, dass ein d-Polytop $\mathcal{P}$ mit wenigstens $d + 2$ Ecken gegeben ist. Wir halten eine Ecke $\mathbf{v}$ von $\mathcal{P}$ fest, für die $\mathcal{Q}$, die konvexe Hülle der übrigen Ecken von $\mathcal{P}$, immer noch Dimension d hat. Laut Induktionsvoraussetzung können wir $\mathcal{Q}$ triangulieren.

Wir nennen eine Facette $\mathcal{F}$ von $\mathcal{Q}$ **sichtbar** von $\mathbf{v}$, falls für jedes $\mathbf{x} \in \mathcal{F}$ der halboffene Geradenabschnitt $(\mathbf{x}, \mathbf{v}]$ disjunkt von $\mathcal{Q}$ ist. Nach dem Lemma induziert die Triangulierung $T(\mathcal{Q})$ von $\mathcal{Q}$ die Triangulierung

$$T(\mathcal{F}) = \{\Delta \cap \mathcal{F} : \Delta \in T(\mathcal{Q}), \dim(\Delta \cap \mathcal{F}) = d-1\}$$

einer Facette $\mathcal{F}$ von $\mathcal{Q}$.

Die Menge T bestehe aus den konvexen Hüllen von $\mathbf{v}$ mit jedem $(d-1)$-Simplex in den Triangulierungen der sichtbaren Facetten. Wir behaupten, dass $T \cup T(\mathcal{Q})$ eine Triangulierung von $\mathcal{P}$ bildet. Um das zu beweisen, müssen wir zeigen:

(i) $\mathcal{P} = \bigcup (T \cup T(\mathcal{Q}))$.

(ii) Für beliebige $\Delta_1, \Delta_2 \in T \cup T(\mathcal{Q})$ ist $\Delta_1 \cap \Delta_2$ eine gemeinsame Seite von Δ_1 und Δ_2.

(i) Dass $\mathcal{P} \supseteq \bigcup(T \cup T(\mathcal{Q}))$ gilt, folgt aus den Definitionen von T und $T(\mathcal{Q})$. Um $\mathcal{P} \subseteq \bigcup(T \cup T(\mathcal{Q}))$ zu zeigen, nehmen wir ein $\mathbf{x} \in \mathcal{P}$ als gegeben an. Falls $\mathbf{x} \in \mathcal{Q}$ gilt, dann auch $\mathbf{x} \in \bigcup T(\mathcal{Q})$. Falls $\mathbf{x} \in \mathcal{P} \setminus \mathcal{Q}$ gilt, dann betrachten wir die Gerade durch $\mathbf{v}$ und $\mathbf{x}$ (im Fall $\mathbf{x} = \mathbf{v}$ ist nichts zu tun). Diese Gerade schneidet $\mathcal{Q}$ (da $\mathcal{P}$ konvex ist), sei also $\mathbf{y} \in \mathcal{Q}$ der erste Punkt in $\mathcal{Q}$, den wir erreichen, wenn wir an der Geraden entlang in Richtung $\mathcal{Q}$ laufen. Dieser Punkt $\mathbf{y}$ liegt auf einer Facette von $\mathcal{Q}$, die, nach Konstruktion, von $\mathbf{v}$ aus sichtbar ist. Also gilt $\mathbf{x} \in \Delta$ für ein $\Delta \in T$.

(ii) Zu gegebenen $\Delta_1, \Delta_2 \in T \cup T(\mathcal{Q})$, unterscheiden wir drei Fälle:

(a) $\Delta_1, \Delta_2 \in T(\mathcal{Q})$;

(b) $\Delta_1, \Delta_2 \in T$;

(c) $\Delta_1 \in T, \Delta_2 \in T(\mathcal{Q})$.

In jedem Fall müssen wir zeigen, dass $\Delta_1 \cap \Delta_2$ eine gemeinsame Seite von Δ_1 und Δ_2 ist.

(a) Da $T(\mathcal{Q})$ eine Triangulierung ist, ist $\Delta_1 \cap \Delta_2$ eine Seite sowohl von Δ_1 als auch Δ_2.

(b) Zu $\Delta_1, \Delta_2 \in T$ existieren $S_1, S_2 \in T(\mathcal{F})$, für die $\Delta_1 = \text{conv}\{\mathbf{v}, S_1\}$ und $\Delta_2 = \text{conv}\{\mathbf{v}, S_2\}$. Da $T(\mathcal{F})$ eine Triangulierung ist, ist $S_1 \cap S_2$ eine gemeinsame Seite von S_1 und S_2. Aufgrund der Konvexität gilt $\Delta_1 \cap \Delta_2 = \text{conv}\{\mathbf{v}, S_1 \cap S_2\}$. Aufgabe 2.6 zeigt, dass $S_1 \cap S_2$ ein Simplex ist, und dass dieser Simplex die konvexe Hülle einiger der gemeinsamen Ecken von S_1 und S_2 ist. Aber dann ist $\Delta_1 \cap \Delta_2 = \text{conv}\{\mathbf{v}, S_1 \cap S_2\}$ die konvexe Hülle einiger der gemeinsamen Ecken von Δ_1 und Δ_2, und ist daher, wieder nach Aufgabe 2.6, eine Seite sowohl von Δ_1 als auch von Δ_2.

(c) Wegen $\Delta_1 \in T$ existiert ein $S \in T(\mathcal{F})$, für das $\Delta_1 = \text{conv}\{\mathbf{v}, S\}$ gilt. Nach Konstruktion gilt $\Delta_1 \cap \mathcal{Q} = S$, und S ist eine Seite eines $\Delta \in T(\mathcal{Q})$. Da $T(\mathcal{Q})$ eine Triangulierung ist, ist $\Delta \cap \Delta_2$ eine gemeinsame Seite von Δ und Δ_2. Aber dann ist

$$\Delta_1 \cap \Delta_2 = S \cap \Delta_2 = (S \cap \Delta) \cap \Delta_2 = S \cap (\Delta \cap \Delta_2)$$

der Durchschnitt zweier Seiten von Δ, und damit nach Aufgabe 2.6 wiederum eine Seite von Δ und ein Simplex. Die Ecken von $\Delta_1 \cap \Delta_2 = S \cap (\Delta \cap \Delta_2)$ bilden eine Teilmenge der gemeinsamen Ecken von S und Δ_2. Da S eine Seite von Δ_1 ist, ist $\Delta_1 \cap \Delta_2$ eine Seite sowohl von Δ_1 als auch von Δ_2, nach Aufgabe 2.6. $\square$

Lösungshinweise zu den ♣-Aufgaben

Well here's another clue for you all.

John Lennon & Paul McCartney („Glass Onion", *The White Album*)

Kapitel 1

1.1 Probieren Sie für die Partialbruchzerlegung den Ansatz

$$\frac{z}{1-z-z^2} = \frac{A}{1 - \frac{1+\sqrt{5}}{2} z} + \frac{B}{1 - \frac{1-\sqrt{5}}{2} z}$$

und kürzen Sie die Nenner, um A und B zu berechnen; dies kann, zum Beispiel, durch Spezialisierung von z geschehen.

1.2 Multiplizieren Sie $(1 - z)\left(1 + z + z^2 + \cdots + z^n\right)$ aus. Für die unendliche Reihe beachten Sie, dass $\lim_{k\to\infty} z^k = 0$ für $|z| < 1$.

1.3 Beachten Sie zunächst, dass es $\lfloor x \rfloor + 1$ Gitterpunkte im Intervall $[0, x]$ gibt.

1.4 (i) & (j) Schreiben Sie n als $qm + r$ für ganze Zahlen q, r mit $0 \le r < m$. Unterscheiden Sie die Fälle $r = 0$ und $r > 0$.

1.9 Benutzen Sie die Tatsache, dass für teilerfremde m und n zu jedem $a \in \mathbb{Z}$ ein (modulo n eindeutiges) $b \in \mathbb{Z}$ existiert, für dass $mb \equiv a \pmod{n}$ gilt. Für die zweite Gleichung von Mengen denken Sie an den Fall $a = 0$.

1.12 Verschieben Sie das Geradensegment zunächst in den Koordinatenursprung und erklären Sie, warum diese Verschiebung die Gitterpunktaufzählung invariant lässt. Für den Fall $(a, b) = (0, 0)$ betrachten Sie das Problem zuerst unter der Einschränkung, dass ggT $(c, d) = 1$ gilt.

1.17 Betrachten Sie zu einem gegebenen Dreieck $\mathcal{T}$ mit Ecken im ganzzahligen Gitter das Parallelogramm $\mathcal{P}$, das von zwei festgelegten Kanten von $\mathcal{T}$

gebildet wird. Benutzen Sie ganzzahlige Translate von $\mathcal{P}$, um die Ebene $\mathbb{R}^2$ zu kacheln. Folgern Sie aus dieser Kachelung, dass $\mathcal{P}$ genau dann nur seine Ecken als Gitterpunkte enthält, wenn die Fläche von $\mathcal{P}$ gleich 1 ist.

1.20 Zu einer gegebenen ganzen Zahl b stellt der euklidische Algorithmus die Existenz von $m_1, m_2, \ldots, m_d \in \mathbb{Z}$ sicher, für die b als $b = m_1 a_1 + m_2 a_2 + \cdots + m_d a_d$ geschrieben werden kann. Überzeugen Sie sich davon, dass wir in dieser Darstellung $0 \leq m_2, m_3, \ldots, m_d < a_1$ fordern können. Folgern Sie, dass alle ganzen Zahlen jenseits von $(a_1 - 1)(a_2 + a_3 + \cdots + a_d)$ durch $a_1, a_2, \ldots, a_d$ darstellbar sind. (Dieses Argument kann auch verfeinert werden, um einen weiteren Beweis für Satz 1.2 zu erhalten.)

1.21 Benutzen Sie den Ansatz

$$f(z) = \frac{A_1}{z} + \frac{A_2}{z^2} + \cdots + \frac{A_n}{z^n} + \frac{B_1}{z-1} + \frac{B_2}{(z-1)^2} + \sum_{k=1}^{a-1} \frac{C_k}{z - \xi_a^k} + \sum_{j=1}^{b-1} \frac{D_j}{z - \xi_b^j}.$$

Um C_k zu berechnen, multiplizieren Sie beide Seiten mit $(z - \xi_a^k)$ und berechnen Sie den Grenzwert für $z \to \xi_a^k$. Die Koeffizienten D_j können auf ähnliche Weise berechnet werden.

1.22 Benutzen Sie Aufgabe 1.9 (mit $m = b^{-1}$) auf der linken Seite der Gleichung.

1.24 Sei $a > b$. Die ganze Zahl $a + b$ ist offensichtlich durch a und b darstellbar, nämlich als $1 \cdot a + 1 \cdot b$. Überlegen Sie, wie sich der Koeffizient von b verändern würde, wenn wir den Koeffizienten von a verändern.

1.29 Benutzen Sie den Partialbruchzerlegungsansatz (1.11), multiplizieren Sie beide Seiten mit $(z - \xi_{a_1}^k)$ und bilden Sie den Grenzwert für $z \to \xi_{a_1}^k$.

1.31 Überzeugen Sie sich vom Erzeugendenfunktionsansatz

$$\sum_{n \geq 1} p_A^\circ(n) z^n = \left(\frac{z^{a_1}}{1 - z^{a_1}} \right) \left(\frac{z^{a_2}}{1 - z^{a_2}} \right) \cdots \left(\frac{z^{a_d}}{1 - z^{a_d}} \right).$$

Benutzen Sie jetzt die Maschinerie aus Abschnitt 1.5.

Kapitel 2

2.1 Benutzen Sie Aufgabe 1.3 für das abgeschlossene Intervall. Für offene Intervalle können Sie Aufgabe 1.4(j) oder die $\lceil \ldots \rceil$-Notation aus Aufgabe 1.4(e) verwenden. Um den quasipolynomiellen Charakter zu zeigen, schreiben Sie die Gauß-Klammer durch die Nachkommaanteilsfunktion um.

2.2 Schreiben Sie $\mathcal{R}$ als direktes Produkt zweier Intervalle und benutzen Sie Aufgabe 1.3.

2.6 Zeigen Sie zunächst, dass die konvexe Hüller einer d-elementigen Teilmenge W von V eine Seite von Δ ist. Dies erlaubt es Ihnen, die erste Aussage durch Induktion zu zeigen (mithilfe von Aufgabe 2.5). Für die umgekehrte Aussage enthalte zu einer gegebenen unterstützenden Hyperebene H, die die Seite $\mathcal{F}$ von Δ definiert, die Menge $W \subseteq V$ jene Ecken von Δ, die in H enthalten sind. Beweisen Sie jetzt, dass jeder Punkt

$$\mathbf{x} = \lambda_1 \mathbf{v}_1 + \lambda_2 \mathbf{v}_2 + \cdots + \lambda_{d+1} \mathbf{v}_{d+1}$$

in $\mathcal{F}$ der Gleichung $\lambda_k = 0$ für alle $\mathbf{v}_k \notin W$ genügen muss.

2.7 Zeigen Sie zuerst, dass die linearen Ungleichungen und Gleichungen, die ein rationales Polytop beschreiben, mit rationalen Koeffizienten gewählt werden können, und multiplizieren Sie dann die Nenner aus.

2.9 Schreiben Sie $\frac{1}{(1-z)^{d+1}} = \left(\sum_{k_1 \geq 0} z^{k_1} \right) \left(\sum_{k_2 \geq 0} z^{k_2} \right) \cdots \left(\sum_{k_{d+1} \geq 0} z^{k_{d+1}} \right)$ und finden Sie ein kombinatorisches Aufzählungsschema, um die Koeffizienten dieser Potenzreihe zu berechnen.

2.10 Schreiben Sie $\binom{t+k}{d} = \frac{(t+k)(t+k-1) \cdots (t+k-d+1)}{d!}$ und ersetzen Sie t durch $-t$.

2.14 Denken Sie an die Pole der Funktion $\frac{z}{e^z - 1}$ und benutzen Sie einen Satz aus der Funktionentheorie.

2.15 Berechnen Sie die Erzeugendenfunktion von $B_d(1 - x)$ und schreiben Sie sie als $\frac{z e^{-xz}}{1 - e^{-z}}$ um.

2.16 Zeigen Sie, dass $\frac{z}{e^z - 1} + \frac{1}{2} z$ eine gerade Funktion von z ist.

2.23 Folgen Sie den Schritten des Beweises von Satz 2.4.

2.24 Erweitern Sie $\mathcal{T}$ zu einem Rechteck, dessen Diagonale die Hypothenuse von $\mathcal{T}$ ist, und betrachten Sie die Gitterpunkte auf dieser Diagonale gesondert.

2.25 Für die Fläche benutzen Sie elementare Analysis. Für die Anzahl der Randpunkte auf $t\mathcal{P}$ erweitern Sie Aufgabe 1.12 auf eine Menge von Geradenabschnitten, deren Vereinigung eine geschlossene Kurve bildet.

2.31 Schreiben Sie die Gleichung als $\left(\left\lceil \frac{ta}{d} \right\rceil - 1 \right) e + \left(\left\lceil \frac{tb}{d} \right\rceil - 1 \right) f \leq tr$ um und vergleichen Sie das mit der Definition von $\mathcal{T}$.

2.32 Um C_3 zu berechnen, multiplizieren Sie beide Seiten von (2.20) mit $(z - 3)^2$ und berechnen Sie den Grenzwert für $z \to 1$. Die Koeffizienten A_j und B_l können auf ähnliche Weise berechnet werden. Um C_2 zu berechnen, bringen Sie zunächst $\frac{C_3}{(z-1)^3}$ in (2.20) auf die linke Seite, multiplizieren dann mit $(z - 1)^2$ und bilden den Grenzwert für $z \to 1$. Eine ähnliche, noch ausgefeiltere Berechnung liefert C_1. (Alternativ können Sie die Laurent-Reihe der Funktion in (2.20) bei $z = 1$ mit einem Computeralgebrasystem wie Maple oder Mathematica berechnen.)

2.34 Folgen Sie dem Beweis von Satz 2.10. Benutzen Sie Aufgabe 2.33, um die zusätzlichen Koeffizienten in der Partialbruchzerlegung der Erzeugenden-funktion, die diesem Gitterpunktzähler entspricht, zu berechnen.

2.36 Bestimmen Sie zunächst den konstanten Term von

$$\frac{1}{(1 - z_1 z_2)\,(1 - z_1^2 z_2)\,(1 - z_1)\,(1 - z_2)\,z_1^{3t} z_2^{2t}}$$

bezüglich z_2, indem Sie z_1 als Konstante betrachten und eine Partialbruch-zerlegung dieser Funktion bezüglich z_2 berechnen.

Kapitel 3

3.2 Schreiben Sie die simplizialen Kegel als Kegel über Simplizes und benut-zen Sie Aufgabe 2.6.

3.4 Schreiben Sie einen typischen Term des Produkts

$$\sigma_S\,(z_1, z_2, \ldots, z_m)\,\sigma_T\,(z_{m+1}, z_{m+2}, \ldots, z_{m+n})$$

auf.

3.5 Multiplizieren Sie $\mathbf{z}^{\mathbf{m}} \sigma_{\mathcal{K}}(\mathbf{z})$ aus.

3.6 Schreiben Sie einen typischen Term von

$$\sigma_S\left(\frac{1}{z_1}, \frac{1}{z_2}, \ldots, \frac{1}{z_d}\right) = \sigma_S\left(z_1^{-1}, z_2^{-1}, \ldots, z_d^{-1}\right)$$

auf.

3.8 Zerlegen Sie zu einem gegebenen Polynom f die Erzeugendenfunktion auf der linken Seite den Termen von f entsprechend und benutzen Sie (2.2). Falls umgekehrt das Polynom g gegeben ist, benutzen Sie (2.6).

3.13 Zeigen Sie, dass $H \cap \mathbb{Z}^d$ ein $\mathbb{Z}$-Modul ist. Also hat es eine Basis; erweitern Sie diese Basis zu einer Basis von $\mathbb{Z}^d$.

3.14 Beweisen Sie das Ergebnis zunächst für eine einzelne Hyperebene, zum Beispiel, indem Sie sich auf Aufgabe 3.13 beziehen.

3.19 Zerlegen Sie zu einem gegebenen f die Erzeugendenfunktion auf der linken Seiten entsprechend den Bestandteilen von f; benutzen Sie dann Auf-gabe 3.8. Falls umgekehrt g und h gegeben sind, multiplizieren Sie beide mit einem Polynom, um den Nenner auf der rechten Seite in die Form $(1 - z^p)^{d+1}$ zu bringen; benutzen Sie dann (2.6).

3.20 Beginnen Sie mit dem Ansatz auf Seite 78, und orientieren Sie sich eng am Beweis von Satz 3.8.

3.29 Benutzen Sie Lemma 3.19.

Kapitel 4

4.1 Benutzen Sie Aufgabe 2.1.

4.2 Benutzen Sie die in (4.3) gegebene explizite Beschreibung von Π.

4.3 Betrachten Sie jeden simplizialen Kegel $\mathcal{K}_j$ gesondert und untersuchen Sie das Arrangement seiner beschränkenden Hyperebenen. Für jede Hyperebene benutzen Sie Aufgabe 3.13.

4.5 Für (a) überzeugen Sie sich davon, dass $Q(-t)$ ebenfalls ein Quasipolynom ist. Für (b) benutzen Sie (1.3). Für (c) differenzieren Sie (1.3). Für (d) betrachten Sie jeden Bestandteil des Quasipolynoms einzeln.

4.6 In der Erzeugendenfunktion für $L_\mathcal{P}(t-k)$ verändern Sie die Summationsvariable; benutzen Sie dann Satz 4.4.

4.11 Benutzen Sie die Tatsache, dass $\mathbf{A}$ nur ganzzahlige Einträge hat. Für den zweiten Teil, schreiben Sie die expliziten $\mathcal{H}$-Beschreibungen von $(t+1)\mathcal{P}^\circ$ und $t\mathcal{P}$ auf.

4.12 Nehmen Sie an, dass ein $t \in \mathbb{Z}$ und eine Facettenhyperebene H von $\mathcal{P}$ existieren, für die es einen Gitterpunkt zwischen tH und $(t+1)H$ gibt. Verschieben Sie diesen Gitterpunkt in einen Gitterpunkt, der Bedingung (4.12) verletzt.

Kapitel 5

5.4 Betrachten Sie ein *Intervall* $[\mathcal{F}, \mathcal{P}]$ im Seitenverband von $\mathcal{P}$: $[\mathcal{F}, \mathcal{P}]$ enthält alle Seiten $\mathcal{G}$, für die $\mathcal{F} \subseteq \mathcal{G} \subseteq \mathcal{P}$ gilt. Beweisen Sie, dass, falls $\mathcal{P}$ einfach ist, jedes solche Intervall isomorph zu einem booleschen Verband ist.

5.5 Benutzen Sie Aufgabe 2.6, um zu zeigen, dass der Seitenverband eines Simplex isomorph zu einem booleschen Verband ist.

Kapitel 6

6.1 Denken Sie an Permutationsmatrizen.

6.3 Zeigen Sie, dass der Rang von (6.5) gleich $2n-1$ ist.

6.5 Zeigen Sie zunächst, dass alle Permutationsmatrizen tatsächlich Ecken sind. Benutzen Sie dann Aufgabe 6.4, um zu zeigen, dass es keine weiteren Ecken gibt.

6.6 Stellen Sie eine Bijektion zwischen semimagischen Quadraten mit Reihensumme $t-n$ und semimagischen Quadraten mit *positiven* Einträgen und Reihensumme t her.

6.7 Denken Sie an die kleinste mögliche Reihensumme, wenn die Einträge des Quadrats positive ganze Zahlen sind.

6.8 Folgen Sie der Berechnung auf Seite 116, die zur Formel für H_2 geführt hat.

6.9 Multiplizieren Sie beide Seiten von (6.7) mit $\left(w - \frac{1}{z_k}\right)$ und bilden Sie den Grenzwert für $w \to \frac{1}{z_k}$.

6.10 Orientieren Sie sich an der Berechnung in (6.10).

6.16 Berechnen Sie das Matrix-Äquivalent zu (6.5) für das Polytop, das alle magischen Quadrate einer gegebenen Größe beschreibt. Zeigen Sie, dass diese Matrix Rang $2n + 1$ hat.

6.18 Orientieren Sie sich an der Berechnung auf Seite 116.

Kapitel 7

7.1 Zeigen Sie, dass beide Polynome die gleichen Nullstellen und den gleichen konstanten Term haben.

7.2 Benutzen Sie Aufgabe 7.1.

7.5 Differenzieren Sie (1.3).

7.6 Benutzen Sie (1.3).

7.7 Schreiben Sie eine beliebige Funktion auf $\mathbb{Z}$ mit Periode b mit den Funktionen $\delta_m(x)$ für $1 \le m \le b$.

7.8 Benutzen Sie die Definition (7.6) des Skalarprodukts und die Eigenschaften $z\bar{z} = |z|^2$ und $\overline{(zw)} = \bar{z} \cdot \bar{w}$ für komplexe Zahlen z und w.

7.14 Benutzen Sie Definition (7.4) und vereinfachen Sie die Nachkommaanteilsfunktion in der Summe auf der rechten Seite.

7.22 Benutzen Sie die Definition von **F**.

Kapitel 8

8.5 Benutzen Sie Aufgabe 1.9.

8.7 Benutzen Sie die Methoden aus den Hinweisen zu den Aufgaben 1.21 und 2.32, um die Partialbruchkoeffizienten für $z = 1$ in (8.3) zu berechnen.

8.9 Multiplizieren Sie alle Terme auf der linken Seite aus und benutzen Sie die Aufgaben 1.9 und 7.14.

8.11 Benutzen Sie die Methoden aus den Hinweisen zu den Aufgaben 1.21 und 2.32, um eine Partialbruchzerlegung von (8.7) zu berechnen.

Kapitel 9

9.1 Zeigen Sie, dass $(\operatorname{span}\mathcal{F})^{\perp} \cap \mathcal{K}_{\mathcal{F}}$ ein Kegel ist. Zeigen Sie dann, dass für eine definierende Hyperebene H von $\mathcal{F}$ die Menge $H \cap (\operatorname{span}\mathcal{F})^{\perp}$ eine Hyperebene im Vektorraum $(\operatorname{span}\mathcal{F})^{\perp}$ ist. Zeigen Sie schließlich, dass diese Hyperebene $H \cap (\operatorname{span}\mathcal{F})^{\perp}$ die Spitze von $(\operatorname{span}\mathcal{F})^{\perp} \cap \mathcal{K}_{\mathcal{F}}$ definiert, und dass diese Spitze ein Punkt ist.

9.2 Betrachten Sie die Hyperebenen $H_1, H_2, \ldots, H_{d+1}$, die Δ beschränken. Für jede Hyperebene H_k bezeichne H_k^{+} den von H_k beschränkten abgeschlossenen Halbraum, der Δ enthält, und H_k^{-} bezeichnen den offenen von H_k beschränkten Halbraum, der Δ nicht enthält. Zeigen Sie, dass jeder Tangentialkegel von Δ der Durchschnitt einiger der H_k^{+} ist, und dass umgekehrt jeder Durchschnitt einiger der H_k^{+}, mit Ausnahme von $\Delta = \bigcap_{k=1}^{d+1} H_k^{+}$, ein Tangentialkegel von Δ ist. Da $H_k^{+} \cup H_k^{-} = \mathbb{R}^d$ als disjunkte Vereinigung gilt, ist für jedes k der Punkt $\mathbf{x}$ entweder in H_k^{+} oder in H_k^{-}. Zeigen Sie, dass der Durchschnitt jener H_k^{+}, die $\mathbf{x}$ enthalten, der gesuchte Tangentialkegel ist.

9.4 Zeigen Sie wie in Aufgabe 5.5, dass der Seitenverband eines Simplex ein boolescher Verband ist. Beachten Sie, dass jeder Unterverband eines booleschen Verbands wieder boolesch ist.

9.6 Ein Ansatz zu diesem Problem ist es, erst $\mathcal{P}$ und die dazugehörigen Hyperebenen in H um einen kleinen Faktor zu strecken. Der Einfachheit halber verschieben Sie $\mathcal{P}$ zunächst, falls nötig, um einen ganzzahligen Vektor, um sicherzustellen, dass keine der Hyperebenen in H den Ursprung enthält. Benutzen Sie Aufgabe 3.13.

9.7 Passen Sie die Schritte in Abschnitt 9.3 an offene Polytope an. Zeigen Sie zunächst eine Brianchon-Gram-Gleichung für offene Simplizes, analog zu Satz 9.5. Das impliziert eine Brion-artige Gleichung für offene Simplizes, wie in Korollar 9.6. Passen Sie schließlich den Beweis von Satz 9.7 an offene Polytope an.

Kapitel 10

10.1 Benutzen Sie (10.3), Aufgabe 2.18, und (2.11).

10.3 Benutzen Sie die Definition der Unimodularität, um zu zeigen, dass der einzige Gitterpunkt im Fundamentalparallelepiped von $\mathcal{K}$ der Punkt $\mathbf{v}$ ist.

10.4 Orientieren Sie sich am Beweis von Satz 10.4; anstelle einer Summe über Eckenkegel benutzen Sie nur einen einzigen einfachen Kegel $\mathcal{K}$.

Kapitel 11

11.3 Multiplizieren Sie $\mathbf{z}^m \alpha_{\mathcal{K}}(\mathbf{z})$ aus.

11.4 Orientieren Sie sich am Beweis von Satz 4.2. Beachten Sie, dass wir für Raumwinkel die Bedingung, dass der Rand von $\mathcal{K}$ keine Gitterpunkte enthalte, weglassen.

11.5 Zeigen Sie als Aufwärmübung, dass

$$\sum_{\substack{\mathcal{F} \subseteq \Delta \\ \dim \mathcal{F} > 0}} \sum_{\mathbf{v} \text{ Ecke von } \mathcal{F}} \sigma_{\mathcal{K}_{\mathbf{v}}(\mathcal{F})^\circ}(\mathbf{z}) = \sum_{\mathbf{v} \text{ Ecke von } \Delta} \sum_{\substack{\mathcal{F} \subseteq \mathcal{K}_{\mathbf{v}} \\ \dim \mathcal{F} > 0}} \sigma_{\mathcal{F}^\circ}(\mathbf{z}).$$

11.6 Beginnen Sie mit dem Ansatz aus unserem zweiten Beweis des Satzes von Ehrhart in Abschnitt 9.4; das heißt, es genügt zu zeigen, dass, falls p der Nenner von $\mathcal{P}$ ist, dann $A_{\mathcal{P}}(-r-pt) = (-1)^{\dim \mathcal{P}} A_{\mathcal{P}}(r+pt)$ für beliebige ganze Zahlen r und t mit $0 \leq r < p$ und $t > 0$ gilt. (Stellen Sie sich r als konstant und t als variabel vor.) Orientieren Sie sich jetzt am Beweis auf Seite 192.

Kapitel 12

12.1 Beschränken Sie das Integral von oben, indem Sie die Länge von C_r und eine obere Schranke für den Betrag des Integranden verwenden.

12.2 Die nichttrivialen Einheitswurzeln sind einfache Pole von f, für die die Residuenberechnung auf einen einfachen Grenzwert hinausläuft.

12.4 Führen Sie zunächst die Terme $\frac{1}{z-(m+ni)}$ und $\frac{1}{m+ni}$ in einen einzelnen Bruch zusammen.

12.5 Differenzieren Sie (12.1) termweise.

12.6 Berechnen Sie $\wp'$ explizit.

12.7 Benutzen Sie einen berühmten Satz aus der Funktionentheorie.

12.8 Berechnen Sie $\wp(-z)$ und benutzen Sie die Tatsache, dass

$$(-(m+in))^2 = (m+in)^2.$$

12.9 Wiederholen Sie den Beweis von Lemma 12.3, aber beginnen Sie diesmal mit dem Beweis von $\wp'(z+i) = \wp'(z)$.

12.10 Benutzen Sie einen berühmten Satz aus der Funktionentheorie.

12.11 Benutzen Sie die Definition der Weierstraß'schen $\wp$-Funktion.

Literatur

1. Maya Ahmed, Jesús A. De Loera, and Raymond Hemmecke. Polyhedral cones of magic cubes and squares. In *Discrete and Computational Geometry*, volume 25 of *Algorithms Combin.*, pages 25–41. Springer, Berlin, 2003. arXiv:math.CO/0201108.

2. Maya Mohsin Ahmed. How many squares are there, Mr. Franklin?: constructing and enumerating Franklin squares. *Amer. Math. Monthly*, 111(5):394–410, 2004.

3. Harsh Anand, Vishwa Chander Dumir, and Hansraj Gupta. A combinatorial distribution problem. *Duke Math. J.*, 33:757–769, 1966.

4. W. S. Andrews. *Magic Squares and Cubes*. Dover Publications Inc., New York, 1960.

5. Tom M. Apostol. Generalized Dedekind sums and transformation formulae of certain Lambert series. *Duke Math. J.*, 17:147–157, 1950.

6. Tom M. Apostol and Thiennu H. Vu. Identities for sums of Dedekind type. *J. Number Theory*, 14(3):391–396, 1982.

7. Vladimir I. Arnold. *Arnold's problems*. Springer-Verlag, Berlin, 2004. Translated and revised edition of the 2000 Russian original, With a preface by V. Philippov, A. Yakivchik and M. Peters.

8. Christos A. Athanasiadis. Ehrhart polynomials, simplicial polytopes, magic squares and a conjecture of Stanley. *J. Reine Angew. Math.*, 583:163–174, 2005.

9. Welleda Baldoni-Silva and Michèle Vergne. Residue formulae for volumes and Ehrhart polynomials of convex polytopes. Preprint (arXiv:math.CO/0103097), 2001.

10. Philippe Barkan. Sur les sommes de Dedekind et les fractions continues finies. *C. R. Acad. Sci. Paris Sér. A-B*, 284(16):A923–A926, 1977.

11. Alexander Barvinok. Exponential integrals and sums over convex polyhedra. *Funktsional. Anal. i Prilozhen.*, 26(2):64–66, 1992.

12. Alexander Barvinok. *A Course in Convexity*, volume 54 of *Graduate Studies in Mathematics*. American Mathematical Society, Providence, RI, 2002.

13. Alexander Barvinok and James E. Pommersheim. An algorithmic theory of lattice points in polyhedra. In *New Perspectives in Algebraic Combinatorics (Berkeley, CA, 1996–97)*, volume 38 of *Math. Sci. Res. Inst. Publ.*, pages 91–147. Cambridge Univ. Press, Cambridge, 1999.

14. Alexander Barvinok and Kevin Woods. Short rational generating functions for lattice point problems. *J. Amer. Math. Soc.*, 16(4):957–979 (electronic), 2003. `arXiv:math.CO/0211146`.

15. Alexander I. Barvinok. A polynomial time algorithm for counting integral points in polyhedra when the dimension is fixed. *Math. Oper. Res.*, 19(4):769–779, 1994.

16. Victor V. Batyrev. Dual polyhedra and mirror symmetry for Calabi-Yau hypersurfaces in toric varieties. *J. Algebraic Geom.*, 3(3):493–535, 1994. `arXiv:alg-geom/9310003`.

17. Victor V. Batyrev and Dimitrios I. Dais. Strong McKay correspondence, string-theoretic Hodge numbers and mirror symmetry. *Topology*, 35(4):901–929, 1996.

18. Matthias Beck. Counting lattice points by means of the residue theorem. *Ramanujan J.*, 4(3):299–310, 2000. `arXiv:math.CO/0306035`.

19. Matthias Beck. Multidimensional Ehrhart reciprocity. *J. Combin. Theory Ser. A*, 97(1):187–194, 2002. `arXiv:math.CO/0111331`.

20. Matthias Beck. Dedekind cotangent sums. *Acta Arith.*, 109(2):109–130, 2003. `arXiv:math.NT/0112077`.

21. Matthias Beck, Beifang Chen, Lenny Fukshansky, Christian Haase, Allen Knutson, Bruce Reznick, Sinai Robins, and Achill Schürmann. Problems from the Cottonwood Room. In *Integer Points in Polyhedra—Geometry, Number Theory, Algebra, Optimization*, volume 374 of *Contemp. Math.*, pages 179–191. Amer. Math. Soc., Providence, RI, 2005.

22. Matthias Beck, Moshe Cohen, Jessica Cuomo, and Paul Gribelyuk. The number of "magic" squares, cubes, and hypercubes. *Amer. Math. Monthly*, 110(8):707–717, 2003. `arXiv:math.CO/0201013`.

23. Matthias Beck, Jesús A. De Loera, Mike Develin, Julian Pfeifle, and Richard P. Stanley. Coefficients and roots of Ehrhart polynomials. In *Integer Points in Polyhedra—Geometry, Number Theory, Algebra, Optimization*, volume 374 of *Contemp. Math.*, pages 15–36. Amer. Math. Soc., Providence, RI, 2005. `arXiv:math.CO/0402148`.

24. Matthias Beck, Ricardo Diaz, and Sinai Robins. The Frobenius problem, rational polytopes, and Fourier-Dedekind sums. *J. Number Theory*, 96(1):1–21, 2002. `arXiv:math.NT/0204035`.

25. Matthias Beck and Richard Ehrenborg. Ehrhart–Macdonald reciprocity extended. Preprint (`arXiv:math.CO/0504230`), 2006.

26. Matthias Beck, Christian Haase, and Frank Sottile. Theorems of Brion, Lawrence, and Varchenko on rational generating functions for cones. Preprint (`arXiv:math.CO/0506466`), 2006.

27. Matthias Beck and Dennis Pixton. The Ehrhart polynomial of the Birkhoff polytope. *Discrete Comput. Geom.*, 30(4):623–637, 2003. `arXiv:math.CO/0202267`.

28. Matthias Beck and Sinai Robins. Explicit and efficient formulas for the lattice point count in rational polygons using Dedekind–Rademacher sums. *Discrete Comput. Geom.*, 27(4):443–459, 2002. `arXiv:math.CO/0111329`.

29. Matthias Beck and Frank Sottile. Irrational proofs for three theorems of Stanley. *European J. Combin.*, 28(1):403–409, 2007. `arXiv:math.CO/0506315`.

30. Matthias Beck and Thomas Zaslavsky. An enumerative geometry for magic and magilatin labellings. *Ann. Comb.*, 10(4):395–413, 2006. `arXiv:math.CO/0506315`.

31. Dale Beihoffer, Jemimah Hendry, Albert Nijenhuis, and Stan Wagon. Faster algorithms for Frobenius numbers. *Electron. J. Combin.*, 12(1):Research Paper 27, 38 pp. (electronic), 2005.

32. Nicole Berline and Michèle Vergne. Local Euler-Maclaurin formula for polytopes. *Mosc. Math. J.*, 7(3):355–386, 573, 2007. arXiv:math.CO/0507256.

33. Bruce C. Berndt. Reciprocity theorems for Dedekind sums and generalizations. *Advances in Math.*, 23(3):285–316, 1977.

34. Bruce C. Berndt and Ulrich Dieter. Sums involving the greatest integer function and Riemann-Stieltjes integration. *J. Reine Angew. Math.*, 337:208–220, 1982.

35. Bruce C. Berndt and Boon Pin Yeap. Explicit evaluations and reciprocity theorems for finite trigonometric sums. *Adv. in Appl. Math.*, 29(3):358–385, 2002.

36. Christian Bey, Martin Henk, and Jörg M. Wills. Notes on the roots of Ehrhart polynomials. *Discrete Comput. Geom.*, 38(1):81–98, 2007. arXiv:math.MG/0606089.

37. Louis J. Billera and A. Sarangarajan. The combinatorics of permutation polytopes. In *Formal Power Series and Algebraic Combinatorics (New Brunswick, NJ, 1994)*, pages 1–23. Amer. Math. Soc., Providence, RI, 1996.

38. Garrett Birkhoff. Tres observaciones sobre el álgebra lineal. *Revista Facultad de Ciencias Exactas, Puras y Aplicadas Universidad Nacional de Tucumán, Serie A (Matemáticas y Física Teórica)*, 5:147–151, 1946.

39. G. R. Blakley. Combinatorial remarks on partitions of a multipartite number. *Duke Math. J.*, 31:335–340, 1964.

40. Alfred Brauer. On a problem of partitions. *Amer. J. Math.*, 64:299–312, 1942.

41. Benjamin Braun. Norm bounds for Ehrhart polynomial roots. *Discrete Comput. Geom.*, 39(1-3):191–193, 2008. arXiv:math.CO/0602464.

42. Henrik Bresinsky. Symmetric semigroups of integers generated by 4 elements. *Manuscripta Math.*, 17(3):205–219, 1975.

43. Charles J. Brianchon. Théorème nouveau sur les polyèdres. *J. Ecole (Royale) Polytechnique*, 15:317–319, 1837.

44. Michel Brion. Points entiers dans les polyèdres convexes. *Ann. Sci. École Norm. Sup. (4)*, 21(4):653–663, 1988.

45. Michel Brion and Michèle Vergne. Residue formulae, vector partition functions and lattice points in rational polytopes. *J. Amer. Math. Soc.*, 10(4):797–833, 1997.

46. Arne Brøndsted. *An Introduction to Convex Polytopes*, volume 90 of *Graduate Texts in Mathematics*. Springer-Verlag, New York, 1983.

47. Richard A. Brualdi and Peter M. Gibson. Convex polyhedra of doubly stochastic matrices. I. Applications of the permanent function. *J. Combinatorial Theory Ser. A*, 22(2):194–230, 1977.

48. Richard A. Brualdi and Peter M. Gibson. Convex polyhedra of doubly stochastic matrices. III. Affine and combinatorial properties of U_n. *J. Combinatorial Theory Ser. A*, 22(3):338–351, 1977.

49. Heinz Bruggesser and Peter Mani. Shellable decompositions of cells and spheres. *Math. Scand.*, 29:197–205 (1972), 1971.

50. Daniel Bump, Kwok-Kwong Choi, Pär Kurlberg, and Jeffrey Vaaler. A local Riemann hypothesis. I. *Math. Z.*, 233(1):1–19, 2000.

51. Kristin A. Camenga. Vector spaces spanned by the angle sums of polytopes. *Beiträge Algebra Geom.*, 47(2):447–462, 2006. arXiv:math.MG/0508629.

52. Schuyler Cammann. Old Chinese magic squares. *Sinologica*, 7:14–53, 1962.

53. Schuyler Cammann. Islamic and Indian magic squares, Parts I and II. *History of Religions*, 8:181–209; 271–299, 1969.

54. Sylvain E. Cappell and Julius L. Shaneson. Euler-Maclaurin expansions for lattices above dimension one. *C. R. Acad. Sci. Paris Sér. I Math.*, 321(7):885–890, 1995.

55. Leonard Carlitz. Some theorems on generalized Dedekind sums. *Pacific J. Math.*, 3:513–522, 1953.

56. John W. S. Cassels. *An Introduction to the Geometry of Numbers*. Classics in Mathematics. Springer-Verlag, Berlin, 1997. Corrected reprint of the 1971 edition.

57. Clara S. Chan, David P. Robbins, and David S. Yuen. On the volume of a certain polytope. *Experiment. Math.*, 9(1):91–99, 2000. arXiv:math.CO/9810154.

58. Beifang Chen. Weight functions, double reciprocity laws, and volume formulas for lattice polyhedra. *Proc. Natl. Acad. Sci. USA*, 95(16):9093–9098 (electronic), 1998.

59. Beifang Chen. Lattice points, Dedekind sums, and Ehrhart polynomials of lattice polyhedra. *Discrete Comput. Geom.*, 28(2):175–199, 2002.

60. Beifang Chen and Vladimir Turaev. Counting lattice points of rational polyhedra. *Adv. Math.*, 155(1):84–97, 2000.

61. Louis Comtet. *Advanced Combinatorics*. D. Reidel Publishing Co., Dordrecht, enlarged edition, 1974.

62. Wolfgang Dahmen and Charles A. Micchelli. The number of solutions to linear Diophantine equations and multivariate splines. *Trans. Amer. Math. Soc.*, 308(2):509–532, 1988.

63. Vladimir I. Danilov. The geometry of toric varieties. *Uspekhi Mat. Nauk*, 33(2(200)):85–134, 247, 1978.

64. J. Leslie Davison. On the linear Diophantine problem of Frobenius. *J. Number Theory*, 48(3):353–363, 1994.

65. Jesús A. De Loera, David Haws, Raymond Hemmecke, Peter Huggins, and Ruriko Yoshida. A user's guide for LattE v1.1, software package LattE. 2004. Electronically available at http://www.math.ucdavis.edu/~latte/.

66. Jesús A. De Loera, Raymond Hemmecke, Jeremiah Tauzer, and Ruriko Yoshida. Effective lattice point counting in rational convex polytopes. *J. Symbolic Comput.*, 38(4):1273–1302, 2004.

67. Jesús A. De Loera and Shmuel Onn. The complexity of three-way statistical tables. *SIAM J. Comput.*, 33(4):819–836 (electronic), 2004. arXiv:math.CO/0207200.

68. Jesús A. De Loera, Jörg Rambau, and Francisco Santos. *Triangulations of Point Sets: Applications, Structures, Algorithms*. Springer (to appear), 2006.

69. Richard Dedekind. Erläuterungen zu den Fragmenten xxviii. In *Collected Works of Bernhard Riemann*, pages 466–478. Dover Publ., New York, 1953.

70. Max Dehn. Die Eulersche Formel im Zusammenhang mit dem Inhalt in der nicht-euklidischen Geometrie. *Math. Ann.*, 61:279–298, 1905.

71. József Dénes and Anthony D. Keedwell. *Latin Squares and Their Applications*. Academic Press, New York, 1974.

72. Graham Denham. Short generating functions for some semigroup algebras. *Electron. J. Combin.*, 10:Research Paper 36, 7 pp. (electronic), 2003.

73. Persi Diaconis and Anil Gangolli. Rectangular arrays with fixed margins. In *Discrete Probability and Algorithms (Minneapolis, MN, 1993)*, pages 15–41. Springer, New York, 1995.

74. Ricardo Diaz and Sinai Robins. Pick's formula via the Weierstrass ℘-function. *Amer. Math. Monthly*, 102(5):431–437, 1995.

75. Ricardo Diaz and Sinai Robins. The Ehrhart polynomial of a lattice polytope. *Ann. of Math. (2)*, 145(3):503–518, 1997.

76. Ulrich Dieter. Das Verhalten der Kleinschen Funktionen $\log \sigma_{g,h}(\omega_1, \omega_2)$ gegenüber Modultransformationen und verallgemeinerte Dedekindsche Summen. *J. Reine Angew. Math.*, 201:37–70, 1959.

77. Ulrich Dieter. Cotangent sums, a further generalization of Dedekind sums. *J. Number Theory*, 18(3):289–305, 1984.

78. Eugène Ehrhart. Sur les polyèdres rationnels homothétiques à n dimensions. *C. R. Acad. Sci. Paris*, 254:616–618, 1962.

79. Eugène Ehrhart. Sur les carrés magiques. *C. R. Acad. Sci. Paris Sér. A-B*, 277:A651–A654, 1973.

80. Eugène Ehrhart. *Polynômes arithmétiques et méthode des polyèdres en combinatoire*. Birkhäuser Verlag, Basel, 1977. International Series of Numerical Mathematics, Vol. 35.

81. Günter Ewald. *Combinatorial Convexity and Algebraic Geometry*, volume 168 of *Graduate Texts in Mathematics*. Springer-Verlag, New York, 1996.

82. Leonid G. Fel and Boris Y. Rubinstein. Restricted partition function as Bernoulli and Euler polynomials of higher order. *Ramanujan J.*, 11(3):331–348, 2006. arXiv:math.NT/0304356.

83. William Fulton. *Introduction to Toric Varieties*, volume 131 of *Annals of Mathematics Studies*. Princeton University Press, Princeton, NJ, 1993.

84. Stavros Garoufalidis and James E. Pommersheim. Values of zeta functions at negative integers, Dedekind sums and toric geometry. *J. Amer. Math. Soc.*, 14(1):1–23 (electronic), 2001.

85. Ewgenij Gawrilow and Michael Joswig. polymake: a framework for analyzing convex polytopes. In *Polytopes—combinatorics and computation (Oberwolfach, 1997)*, volume 29 of *DMV Sem.*, pages 43–73. Birkhäuser, Basel, 2000. Software polymake available at www.math.tu-berlin.de/polymake/.

86. Ira M. Gessel. Generating functions and generalized Dedekind sums. *Electron. J. Combin.*, 4(2):Research Paper 11, approx. 17 pp. (electronic), 1997.

87. Jorgen P. Gram. Om rumvinklerne i et polyeder. *Tidsskrift for Math. (Copenhagen)*, 4(3):161–163, 1874.

88. Harold Greenberg. An algorithm for a linear Diophantine equation and a problem of Frobenius. *Numer. Math.*, 34(4):349–352, 1980.

89. Branko Grünbaum. *Convex Polytopes*, volume 221 of *Graduate Texts in Mathematics*. Springer-Verlag, New York, second edition, 2003. Prepared and with a preface by Volker Kaibel, Victor Klee, and Günter M. Ziegler.

90. Victor Guillemin. Riemann-Roch for toric orbifolds. *J. Differential Geom.*, 45(1):53–73, 1997.

91. Ulrich Halbritter. Some new reciprocity formulas for generalized Dedekind sums. *Results Math.*, 8(1):21–46, 1985.

92. Richard R. Hall, J. C. Wilson, and Don Zagier. Reciprocity formulae for general Dedekind–Rademacher sums. *Acta Arith.*, 73(4):389–396, 1995.

93. Martin Henk, Achill Schürmann, and Jörg M. Wills. Ehrhart polynomials and successive minima. *Mathematika*, 52(1-2):1–16 (2006), 2005. arXiv:math.MG/0507528.

94. Jürgen Herzog. Generators and relations of abelian semigroups and semigroup rings. *Manuscripta Math.*, 3:175–193, 1970.

95. Takayuki Hibi. *Algebraic Combinatorics on Convex Polytopes*. Carslaw, 1992.

96. Takayuki Hibi. Dual polytopes of rational convex polytopes. *Combinatorica*, 12(2):237–240, 1992.

97. Takayuki Hibi. A lower bound theorem for Ehrhart polynomials of convex polytopes. *Adv. Math.*, 105(2):162–165, 1994.

98. Dean Hickerson. Continued fractions and density results for Dedekind sums. *J. Reine Angew. Math.*, 290:113–116, 1977.

99. Friedrich Hirzebruch. *Neue topologische Methoden in der algebraischen Geometrie*. Ergebnisse der Mathematik und ihrer Grenzgebiete (N.F.), Heft 9. Springer-Verlag, Berlin, 1956.

100. Friedrich Hirzebruch and Don Zagier. *The Atiyah-Singer Theorem and Elementary Number Theory*. Publish or Perish Inc., Boston, Mass., 1974.

101. Jeffrey Hood and David Perkinson. Some facets of the polytope of even permutation matrices. *Linear Algebra Appl.*, 381:237–244, 2004.

102. Masa-Nori Ishida. Polyhedral Laurent series and Brion's equalities. *Internat. J. Math.*, 1(3):251–265, 1990.

103. Maruf Israilovich Israilov. Determination of the number of solutions of linear Diophantine equations and their applications in the theory of invariant cubature formulas. *Sibirsk. Mat. Zh.*, 22(2):121–136, 237, 1981.

104. Ravi Kannan. Lattice translates of a polytope and the Frobenius problem. *Combinatorica*, 12(2):161–177, 1992.

105. Jean-Michel Kantor and Askold G. Khovanskiĭ. Une application du théorème de Riemann-Roch combinatoire au polynôme d'Ehrhart des polytopes entiers de $\mathbf{R}^d$. *C. R. Acad. Sci. Paris Sér. I Math.*, 317(5):501–507, 1993.

106. Yael Karshon, Shlomo Sternberg, and Jonathan Weitsman. The Euler-Maclaurin formula for simple integral polytopes. *Proc. Natl. Acad. Sci. USA*, 100(2):426–433 (electronic), 2003.

107. Askold G. Khovanskiĭ and Aleksandr V. Pukhlikov. The Riemann-Roch theorem for integrals and sums of quasipolynomials on virtual polytopes. *Algebra i Analiz*, 4(4):188–216, 1992.

108. Peter Kirschenhofer, Attila Pethő, and Robert F. Tichy. On analytical and Diophantine properties of a family of counting polynomials. *Acta Sci. Math. (Szeged)*, 65(1-2):47–59, 1999.

109. Daniel A. Klain and Gian-Carlo Rota. *Introduction to Geometric Probability*. Lezioni Lincee. Cambridge University Press, Cambridge, 1997.

110. Victor Klee. A combinatorial analogue of Poincaré's duality theorem. *Canad. J. Math.*, 16:517–531, 1964.

111. Donald E. Knuth. Permutations, matrices, and generalized Young tableaux. *Pacific J. Math.*, 34:709–727, 1970.

112. Donald E. Knuth. Notes on generalized Dedekind sums. *Acta Arith.*, 33(4):297–325, 1977.

113. Donald E. Knuth. *The Art of Computer Programming. Vol. 2*. Addison-Wesley Publishing Co., Reading, Mass., second edition, 1981.

114. Matthias Köppe. A primal Barvinok algorithm based on irrational decompositions. *SIAM J. Discrete Math.*, 21(1):220–236 (electronic), 2007. arXiv:math.CO/0603308. Software LattE macchiato available at http://www.math.uni-magdeburg.de/~mkoeppe/latte/.

115. Thomas W. Körner. *Fourier Analysis*. Cambridge University Press, Cambridge, 1988.

116. Maximilian Kreuzer and Harald Skarke. Classification of reflexive polyhedra in three dimensions. *Adv. Theor. Math. Phys.*, 2(4):853–871, 1998. arXiv:hep-th/9805190.

117. Maximilian Kreuzer and Harald Skarke. Complete classification of reflexive polyhedra in four dimensions. *Adv. Theor. Math. Phys.*, 4(6):1209–1230, 2000. arXiv:hep-th/0002240.

118. Jean B. Lasserre and Eduardo S. Zeron. On counting integral points in a convex rational polytope. *Math. Oper. Res.*, 28(4):853–870, 2003.

119. Jim Lawrence. A short proof of Euler's relation for convex polytopes. *Canad. Math. Bull.*, 40(4):471–474, 1997.

120. Arjen K. Lenstra, Hendrik W. Lenstra, Jr., and László Lovász. Factoring polynomials with rational coefficients. *Math. Ann.*, 261(4):515–534, 1982.

121. László Lovász. *Combinatorial Problems and Exercises*. North-Holland Publishing Co., Amsterdam, second edition, 1993.

122. Ian G. Macdonald. Polynomials associated with finite cell-complexes. *J. London Math. Soc. (2)*, 4:181–192, 1971.

123. Percy A. MacMahon. *Combinatory Analysis*. Chelsea Publishing Co., New York, 1960.

124. Evgeny N. Materov. The Bott formula for toric varieties. *Mosc. Math. J.*, 2(1):161–182, 2002. arXiv:math.AG/9904110.

125. Tyrrell B. McAllister and Kevin M. Woods. The minimum period of the Ehrhart quasi-polynomial of a rational polytope. *J. Combin. Theory Ser. A*, 109(2):345–352, 2005. arXiv:math.CO/0310255.

126. Peter McMullen. Valuations and Euler-type relations on certain classes of convex polytopes. *Proc. London Math. Soc. (3)*, 35(1):113–135, 1977.

127. Peter McMullen. Lattice invariant valuations on rational polytopes. *Arch. Math. (Basel)*, 31(5):509–516, 1978/79.

128. Curt Meyer. Über einige Anwendungen Dedekindscher Summen. *J. Reine Angew. Math.*, 198:143–203, 1957.

129. Jeffrey L. Meyer. Character analogues of Dedekind sums and transformations of analytic Eisenstein series. *Pacific J. Math.*, 194(1):137–164, 2000.

130. Werner Meyer and Robert Sczech. Über eine topologische und zahlentheoretische Anwendung von Hirzebruchs Spitzenauflösung. *Math. Ann.*, 240(1):69–96, 1979.

131. Ezra Miller and Bernd Sturmfels. *Combinatorial Commutative Algebra*, volume 227 of *Graduate Texts in Mathematics*. Springer-Verlag, New York, 2005.

132. Hermann Minkowski. *Geometrie der Zahlen*. Bibliotheca Mathematica Teubneriana, Band 40. Johnson Reprint Corp., New York, 1968.

133. Marcel Morales. Syzygies of monomial curves and a linear Diophantine problem of Frobenius. Preprint, Max-Planck-Institut für Mathematik, Bonn, 1986.

134. Marcel Morales. Noetherian symbolic blow-ups. *J. Algebra*, 140(1):12–25, 1991.

135. Louis J. Mordell. Lattice points in a tetrahedron and generalized Dedekind sums. *J. Indian Math. Soc. (N.S.)*, 15:41–46, 1951.

136. Robert Morelli. Pick's theorem and the Todd class of a toric variety. *Adv. Math.*, 100(2):183–231, 1993.

137. Gerald Myerson. On semiregular finite continued fractions. *Arch. Math. (Basel)*, 48(5):420–425, 1987.

138. Walter Nef. Zur Einführung der Eulerschen Charakteristik. *Monatsh. Math.*, 92(1):41–46, 1981.

139. C. D. Olds, Anneli Lax, and Giuliana P. Davidoff. *The Geometry of Numbers*, volume 41 of *Anneli Lax New Mathematical Library*. Mathematical Association of America, Washington, DC, 2000.

140. Paul C. Pasles. The lost squares of Dr. Franklin: Ben Franklin's missing squares and the secret of the magic circle. *Amer. Math. Monthly*, 108(6):489–511, 2001.

141. Micha A. Perles and Geoffrey C. Shephard. Angle sums of convex polytopes. *Math. Scand.*, 21:199–218 (1969), 1967.

142. Georg Alexander Pick. Geometrisches zur Zahlenlehre. *Sitzenber. Lotos (Prague)*, 19:311–319, 1899.

143. Clifford A. Pickover. *The Zen of Magic Squares, Circles, and Stars*. Princeton University Press, Princeton, NJ, 2002.

144. Christopher Polis. Pick's theorem extended and generalized. *Math. Teacher*, pages 399–401, 1991.

145. James E. Pommersheim. Toric varieties, lattice points and Dedekind sums. *Math. Ann.*, 295(1):1–24, 1993.

146. Bjorn Poonen and Fernando Rodriguez-Villegas. Lattice polygons and the number 12. *Amer. Math. Monthly*, 107(3):238–250, 2000.

147. Tiberiu Popoviciu. Asupra unei probleme de patitie a numerelor. *Acad. Republicii Populare Romane, Filiala Cluj, Studii si cercetari stiintifice*, 4:7–58, 1953.

148. Hans Rademacher. Generalization of the reciprocity formula for Dedekind sums. *Duke Math. J.*, 21:391–397, 1954.

149. Hans Rademacher. Some remarks on certain generalized Dedekind sums. *Acta Arith.*, 9:97–105, 1964.

150. Hans Rademacher and Emil Grosswald. *Dedekind Sums*. The Mathematical Association of America, Washington, D.C., 1972.

151. Jorge L. Ramírez-Alfonsín. Complexity of the Frobenius problem. *Combinatorica*, 16(1):143–147, 1996.

152. Jorge L. Ramírez-Alfonsín. *The Diophantine Frobenius Problem*. Oxford University Press, 2006.

153. J. E. Reeve. On the volume of lattice polyhedra. *Proc. London Math. Soc. (3)*, 7:378–395, 1957.

154. Les Reid and Leslie G. Roberts. Monomial subrings in arbitrary dimension. *J. Algebra*, 236(2):703–730, 2001.

155. Jürgen Richter-Gebert. *Realization Spaces of Polytopes*, volume 1643 of *Lecture Notes in Mathematics*. Springer-Verlag, Berlin Heidelberg, 1996.

156. Boris Y. Rubinstein. An explicit formula for restricted partition function through Bernoulli polynomials. Preprint, 2005.

157. Ludwig Schläfli. Theorie der vielfachen Kontinuität. In *Ludwig Schläfli, 1814–1895, Gesammelte Mathematische Abhandlungen, Vol. I*, pages 167–387. Birkhäuser, Basel, 1950.

158. Alexander Schrijver. *Combinatorial Optimization. Polyhedra and Efficiency. Vol. A–C*, volume 24 of *Algorithms and Combinatorics*. Springer-Verlag, Berlin, 2003.

159. Paul R. Scott. On convex lattice polygons. *Bull. Austral. Math. Soc.*, 15(3):395–399, 1976.

160. Sinan Sertöz. On the number of solutions of the Diophantine equation of Frobenius. *Diskret. Mat.*, 10(2):62–71, 1998.

161. Geoffrey C. Shephard. An elementary proof of Gram's theorem for convex polytopes. *Canad. J. Math.*, 19:1214–1217, 1967.

162. Carl Ludwig Siegel. *Lectures on the Geometry of Numbers.* Springer-Verlag, Berlin, 1989. Notes by B. Friedman, rewritten by Komaravolu Chandrasekharan with the assistance of Rudolf Suter, with a preface by Chandrasekharan.

163. R. Jamie Simpson and Robert Tijdeman. Multi-dimensional versions of a theorem of Fine and Wilf and a formula of Sylvester. *Proc. Amer. Math. Soc.*, 131(6):1661–1671 (electronic), 2003.

164. Neil J. A. Sloane. On-line encyclopedia of integer sequences. http://www.research.att.com/~njas/sequences/index.html.

165. David Solomon. Algebraic properties of Shintani's generating functions: Dedekind sums and cocycles on $PGL_2(\mathbf{Q})$. *Compositio Math.*, 112(3):333–362, 1998.

166. Duncan M. Y. Sommerville. The relation connecting the angle-sums and volume of a polytope in space of n dimensions. *Proc. Roy. Soc. London, Ser. A*, 115:103–119, 1927.

167. Richard P. Stanley. Linear homogeneous Diophantine equations and magic labelings of graphs. *Duke Math. J.*, 40:607–632, 1973.

168. Richard P. Stanley. Combinatorial reciprocity theorems. *Advances in Math.*, 14:194–253, 1974.

169. Richard P. Stanley. Decompositions of rational convex polytopes. *Ann. Discrete Math.*, 6:333–342, 1980.

170. Richard P. Stanley. *Combinatorics and Commutative Algebra*, volume 41 of *Progress in Mathematics*. Birkhäuser Boston Inc., Boston, MA, second edition, 1996.

171. Richard P. Stanley. *Enumerative Combinatorics. Vol. 1*, volume 49 of *Cambridge Studies in Advanced Mathematics*. Cambridge University Press, Cambridge, 1997. With a foreword by Gian-Carlo Rota, Corrected reprint of the 1986 original.

172. Bernd Sturmfels. On vector partition functions. *J. Combin. Theory Ser. A*, 72(2):302–309, 1995.

173. Bernd Sturmfels. *Gröbner Bases and Convex Polytopes*, volume 8 of *University Lecture Series*. American Mathematical Society, Providence, RI, 1996.

174. James J. Sylvester. On the partition of numbers. *Quaterly J. Math.*, 1:141–152, 1857.

175. James J. Sylvester. On subinvariants, i.e. semi-invariants to binary quantics of an unlimited order. *Amer. J. Math.*, 5:119–136, 1882.

176. James J. Sylvester. Mathematical questions with their solutions. *Educational Times*, 41:171–178, 1884.

177. András Szenes and Michèle Vergne. Residue formulae for vector partitions and Euler-MacLaurin sums. *Adv. in Appl. Math.*, 30(1-2):295–342, 2003. arXiv:math.CO/0202253.

178. Lajos Takács. On generalized Dedekind sums. *J. Number Theory*, 11(2):264–272, 1979.

179. Audrey Terras. *Fourier Analysis on Finite Groups and Applications*, volume 43 of *London Mathematical Society Student Texts*. Cambridge University Press, Cambridge, 1999.

180. John A. Todd. The geometrical invariants of algebraic loci. *Proc. London Math. Soc.*, 43:127–141, 1937.

181. John A. Todd. The geometrical invariants of algebraic loci (second paper). *Proc. London Math. Soc.*, 45:410–424, 1939.

182. Amitabha Tripathi. The number of solutions to $ax + by = n$. *Fibonacci Quart.*, 38(4):290–293, 2000.

183. Helge Tverberg. How to cut a convex polytope into simplices. *Geometriae Dedicata*, 3:239–240, 1974.

184. Sven Verdoolaege. Software package `barvinok`. 2004. Electronically available at `http://freshmeat.net/projects/barvinok/`.

185. John von Neumann. A certain zero-sum two-person game equivalent to the optimal assignment problem. In *Contributions to the Theory of Games, vol. 2*, Annals of Mathematics Studies, no. 28, pages 5–12. Princeton University Press, Princeton, N. J., 1953.

186. Herbert S. Wilf. *generatingfunctionology*. Academic Press Inc., Boston, MA, second edition, 1994. Electronically available at `http://www.cis.upenn.edu/~wilf/`.

187. Kevin Woods. Computing the period of an Ehrhart quasi-polynomial. *Electron. J. Combin.*, 12(1):Research Paper 34, 12 pp. (electronic), 2005.

188. Guoce Xin. Constructing all magic squares of order three. Preprint (`arXiv:math.CO/0409468`), 2005.

189. Don Zagier. Higher dimensional Dedekind sums. *Math. Ann.*, 202:149–172, 1973.

190. Claudia Zaslavsky. *Africa Counts*. Prindle, Weber & Schmidt, Inc., Boston, Mass., 1973.

191. Doron Zeilberger. Proof of a conjecture of Chan, Robbins, and Yuen. *Electron. Trans. Numer. Anal.*, 9:147–148 (electronic), 1999.

192. Günter M. Ziegler. *Lectures on polytopes*. Springer-Verlag, New York, 1995. Revised edition, 1998; "Updates, corrections, and moreät `www.math.tu-berlin.de/~ziegler`.

Symbolverzeichnis

Die folgende Tabelle enthält eine Liste der im Buch häufig benutzten Symbole.
Die Seitennummern beziehen sich auf das erste Auftauchen bzw. die Definition
des jeweiligen Symbols.

Symbol	Bedeutung	Seite
$\hat{a}(m)$	Fourier-Koeffizient von $a(n)$	133
$A(d,k)$	Euler-Zahl	30
$\mathcal{A}^{\perp}$	orthogonales Komplement von $\mathcal{A}$	166
$A_{\mathcal{P}}(t)$	Raumwinkelsumme von $\mathcal{P}$	189
$\alpha_{\mathcal{P}}(\mathbf{z})$	Raumwinkel-Erzeugendenfunktion	190
$B_k(x)$	Bernoulli-Polynom	34
B_k	Bernoulli-Zahl	34
$\mathbf{B}_n$	Birkhoff-Polytop	112
$\mathrm{BiPyr}(\mathcal{P})$	Bipyramide über $\mathcal{P}$	38
$\mathrm{cone}\,\mathcal{P}$	Kegel über $\mathcal{P}$	60
$\mathrm{const}\,f$	konstanter Term der Erzeugendenfunktion f	14
$\mathrm{conv}\,S$	konvexe Hülle von S	27
d-Kegel	d-dimensionaler Kegel	60
d-Polytop	d-dimensionales Polytop	28
$\dim \mathcal{P}$	Dimension von $\mathcal{P}$	28
$\delta_m(x)$	Deltafunktion	136
$\mathrm{Ehr}_{\mathcal{P}}(z)$	Ehrhart-Reihe von $\mathcal{P}$	30
$\mathrm{Ehr}_{\mathcal{P}^{\circ}}(z)$	Ehrhart-Reihe des Inneren von $\mathcal{P}$	91
$\mathbf{e}_a(x)$	Einheitswurzelfunktion $e^{2\pi i a x/b}$	136
f_k	Seitenzahl	99
$F_k(t)$	Gitterpunktzähler des k-Skeletts	100
$\mathbf{F}(f)$	Fourier-Transformation von f	135
$g(a_1, a_2, \ldots, a_d)$	Frobenius-Zahl	6
$H_n(t)$	Anzahl semimagischer $(n \times n)$-Quadrate mit Reihensumme t	111

Symbol	Bedeutung	Seite
$\mathcal{K}_{\mathcal{F}}$	Tangentialkegel von $\mathcal{F} \subseteq \mathcal{P}$	165
$L_{\mathcal{P}}(t)$	Gitterpunktzähler von $\mathcal{P}$	29
$L_{\mathcal{P}^{\circ}}(t)$	Gitterpunktzähler des Inneren von $\mathcal{P}$	30
$M_n(t)$	Anzahl magischer $(n \times n)$-Quadrate mit Reihensumme t	111
$\omega_{\mathcal{P}}(\mathbf{x})$	Raumwinkel von $\mathbf{x}$ (bezüglich $\mathcal{P}$)	187
$p_A(n)$	eingeschränkte Partitionsfunktion	7
$\operatorname{poly}_A(n)$	polynomieller Anteil von $p_A(n)$	147
$\mathcal{P}$	ein abgeschlossenes Polytop	27
$\mathcal{P}^{\circ}$	Inneres des Polytops $\mathcal{P}$	30
$\mathcal{P}(\mathbf{h})$	gestörtes Polytop	180
$\operatorname{Pyr}(\mathcal{P})$	Pyramide über $\mathcal{P}$	36
$\wp(z)$	Weierstraß'sche $\wp$-Funktion	203
Π	Fundamentalparallelepiped eines Kegels	63
$r_n(a, b)$	Dedekind-Rademacher-Summe	151
$s(a, b)$	Dedekind-Summe	134
$s_n(a_1, a_2, \dots, a_m; b)$	Fourier-Dedekind-Summe	15
$\operatorname{Solid}_{\mathcal{P}}(x)$	Raumwinkelreihe	196
$\operatorname{span}\mathcal{P}$	von $\mathcal{P}$ aufgespannter affiner Raum	28
$\sigma_S(\mathbf{z})$	Gitterpunkt-Transformation von S	62
$t\mathcal{P}$	t-te Streckung von $\mathcal{P}$	29
Todd_h	Todd-Operator	174
$\operatorname{vol}\mathcal{P}$	(stetiges) Volumen von $\mathcal{P}$	74
V_G	Vektorraum aller komplexwertigen Funktionen auf $G = \{0, 1, 2, \dots, b-1\}$	135
ξ_a	Einheitswurzel $e^{2\pi i/a}$	9
$\zeta(z)$	Weierstraß'sche ζ-Funktion	203
$\lfloor x \rfloor$	Gauß-Klammer	10
$\{x\}$	Nachkommaanteilsfunktion	10
$((x))$	Sägezahnfunktion	133
$\binom{m}{n}$	Binomialkoeffizient	29
$\langle f, g \rangle$	Skalarprodukt von f und g	136
$(f * g)(t)$	Faltung von f und g	139
$1_S(\mathbf{x})$	charakteristische Funktion von S	167
$\#S$	Anzahl der Elemente von S	7
♣	eine Aufgabe, die im Text verwendet wird	VIII

Index

Printed in the United States
By Bookmasters